과학동아 스페셜

ENERGY & ENVIRONMENT

에너지와 환경

과학동아 스페셜
에너지와 환경

1판 4쇄 발행 2020년 7월 10일

지은이 과학동아 편집부
펴낸이 이경민

펴낸곳 (주)동아엠앤비
출판등록일 2014년 3월 28일(제25100-2014-000025호)
주소 (03737) 서울시 서대문구 충정로 35-17 인촌빌딩 1층
전화 (편집) 02-392-6901 (마케팅) 02-392-6900
팩스 02-392-6902
전자우편 damnb0401@naver.com
SNS

ISBN 978-89-6286-066-5 (04400)
978-89-6286-053-5 (세트)

※ 책 가격은 뒤표지에 있습니다.
※ 잘못된 책은 바꿔 드립니다.

과학동아북스는 (주)동아엠앤비의 출판 브랜드입니다.
다양한 콘텐츠를 바탕으로 유익한 과학책을 만들고자 노력하고 있습니다.

과학동아 스페셜

ENERGY & ENVIRONMENT

에너지와 환경

글 과학동아 편집부 외

과학동아북스

발 간 사

융합과학의 숲에서 과학의 의미를 찾는다!

과학교육은 우리나라뿐만 아니라 세계가 주목하는 교과 영역입니다. 특히 미국은 정부와 기업이 주도적으로 나서서 과학교육에 대한 지원을 아끼지 않고 있습니다. 하지만 우리나라의 교육 현장은 과학교육에 대한 우려의 목소리로 가득합니다.
그 대안의 하나로 과학을 가르치는 일선 선생님들이 융합형 과학교육을 주창했지만 여러 가지 이유로 쉽게 시행되지 못했습니다.

2011년부터 고등학생들에게 융합형 과학 교과서가 새롭게 선을 보였습니다. 새 교과서는 첫 단원이 우주의 '빅뱅'일 만큼 파격적으로 변신했습니다. '빅뱅의 증거'를 설명하는 단원에서 원자에 대한 설명이 등장하는 등 '물리 · 화학 · 생물 · 지구과학'이라는 기존 과학 교과 간 장벽도 과감히 없앴습니다.

매 페이지마다 다양한 그래픽 자료들이 나오고, 이야기책을 읽듯이 과학적 사실을 스토리로 엮어서 구성하고 있습니다. 물리·화학·생명과학·지구과학으로 엄격하게 구분된 개념 위주의 과학자 양성용 과학교육에서 벗어나 현대 사회에서 과학과 기술의 의미와 가치를 이해시키는 교양 과학교육으로 방향을 바꾸었습니다.

이렇게 교과서가 바뀌다 보니, 가르치는 선생님들이나 배우는 학생들 모두 혼란스럽고 어렵기는 마찬가지입니다. 한정된 시간에 새로운 내용의 다양한 분야를 설명하고 배우려니, 풍부한 자료와 넓은 시야를 제시하는 보조 자료가 필요할 수밖에 없습니다. 그러나 현재까지 융합형 과학 교과서에 딱 맞는 참고 자료를 찾기란 쉽지 않은 일입니다.

많은 출판사들이 앞 다투어 새 교육 과정을 반영한 과학 관련 서적을 내놓고 있지만, 다양한 영역을 하나로 묶어 통합적이고도 과학적인 사고를 이끌어내기에는 부족함이 있습니다. 이것저것 끌어다 놓고 배열한 것을 그저 융합이라고 표현한다면 학생들에게 학습에 대한 부담감만 더 가중시킬 뿐입니다. 이에 동아사이언스에서는 학생들과 선생님들이 쉽게 공부할 수 있는 참고 도서가 필요하다는 판단에 융합형 과학 교과서의 목차에 맞게 ≪과학동아 스페셜≫의 첫 시리즈를 내놓게 되었습니다.

25년간 ≪과학동아≫를 발행하면서 축적된 과학기술자들과 과학 전문 기자들이 작성한 심도 있는 콘텐츠, 풍부한 이미지 등을 가지고 있어서 이러한 기획이 가능할 수 있었습니다. 과학의 각 분야들을 계열성과 연관성에 맞추어 한데 모았고, 이를 종합적 사고를 이끌어 내는 방향으로 구성하기 위해 노력했습니다. 이 책을 통해 학생들이 융합형 과학 교과서를 조금 더 쉽게 이해하고, 여러 과학이 한데 모인 숲을 바라볼 수 있고, 과학의 흐름을 느끼는 데 조금이라도 도움이 되었으면 합니다.

동아사이언스 대표이사

김두희

목 차

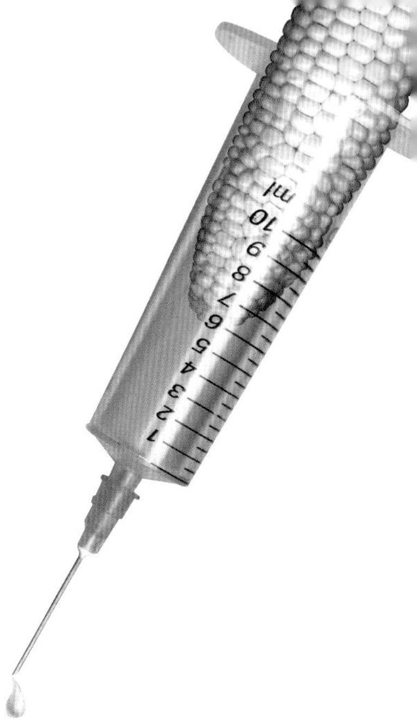

[I] 기후 변화와 지구

2. 지구 속 연료가 바닥난다

1. 지구 온난화와 기후 변화

전 세계적으로 지구의 평균 온도가 상승하고 있다는 보고가 계속되는 가운데 그 정도도 점점 심각해지고 있다. 과학자들은 이를 지구 온난화라 부르며, 대기 중 온실가스의 양이 급증하여 지구 복사 에너지가 증가한 것을 가장 큰 원인으로 지목하였다. 그러나 지구 온난화는 온실가스와 관련이 없고 지구의 주기적인 환경 변화에 따른 것이라고 주장하는 이들도 있다. 과학자들의 논란에도 불구하고, 지구의 인구가 늘어나고 문명이 더욱 발달하면서 화석 연료의 사용량은 분명 증가하였다. 그 만큼 지구 대기로 방출되는 이산화탄소의 양도 덩달아 늘어났다. 인류는 편리와 경제성을 위해 저렴한 화석 연료를 동력 자원으로 활용하였고, 지구가 감당하기 어려울 만큼 온실가스가 지구 대기를 메우기 시작했다. 게다가 화석 연료는 점차 고갈될 위기에 처했다. 인류는 지구 온난화와 함께 화석 연료의 고갈 문제라는 난관에 부딪혔다.

에너지와 환경

3. 이산화탄소와의 전쟁

지구 온난화와 기후 변화

1. 산호초로 기후 변화를 감지한다

우리나라에 산호는 있지만 산호초는 없다?

산호는 열대 해역은 물론 북극해와 수심 3000m의 심해까지 분포하지만 산호초가 만들어지는 지역은 남·북위 20도 주변의 열대 해역에 국한된다. 산호는 딱딱한 석회질 골격 속에 말미잘처럼 생긴 폴립(어떤 시기에 나타나는 체형)을 감추고 있다. 폴립 속 작은 촉수로 먹이를 잡아먹는데, 폴립이 모여 나뭇가지나 버섯, 탁자 모양의 산호초 군락을 형성한다.

전 세계적으로 산호초를 만드는 돌산호는 700여 종으로 알려져 있다. 반면 뼈대 없이 물렁물렁한 폴립만으로 이뤄진 산호도 있는데, 우리나라 제주도 연안에서 볼 수 있는 연산호가 대표적이다. 따라서 우리나라에는 산호가 서식하지만 엄밀히 말해 산호초가 존재하지는 않는다.

2006년 10월 국제산호초기구(ICRI)에 가입한 우리나라는 2008년 1월 말 제주도와 미크로네시아의 산호 분포를 연구한 첫 보고서를 제출했다. 국제산호초기구는 지구 온난화와 해양 오염의 위협에 직면한 전 세계의 산호초를 보호하고 조사하는 단체다.

그런데 눈 씻고 봐도 산호초를 찾을 수 없는 우리나라가 어떻게 산호초를 연구할 수 있었을까? 바로 남태평양 미크로네시아에 있는 한·남태평

양해양연구센터 덕분이다. 미크로네시아 연방은 크게 4개의 주로 구성된 섬나라다. 추크 주에 위치한 한·남태평양해양연구센터는 한국해양연구원과 추크 주 정부가 공동으로 운영하는 과학기지로 2000년에 문을 열었다.

"산호는 바다 생물이 모여 사는 도시입니다. 지난 3억 5000만 년 동안 산호초는 해양 생물의 은신처이자 산란지였죠. 산호초 주위에는 어류 약 4000종, 무척추동물과 조류 약 3만 종이 옹기종기 모여 살아갈 정도로 생물 다양성이 높습니다."

한·남태평양해양연구센터 박흥식 센터장의 말이다. 아마존의 열대우림마냥 무성하게 우거진 산호초는 전 세계 해양 생물의 4분의 1이 거주하는 안락한 보금자리다. 산호초 부근에서 그물을 던지기만 하면 흐뭇한 만선으로 돌아갈 수 있다는 얘기. 실제로 세계인이 즐겨 먹는 물고기의 20~25%는 산호초 주변에서 잡힌다.

한·남태평양해양연구센터가 위치한 미크로네시아 추크 주의 섬들은 평균 수십km 두께의 산호초에 둘러싸여 있다. 남태평양은 연중 수온이 20~30℃로 따뜻해 해양 생물을 쑥쑥 길러낸다. 한국의 과학자들은 한·남태평양해양연구센터에 머물며 고국에서 보지 못했던 형형색색의 산호초를 조사하고 희귀한 해양 생물을 시료로 채집해 신약 개발의 토대를 다진다.

최근 산호초가 지구 온난화를 늦춰줄 수 있다는 사실이 드러나며 세계적 관심이 열대 바다로 쏠리고 있다. 산호에 붙어 공생하는 미세 조류는 열대우림보다 힘이 세다. 적어도 광합성 능력을 기준으로 봤을 때 말이다. 조류는 열대의 뜨거운 햇빛을 흡수해 광합성을 하고 산소와 영양분을 생산한다. 이때 바닷물에 녹아있는 이산화탄소를 흡수하는데, 산호초 단위 면적당 광합성 능력은 아마존의 열대우림보다 더 뛰어나다.

1991년 국제연합(UN)이 발표한 지구환경보고서에 따르면 지구 면적 가운데 60만km^2를 차지하는 산호초는 사람이 방출하는 이산화탄소의 약 10%를 흡수한다. 산호초의 단단한 껍데기는 주성분이 탄산칼슘으로 폴립이 바다 속의 이산화탄소를 흡수해 만든다. 바다가 대기 중 이산화탄소의 저장고 역할을 할 수 있는 까닭도 숨은 공로자인 산호초 덕분이다.

현재 한국의 해양연구센터는 산호 추출물로 항암제와 비만 억제제를 개발하고 있다. 또 산호초의 칼슘이 해마다 얼마나 축적됐는지 분석해 산호초가 만들어진 당시의 기온과 환경 조건을 복원하는 연구도 진행 중이다. 나무의 나이테와 마찬가지로 산호는 과거 기후의 역사를 고이 간직하고 있기 때문에 미래의 기후를 예측하는 데도 유용하다.

산호초는 지구 온난화를 늦추는 역할을 하지만 동시에 수온 변화에 민감해 기후 변화의 최대 희생자이기도 하다. 실제로 수온이 1~2℃만 올라가도 산호초의 조류가 빠져나가며 색깔이 하얗게 변하는 백화 현상이 일어난다. 박흥식 센터장은 "미크로네시아 해양연구센터에서 산호초를 조사하고 분석하면 전 지구적인 기후 변화를 감시하고 대비할 수 있다"며 열대 해양 연구의 중요성을 강조했다.

2. 한반도도 기상 이변을 넘었다

한반도가 변하고 있다

"우리를 파멸시킨 것은 겨울이었다. 우리는 날씨의 희생양이다."

1812년 나폴레옹은 러시아 원정에 실패했다. 그해 엘니뇨 현상이 나타났다.

1912년 대형 호화 여객선 타이타닉 호가 침몰했다. 그해 대서양에는 엘니뇨 영향으로 보통 때보다 빙산이 많았다.

몇 년 전부터 기상 이변에는 '엘니뇨'라는 설명이 꼭 따라다녔다. 겨울에 유난히 추워도, 유난히 따뜻해도 엘니뇨 때문이었다. 여기에 지구 온난화 같은 이유들이 기상 이변의 공범으로 덧붙여지곤 했다.

하지만 이유를 불문하고 기상 이변은 이변일 뿐, 쓰나미가 동남아시아를 휩쓸고 몇 년 전에 카트리나가 미국을 뒤흔들어도 동북아시아 한쪽 끝 한반도에 사는 사람들은 별다른 변화가 없는 것으로 생각했다. 해마다 엄청난 양의 눈에 고속도로가 막히고 비닐하우스가 주저앉는 걸 경험하고 나서야 폭설 때 차로 어떻게 이동할지, 농산물 가격이 오르지는 않을지 걱정하는 사람들이 많아졌다.

최근 몇 년 간 한반도에는 기상 이변이 되풀이되고 있다. 1970년대만 해도 뚜렷했던 삼한사온의 겨울철 날씨 패턴은 사라진 지 오래다. 언제부턴가 여름철에는 비만 오면 시간당 수백mm씩 집중 호우가 쏟아진다.

그렇다면 일시적인 '기상 이변'이 아니라 장기적인 '기후 변화'라고 해석해야하지 않을까?

한반도를 뒤흔들 5대 기후 변화 조짐

1970년대 한강은 매서운 추위로 종종 얼어붙곤 했다. 스케이트는 당시 학생들에게 가장 인기 있었던 오락 중 하나였다.

1 한강에서 스케이트 못 탄다

겨울을 주름잡는 여성의 패션 아이콘은 미니스커트다. 시내 중심가에는 다리를 드러낸 미니스커트로 한껏 멋을 낸 여성들이 쉽게 눈에 띈다. '춥지 않을까' 생각하다가도 이내 '건물에 난방도 잘되고 옛날보단 덜 춥지'라며 남 걱정을 털어낸다.

실제로 한국의 겨울은 따뜻해졌다. 기상청에 따르면, 1월 평균 기온이 0.9℃가량 상승했고, 1971~2000년의 연평균 기온이 1961~1990년에 비해 0.1~0.5℃ 올라갔다. 무엇보다 겨울철 온도 상승이 눈에 띄게 두드러졌다.

서울대학교 지구환경과학부 김경렬 교수는 "더 이상 한강에서 스케이트를 탈 수 없게 된 것이 상징적"이라고 말했다. 서울에 사람과 건물, 자동차가 많아지면서 도시의 열섬효과가 작용한 탓도 있겠지만 겨울이 따뜻해지는 바람에 한강에 얼음이 얼지 않는 것도 사실이라는 것. 이런 현상은 겨울이 짧아지는 것과 무관하지 않다. 최근 몇 년간 봄에 해당하는 3, 4월에 기온이 유독 높았다.

2 말라리아가 풍토병이라니

일부 전문가들 중에는 한국이 아열대기후로 옮겨가고 있다고 해석하는 시각도 있다. 기상학적으로 월평균 기온이 10℃ 이하인 기간이 4개월 미만이면 아열대 기후로 정의한다. 한국은 11월이 변수다. 11월 평균 기온이 10℃ 이상인지, 이하인지에 따라 아열대 기후에 포함이 되기도, 안 되기도 한다.

문제는 따뜻해진 겨울로 인해 한국에 열대 질병이 새롭게 등장하고 있다는 점이다. 국립보건연구원 질병매개곤충팀 신이현 박사는 "말라리아가 한국에 토착화되는 추세"라고 밝혔다. 열대기후에서 흔히 나타나는 전염병인 말라리아가 한국의 풍토병이 되고 있다는 것. 보건 체계가 미비했던 1950년대에는 말라리아가 한국의 풍토병이었다. 하지만 1970년대 들어 말라리아는 소멸된 것으로 보였다. 그런데 1993년경부터 급격하게 발병률이 높아지더니 최근에는 매년 평균 1000명 가량이 말라리아에 걸리는 것으로 조사됐다.

우리나라는 가뭄에 대한 면역체계가 약하다.

태풍이나 집중 호우로 도시가 물 바다가 되는 일이 잦아졌다.

3 폭우와 가뭄의 양극화

집중 호우는 지면이 가열되면서 대기의 온도가 상승해 대류 운동이 커지면서 발생한다. 기온이 올라가다보니 공기 중에 수증기가 많아지고 이로 인해 비를 뿌리는 뭉게구름도 커진다. 보통 뭉게구름을 반지름이 10km 정도인 원통으로 볼 때 2000만t 정도의 비를 뿌릴 수 있다. 이때 뭉게구름이 여러 지역을 지나가면서 비를 뿌리면 소나기가 되고, 어느 한 지역에만 뿌리면 집중 호우가 된다.

부경대학교 환경대기과학과 오재호 교수는 "최근 뭉게구름의 크기가 계속 커지고 있다"면서 "해마다 집중 호우 기록이 갱신되고 있다"고 말했다. 가장 큰 문제는 전반적으로 기온이 높아지면서 여름이 길어진 탓에 집중 호우 지역을 예측하기 어렵다는 것이다.

강수량이 여름에만 집중되는 것도 문제다. 여름에는 집중 호우로 홍수가 나면서도 겨울에는 가뭄이 든다. 오재호 교수는 "가뭄은 대기 대순환의 변동에 따른 것"이라며 "나무를 마르게 하는 등 생태계를 파괴시킨다"고 설명했다.

4 대형 태풍이 두렵다

2002년에 한국을 강타한 태풍 '루사'는 강릉 지역에 하루 871mm의 비를 퍼부었다. 이듬해 태풍 '매미'는 제주에 하루 74mm의 비를 뿌렸다. 반면 2004년과 2005년 한반도에는 이렇다 할 정도로 큰 피해를 준 태풍이 없었다. 이건 그냥 운이 좋은 것이다. 최근 태풍은 점점 그 세력이 커지고 있기 때문이다.

이는 해수면의 온도 상승과 관련이 있다. 해수면의 온도가 높아지면서 태풍에 열과 수증기가 지속적으로 공급되자 태풍의 세력이 커졌다. 게다가 바다에서 세력을 키운 태풍이 육지에 상륙하면 대개 열과 수증기 공급이 차단돼 세력이 약해지기 마련인데 최근에는 육지의 온도가 높아져 이마저 어렵게 됐다.

태풍권도 북상하고 있다. 지금까지는 대개 열대 기후와 온대 기후의 경계에서 태풍의 전향점이 형성됐다. 대만 부근에서 북동쪽으로 방향을 바꾸는 경우가 대부분이었다. 그런데 지구 온난화로 인해 열대 기후 지역이 넓어지다 보니 태풍의 전향점도 북상했다. 기후대가 북상하면서 태풍권도 같이 북상한 셈. 따라서 '매미'와 '루사'와 같은 초강력 태풍이 한꺼번에 우리나라를 강타하지 않는다는 보장이 없어졌다.

5 대구에는 사과가 없다

사과 산지의 본고장이었던 대구는 예전의 명성을 잃었다. 대신 대구보다 북쪽에 있는 충주나 원주가 새로운 사과 산지로 떠올랐다. 농촌진흥청 원예연구소는 사과의 경우 수확기 때 12℃ 정도의 서늘한 기후가 유지돼야 착색이 잘 되는데 수확기인 가을, 겨울철 온도가 상승하다보니 결과적으로 재배지가 북상했다고 전했다.

'예전엔 효자였는데……' 기온이 올라가면서 더 이상 포도를 재배할 수 없게 된 한 농민이 시름에 빠져 있다.

과실의 품질은 일차적으로 유전적인 요인과 재배적인 요인에 의해 결정된다. 그리고 나머지가 기후다. 기후는 과실의 착색 시기를 앞당기거나 당도를 높이는 등 품질에 결정적인 영향을 미친다. 사과의 재배지 북상은 환경에 적응한 종이 경쟁에서 살아남는다는 다윈의 자연선택이 사과에도 그대로 적용된 셈이다. DS

3. 지구의 미래가 녹고 있다

사라지는 빙하, 팽창하는 해수면

2005년 여름에는 북극의 해빙이 알래스카 면적만큼 줄었다. 해빙을 기반으로 살아가던 북극곰은 가혹한 처지로 내몰렸다. 덩치를 줄이고 새끼를 덜 낳으며 적응해보려 하지만 북극곰의 미래는 그다지 밝지 않다. 적도의 작은 섬 투발루에서는 해마다 바닷물 높이가 올라간다. 목 밑까지 차오른 물과 싸우다 지친 주민들은 미래가 없는 조국을 등지고 있다. 극지에서 적도로 이어지는 지구 온난화의 나비 효과 속 어딘가에 여러분이 있다. 온실가스를 펑펑 내뿜으며 지구를 데우는 데 한몫하는 여러분, 그래도 모른 척 할 텐가. 그 무관심이 지구의 미래를 녹이는 주범인데 말이다.

북극의 원주민인 이누이트는 달력을 보지 않고도 봄이 언제 오는지 알 수 있다. 북극의 봄이 시작되는 4월 무렵에는 날이 풀리면서 북극오리와 기러기떼가 찾아오고, 빙하를 보기 위해 관광객이 몰려든다. 겨우내 북극을 떠났던 과학자도 장비를 점검하러 돌아온다. 그러나 요즘은 봄의 전령사를 믿기 어려워졌다. 겨울인데도 그다지 춥지 않고 봄은 예전보다 일찍 찾아온다.

지혜로운 원주민의 판단을 흐려놓는 데는 과학자도 한몫한다. 지구 온난화의 열기가 뜨거워지면서 봄이 되면 찾아오던 과학자들의 발길이 시도 때도 없이 이어지기 때문이다. 2007~2008년이 '국제 극지의 해'이기도 하고, 유엔 산하 '정부 간 기후 변화위원회(IPCC)'가 연초부터 기후 변화 보고서를 차례로 발표하며 남극과 북극을 주목한 탓도 있다.

1979년부터 2006년까지 북극의 해빙 면적은 꾸준히 감소했다. 특히 해빙 면적이 최대로 줄어드는 9월에는 10년마다 8.6%의 비율로 얼음이 녹았다. 매년 한반도의 절반 정도 면적인 10만km^2의 해빙이 사라진 셈이다. 특히 2005년 9월에는 알래스카의 크기(170만km^2)만큼 해빙 면적이 줄어들었다.

남극에서도 변화의 조짐은 속속 드러나고 있다. 2006년 3월 미국의 과학잡지 《사이언스》에는 남극에서 벌어지고 있는 지구 온난화에 결정적인 단서를 제공하는 논문이 실렸다.

영국 남극연구소 자연환경연구팀의 존 터너 박사는 지난 30년간 겨울철 남극의 대류권 기온이 10년마다 0.5~0.7℃씩 올라갔으며 성층권의 기온은 오히려 떨어졌다고 말했다. 터너 박사는 "남극 상공의 온실가스가 지구의 복사 에너지를 흡수하면 대류권의 기온은 올라가지만 성층권은 냉각된다"며 남극도 온실가스의 영향을 받고 있다고 주장했다.

그렇다면 왜 남극과 북극에서는 다른 지역보다 더 극적인 변화가 일어날까. 극지연구소 극지환경연구부 김성중 박사는 눈과 얼음을 주범으로 꼽았다. 그는 "눈이나 얼음은 빛을 대부분 반사해 극지의 기온을 낮게 유지해준다"며 "지구의 기온이 올라가면서 얼음이 녹으면 반사하는 태양 에너지가 줄어들며 결과적으로 극지의 온도가 올라가고 환경이 급변한다"고 말했다. 문제는 이런 변화가 남극과 북극에만 한정된 게 아니라는 점이다.

남극 세종기지가 위치한 킹조지 섬에서도 해마다 지구 온난화가 급격히 진행되고 있다.

극지의 빙하가 녹으면 가장 먼저 해수면 상승이란 가시적 효과가 나타난다. 극지연구소 극지환경연구부 홍성민 박사는 "남극 세종기지 앞 빙벽이 해마다 눈에 띄게 후퇴하고 있다"며 "남극과 그린란드의 빙상과 북극의 해빙이 녹으면 해발고도가 낮은 투발루 같은 나라는 50년 안에 물에 잠길지도 모른다"고 우려했다.

잘 알려져 있지 않지만 바닷물의 열팽창도 해수면 상승에 중요한 요인이다. 열팽창은 온도가 올라가면 유체의 부피가 커지는 현상으로 물은 온도가 1℃ 올라가면 부피가 0.01% 정도 팽창한다. 연세대학교 대기과학과 노의근 교수는 "바다는 대륙으로 막혀있기 때문에 열팽창이 일어나면 고스란히 해수면 상승으로 이어진다"며 "바닷물의 깊이를 4000m라고 했을 때 수온이 1℃만 올라가도 해수면이 40cm 높아진다"고 설명했다.

대기와 얼음, 해양 사이에 열 교환이 일어나면 지구 온난화에도 가속도가 붙는다. 길고 무더워진 여름, 극지의 얼음이 녹아내리면 태양과 정면으로 마주친 바다는 열을 많이 흡수하며 온도가 급격히 올라간다. 당연히 겨울이 되도 얼음이 어는 속도는 더디다. 예전보다 두께가 얇아진 얼음은 날이 풀리며 빠르게 녹는다. 바다는 더 뜨거워지고 이 열이 대기로 고스란히 전달되면서 지구의 기온은 더 올라간다. DS

정부 간 기후변화위원회 4차 보고서에 따르면 지난 50년간 지구 대기의 평균 온도는 10년마다 0.13℃씩 올라갔다. 지구 온난화가 가속되자 극지에서 가장 급격한 변화가 나타나기 시작했다.

Report

그래프로 보는

2007 기후 변화 보고서

북 극

편집자주

정부 간 기후변화위원회는 2007년에 두 차례 기후 변화에 관한 4차 보고서를 발표했다. 2007년 2월 2일 제1패널의 보고서에서는 기후 변화에 대한 자연과학적 근거를 제시했고 4월 6일 제2패널의 보고서에는 기후 변화의 영향과 사회 · 경제적 취약성을 담았다. 과학동아 스페셜은 이 내용을 그래프로 그려 한눈에 보기 좋게 만들었다. 1995년 정부 간 기후변화위원회 2차 보고서가 발표되고 2년 뒤 세계는 교토의정서를 채택했다. 과연 이제는 어떤 결심을 할까?

해빙 면적 변화 ▶

위성 관측 자료에 따르면 1979년 이래로 북극에서는 한반도 면적의 6배가 넘는 해빙이 녹아 사라졌다. 원인은 지구 온난화. 북극의 평균 기온은 지난 100년 동안 전 지구의 기온 상승률보다 2배나 더 빠르게 올라갔다.

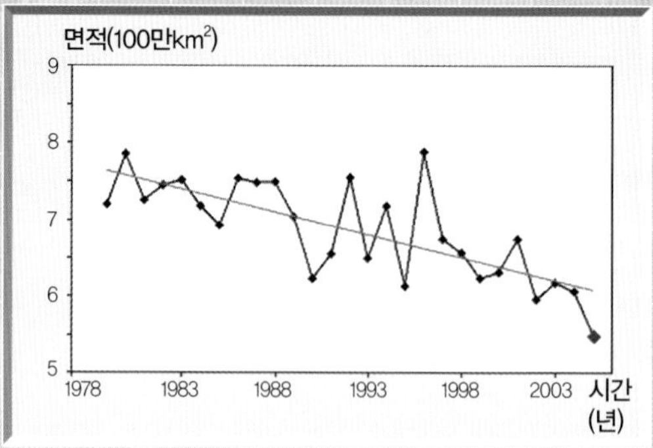

대양 대순환의 원리 ▶

북극 주변의 차갑고 짭짤한 물은 밀도가 커 아래로 가라앉으며(❶) 적도의 뜨거운 해류인 멕시코 만류(❷)를 북대서양까지 끌어올리는 엔진 역할을 한다. 대양 대순환이 있기에 영국은 따뜻한 겨울을 보낸다. 그러나 그린란드나 북극해의 얼음이 녹으면서 바닷물의 밀도가 낮아지면(❸) 대양 대순환의 흐름이 깨질 수 있다.

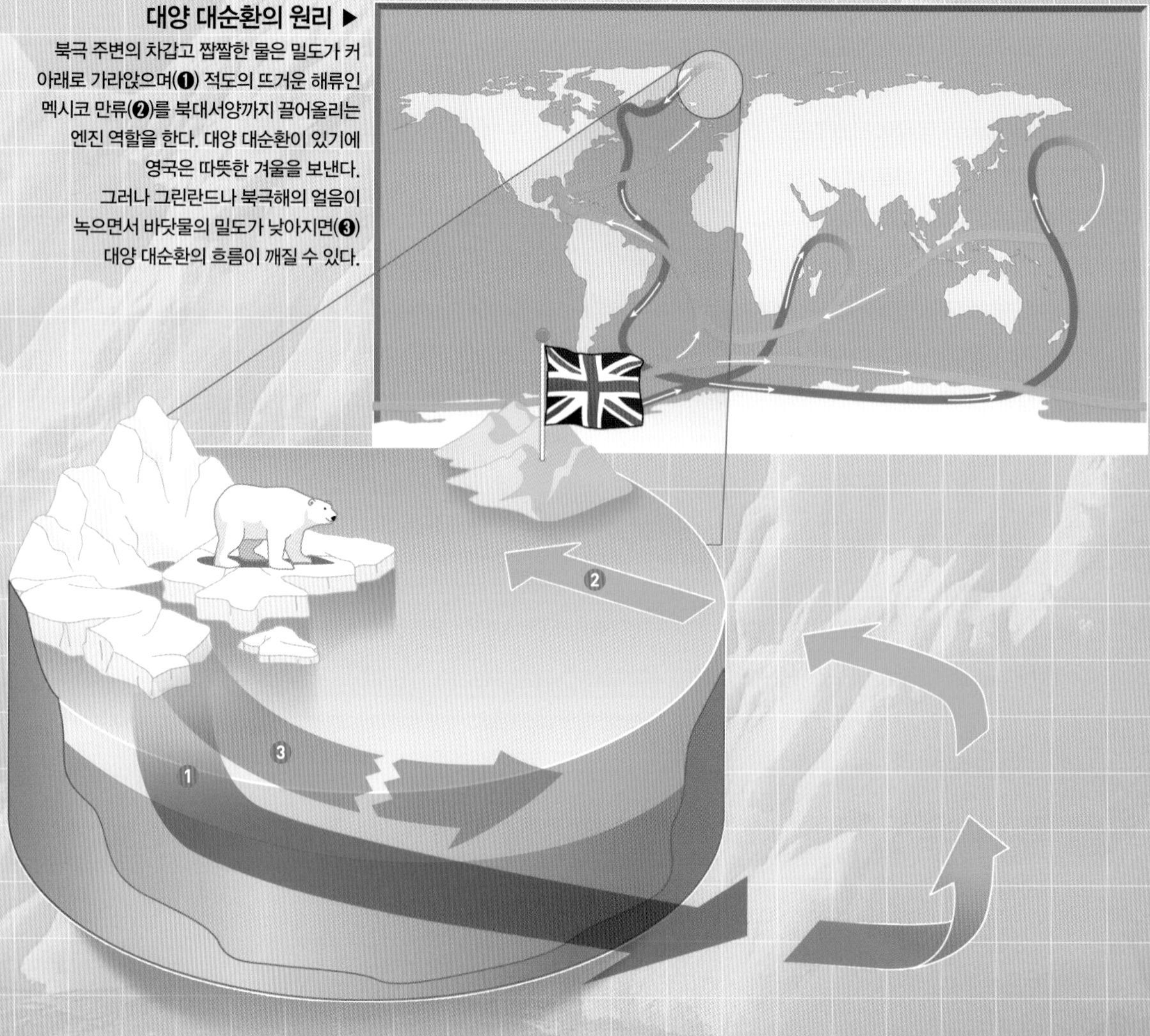

남극

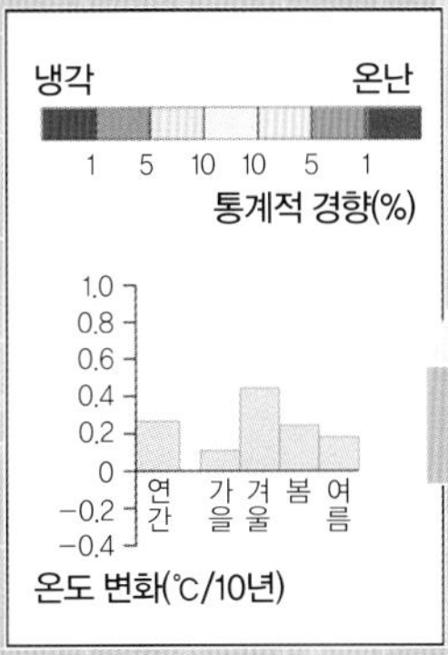

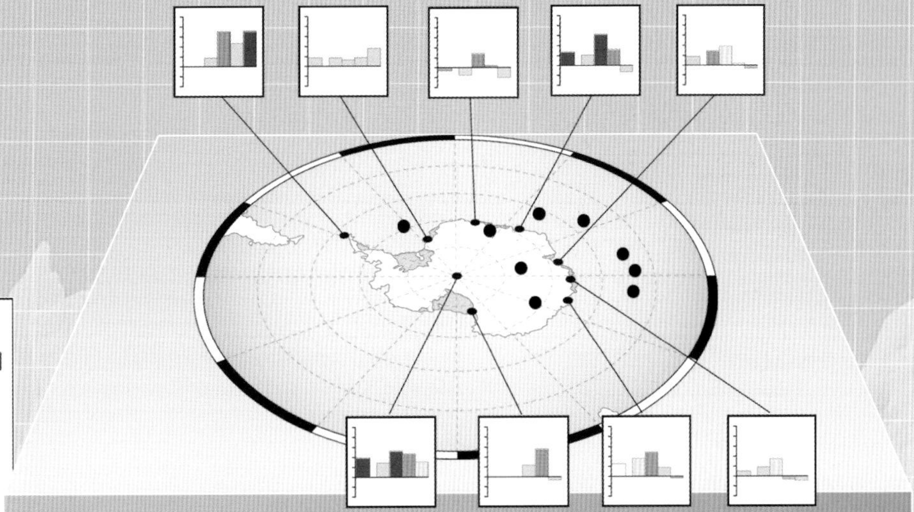

남극 대류권의 온도 변화

남극 대륙은 연중 저기압대의 영향을 받는데다가 강력한 서풍이 적도의 해류를 차단해 북극보다 온도 변화에 덜 민감하다. 따라서 지구 온난화로 남극이 어떤 변화를 보일지 예측하는 일은 좀 더 복잡하다. 영국 남극연구소의 자연환경연구팀은 1971년부터 30년 동안 남극 9개 지점의 상공에 전파를 이용한 기상 관측 기계인 라디오존데를 띄워 대류권의 온도 변화를 측정했다. 그 결과 겨울철 남극 대류권의 온도는 10년마다 0.5~0.7℃씩 상승했다.

마리안 소만의 빙벽 후퇴

세종기지에서 4km 정도 떨어져있는 마리안 소만. 여름이면 집채만 한 빙벽이 무너져 내린다. 실제로 1956년 12월 이후 마리안 소만의 빙벽은 꾸준히 줄어 현재 1km 정도 후퇴한 상태다.

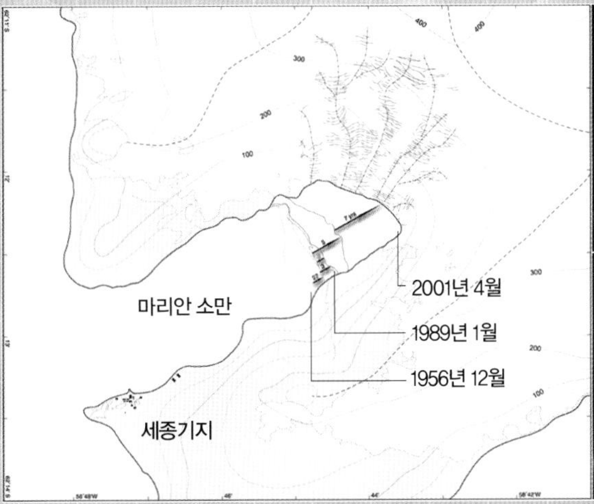

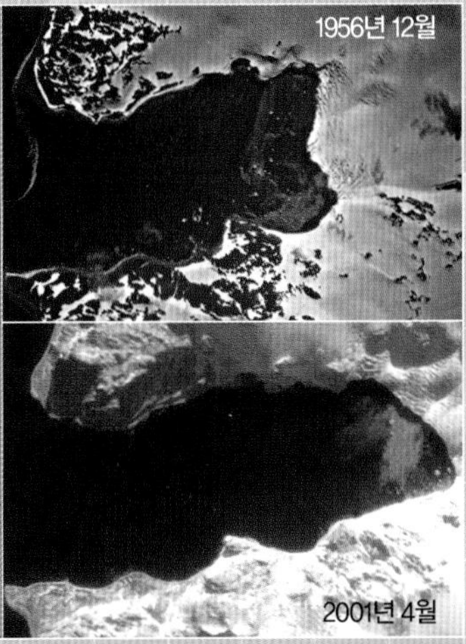

▶ 얼음 용어 정리

빙하(glacier) 대륙에 쌓인 눈이 오랫동안 다져져 만들어진 얼음층으로 고도가 낮은 곳으로 흘러내린다.
빙상(ice sheet) 대륙을 덮고 있는 거대한 얼음덩어리.
빙붕(ice shelf) 빙상의 일부가 바다 위로 뻗어 나온 덩어리.
빙산(iceberg) 빙붕이 바다로 떨어져 나와 생긴 얼음덩어리.
빙모(ice cap) 산꼭대기를 덮고 있는 얼음층.
해빙(sea ice) 바닷물이 얼어 만들어지며 아무리 두꺼워도 1년에 2m 이상 자라지 못한다. 바람이나 해류에 의해 이동하면 유빙(pack ice)이라고 부른다.

지구 전체

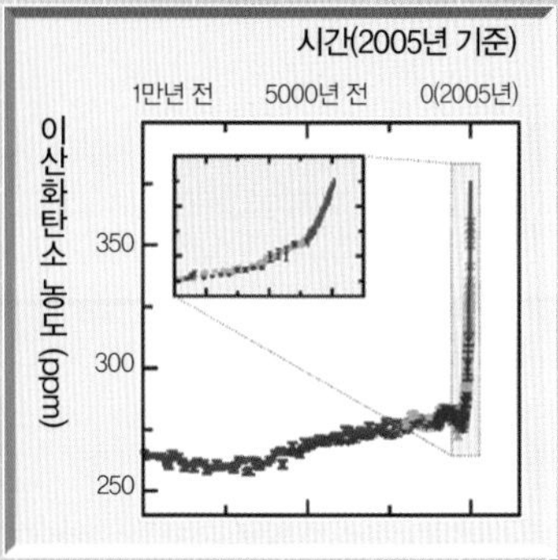

▲ 이산화탄소 배출량

지난 65만 년 동안 자연적인 이산화탄소 농도 범위는 180~300ppm을 크게 벗어나지 않았으나 2005년에는 379ppm으로 치솟았다. 특히 1995~2005년에는 이산화탄소 농도가 연간 1.9ppm씩 늘어 1960~2005년의 평균인 1.4ppm보다 빠른 증가율을 보였다.

▼지구 평균 기온

지난 50년 동안 지구의 온도는 10년마다 0.13℃씩 올라갔고, 최근 12년(1995~2006년) 가운데 11년이 기상 관측을 시작한 이래 최고로 더웠던 해로 기록됐다.

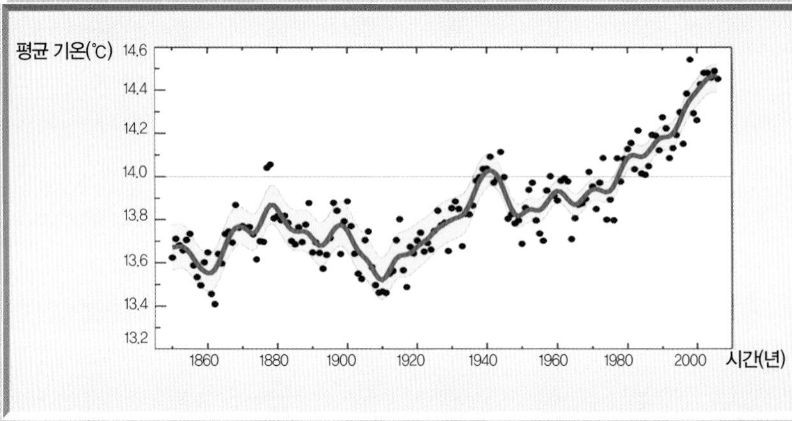

북극과 남극 : 얼음이 급속히 녹는다. 북극권 주민의 경우 전통적인 생활 방식이 위협받는다.

유럽 : 빙하가 후퇴하면서 물 부족에 시달리고 농업 생산량은 줄어든다. 저지대는 상습적인 홍수와 침식을 겪고 폭염도 심해진다.

아시아 : 앞으로 20~30년 안에 히말라야의 빙하가 녹으며 홍수와 눈사태, 수자원 고갈에 시달리게 된다. 특히 인구가 밀집한 해안가에는 전염병이 퍼질 수 있다.

북아메리카 : 서부 산맥의 눈이 녹으며 겨울에는 홍수, 여름에는 물 부족을 겪게 된다. 열대 폭풍의 세력도 커져 인구밀도가 높은 해안 지대의 피해가 예상된다.

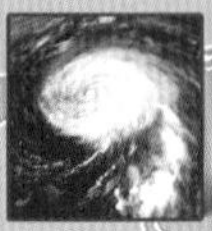

오세아니아 : 물 부족이 더욱 심해진다. 기온이 1~2℃ 오르면 경작 기간이 늘고 난방비를 아낄 수 있지만, 그 이상 기온이 오르면 가뭄과 산불 위험이 커진다.

아프리카 : 2020년까지 최대 2억 5000만 명이 물 부족에 시달리고 농업 생산량이 절반가량 줄어들 수 있다.

남아메리카 : 기온이 오르고 지표수가 고갈되며 아마존이 열대우림에서 사바나로 변할지 모른다. 저지대는 홍수에 시달린다.

작은 섬 : 해수면이 오르며 홍수와 폭풍, 해안 침식이 잦아진다. 산호초가 탈색되며 관광객의 발길이 끊길 수 있다.

지구 온난화가 전 세계에 미칠 영향

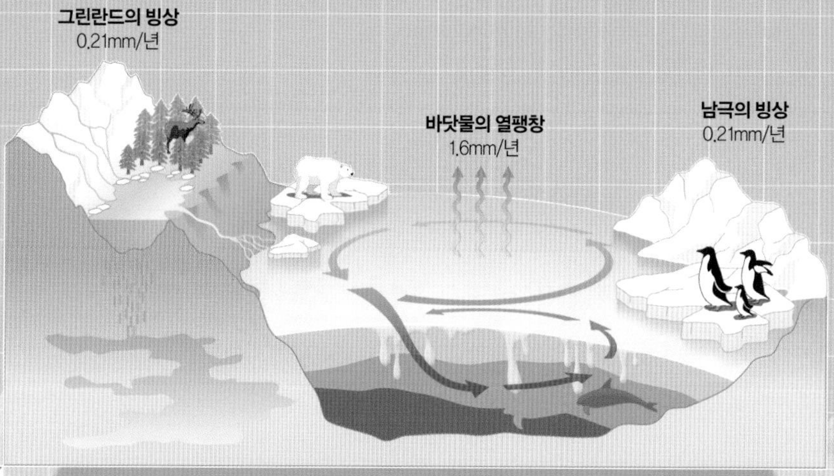

▲해수면 상승에 기여하는 요인

1993~2003년의 위성 관측 자료를 분석한 결과 바닷물이 열팽창 하고 극지와 내륙의 빙하와 빙상이 녹으며 전 지구의 해수면이 연간 3.1mm씩 높아졌다. 해수면 상승을 가속시키는 주된 요인은 열팽창이다. 열팽창은 전 세계의 해양에서 수온 상승과 비례해 일어난다. 반면 극지의 얼음은 대기와 해양의 온도가 0℃보다 높이 올라가야 녹기 시작하므로 반드시 기온 상승 정도에 비례하지는 않는다.

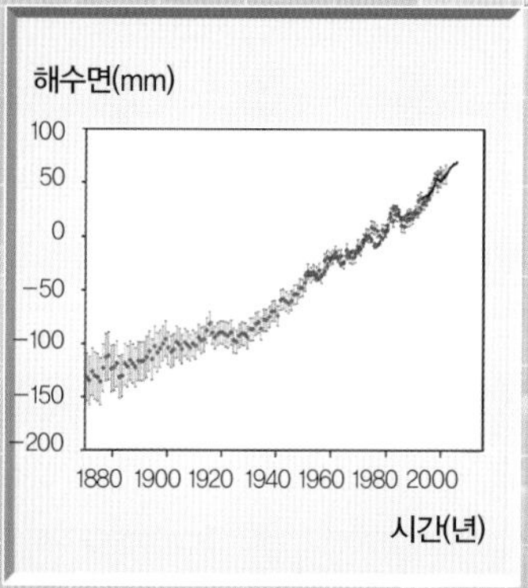

▲ 지구의 평균 해수면 높이

지구의 평균 해수면이 꾸준히 올라가고 있다. 특히 1961~2003년의 연간 해수면 상승률이 1.8mm인데 비해 1993~2003년에는 매년 3.1mm씩 높아졌다.

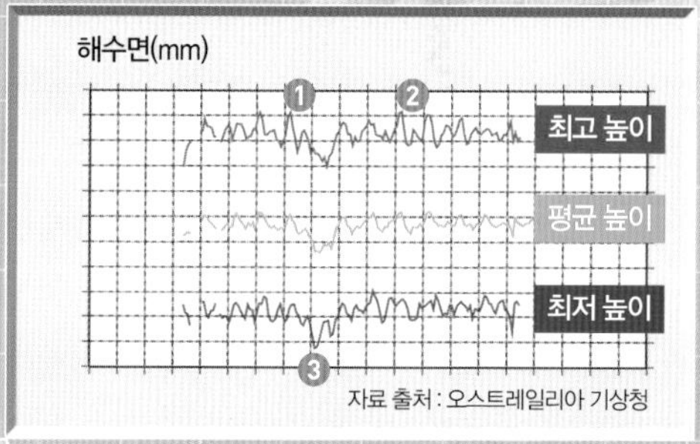

남태평양 섬나라의 연평균 해수면 상승률(2007년 2월 기준)

▲ 해수면 상승에 기여하는 요인

투발루의 수도 푸나푸티의 해수면 평균 높이는 1.99m 정도지만 섬 주민들에게 직접적으로 와닿는 것은 해수면의 최고 높이다. 1997년 3월에는 사이클론의 영향으로 해수면이 3.33m까지 올라갔고(❶) 2001년 3월에는 봄철의 높은 조수 때문에 해수면의 최고값이 3.35m를 기록했다(❷). 반면 1997~1998년 엘니뇨 기간에는 해수면이 35cm까지 낮아지기도 했다(❸).

지구 속 연료가 바닥난다

1. 진짜 석유 대란 온다

에너지 전환 준비할 때

미국 석유 전문잡지 《석유가스저널》은 2003년에 "지금까지 확인된 석유 매장량은 1조 2128억 배럴로 현재 석유 소비량을 기준으로 41년 동안 쓸 수 있다"고 밝혔다. 영국 석유회사 BP도 석유 매장량은 1조 1477억 배럴로 41년 정도 쓸 수 있는 것으로 전망했다. 다른 화석 연료인 천연가스는 약 60년, 석탄은 200년가량 쓸 수 있을 것으로 전망된다.

전문가들은 석유 생산이 정점에 이르는 때부터 대란이 시작될 것으로 보고 있다. 석유 소비는 앞으로 연평균 1.2~2.4% 늘 것으로 보이는데 생산이 정체돼 수요를 따라잡지 못하면 석유 대란이 시작된다는 것이다.

일부에서는 석유 대란이 30년 뒤에나 찾아올 것이라고 낙관한다. 미국 지질연구소는 아직 발견되지 않은 석유가 많아 2037년에 석유 생산이 정점에 이를 것으로 보고 있다. 정점을 2100년으로 보는 시각도 있다.

그러나 지질학자 콜린 캠벨은 세계에서 채굴할 수 있는 석유는 모두 1조 8000억 배럴이며 이 중 절반을 써버리는 시점은 1~2년 뒤라고 전망한다. 한국은행은 석유 공급이 불안해지면 천연가스, 석탄도 함께 값이 뛰어 총체적인 '화석 연료의 위기'가 닥칠 것이라고 전망했다.

계속되는 고유가에 정부와 기업 모두 비상이다. 정부는 공공기관 직원들이 근무시간을 자유롭게 정하는 탄력근무제를 도입하고 전기와 휘발유를 함께 쓰는 하이브리드 자동차를 공공기관이 의무적으로 구입한다는 대책을 내놓았다. 또 정부는 에너지 절약형 전자제품의 구입을 늘리고 초저황 경유의 교통세를 인하했다.

기업도 고유가에 난리다. 대한항공과 아시아나항공은 지속적으로 국제선 요금을 인상했다. 또 다른 기업은 휴식시간에 형광등과 사무기기의 전원을 끄는 등 에너지 절약에 나서고 있다. 이런 방식이 당장의 위기에는 도움을 주겠지만 언젠가 다가올 근본적인 석유 부족 문제를 해결할 수는 없는 노릇이다.

심해에서 캐낸 천연가스 하이드레이트.

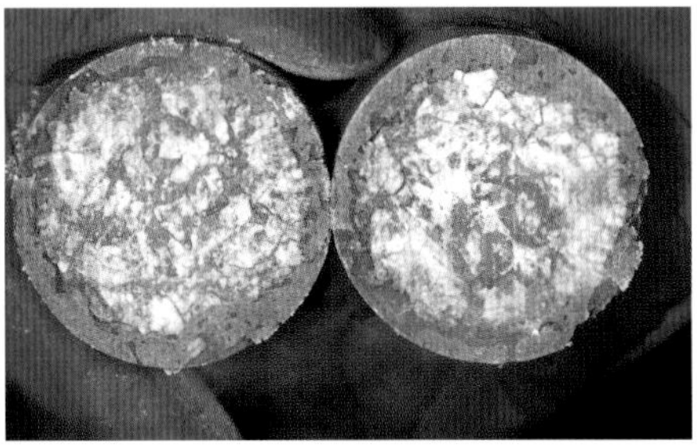

석유 대란을 피할 수 있는 근본적인 방법이 있을까. 하나의 해결책이 깨끗하고 고갈되지 않는 재생가능에너지다. 우리나라 정부는 2012년까지 전체 에너지 중 재생 에너지의 비율을 현재의 2.06%에서 5%로 끌어올리기로 했다. 그러나 정부 정책대로 된다고 해도 나머지 95%는 화석 연료와 우라늄으로 채워야 한다.

석유가 거의 나지 않는 프랑스는 전체 석유 소비량의 73%를 해외에서 직접 생산한다. 또 중동에서 수입하는 석유는 27.9%에 불과해 석유 위기에 타격을 덜 받고 있다. 우리나라가 중동에 의존하는 석유는 전체의 79%다. 경제가 급성장하고

있는 중국과 '자원 빈국' 일본도 해외 석유 개발이 한창이다. 중국은 카자흐스탄 원유를 들여오기 위해 송유관을 건설하고 있고, 일본도 러시아와 가스관을 연결하도록 합의하는 등 해외 유전 개발을 통한 석유 수입이 10%를 넘는다.

우리나라의 해외 유전 개발은 1987년 예멘 마리브 유전의 성공으로 시작됐다. 현재 우리나라는 베트남, 남아메리카, 리비아 등 65개국 209곳에서 원유와 가스를 직접 생산하고 있다. 노무현 정부도 러시아를 방문해 시베리아 천연가스전을 공동 개발하기로 합의하는 등 '자원 외교'에 나서기도 했다.

그러나 우리나라가 해외 유전을 직접 개발해 들여오는 석유는 전체 석유 수입량의 4.1%에 불과하다. 한국 정부는 이 비율을 일본 수준으로 높일 계획이다. 그러나 일본도 비율을 계속해서 높일 계획이어서 차이는 계속 유지될 전망이다.

우리나라는 2004년 7월부터 울산광역시 부근 '동해-1 가스전'에서 천연가스를 생산하며 세계 95번째 산유국이 됐다. 이곳에 묻혀 있는 천연가스는 약 500만t 규모로 한국이 6개월 동안 쓸 수 있는 양이다.

국내 해저 대륙붕에서 석유 탐사가 본격적으로 시작된 것은 1990년대 들어서다. 서해, 남해, 동해의 7개 광구에서 탐사가 진행되고 있다. 한국지질자원연구원은 "서해는 석유가 묻혀 있을 가능성이 높은 퇴적 분지로 이뤄져 있다"고 말했다. 그러나 석유공사측에서는 "그동안 한국이 탐사에 투자한 돈이 일본의 1년 투자비보다 작다"고 밝혔다.

에너지 자립도를 높이기 위해서는 현실적으로 원자력도 중요한 수단이다. 프랑스는 전체 전력의 78%를 원전에서 얻고 있다. 우리나라도 원자력 비율(34%)을 높이면 석유 위기의 충격을 완화할 수 있다.

그러나 수십 년 동안 계속된 원전센터(방사성 폐기물 처리장) 선정 작업이 중단되고 표류하는 등 원전은 환경 단체와 지역 주민의 반대에 시달리고 있다. 원전센터는 선정에서 준공까지 4년 정도 걸리는데 기존 시설은 2008년에 이르러 포화 상태이다. 또 신고리 1, 2호기와 신월성 1, 2호기 등 새 원전 건설도 처음 계획보다 1년 이상 미뤄졌다.

석유 대란은 일시적인 해결책으로 극복할 수 있는 문제가 아니다. 인류는 산업혁명 이후 지나치게 많은 에너지를 쓰고 있는 것은 아닌지 근본적으로 물질 문명을 되돌아봐야 할 때다. 동물의 세계에서 자원이 부족해지면 남는 것은 서로 죽이고 죽는 비극이다.

대안에너지센터에서는 "지금은 선탁 석유 등 '탄화수소 문명'이 저물어가는 시기"라며 "에너지 전쟁과 생태 재앙을 피하기 위해서는 발전을 중요시한 20세기의 에너지 사용 형태를 벗어나야 한다"고 했다. 그리고 "인류는 중장기적으로 에너지 소비를 크게 줄이고 새로운 에너지 혁명을 준비해야 한다"고 덧붙였다.

북극은 때 아닌 영토 논쟁

북극은 인간의 한계를 시험하는 탐험가들에게 끝없는 도전의 대상이었다. 그로부터 100년이 지난 2008년, 지구 온난화에 힘없이 무너져 내리는 북극 빙하에 세계의 이목이 집중된 가운데, 다른 한편에서는 북극에 숨겨진 '보물 상자'를 찾는 전쟁이 벌어지고 있다. 보물 상자에는 과연 무엇이 들어 있을까.

1908년 미국의 의사 프레데릭 쿡과 해군장교 로버트 피어리는 피 말리는 북극점 정복 경쟁을 벌였다. 최초 정복자에게 주어지는 부와 명예를 위해 두 사람은 영하 30℃를 밑도는 얼음 벌판에서 추위와 싸우며 북극점을 향했다.

북극점에 먼저 도착한 이는 피어리였다. 그는 1909년 4월 6일 북극점에 깃발을 꽂았다고 주장했다. 이 소식이 전해지자 쿡은 자신이 1908년 먼저 북극점에 도달했다며 탐험 기록을 증거로 내세웠다. 하지만 두 사람 모두 탐험 기록이 온전치 않아 누가 먼저 북극점을 정복했는지는 아직까지 논쟁 중이다.

그로부터 100년이 지난 2008년에 이르러 지구 온난화로 급격한 기후 변화를 겪고 있는 북극을 정복하기 위해 세계 각국이 '소리 없는 전쟁'을 시작했다. 100년 사이 평균 기온이 2℃나 올라 빙하가 사라지고 있는 북극에서, 과학자들은 썰매가 아닌 쇄빙선을 타고 전진한다. 그들은 북극에서 무엇을 얻고자 하는 걸까.

2007년 8월 2일 흰색과 주황색으로 장식된 러시아의 소형 유인 잠수정 미르 1, 2호가 북극점에서 불과 4km 떨어진 심해 4261m, 4302m 깊이까지 내려갔다. 각각 8시간 40분, 9시간 30분 동안 해저 탐사를 벌이다가 해저 바닥에 티타늄으로 만든 러시아 국기를 꽂은 뒤 돌아왔다. 이는 북위 88° 지점을 지나는 로모노소프 해령이 러시아의 동시베리아 초쿠가 반도와 대륙붕으로 연결돼 있다는 증거를 찾아 북극점 주변을 러시아의 영토라고 주장하는 근거로 삼으려는 속셈이었다.

❶ 캐나다 북극 지역 빙하에서 탐사 활동을 벌이는 과학자.
❷ 북극은 북극해에 인접한 5개 나라의 200해리 경제 수역(노란색 점선)을 인정한다. 하지만 지난해 러시아는 북위 88°를 지나는 로모노소프 해령이 자국의 영토와 대륙붕으로 연결돼 있다며 영유권을 주장했다. 로모노소프 해령에는 100억t의 석유 · 가스가 매장돼 있다고 알려졌다.

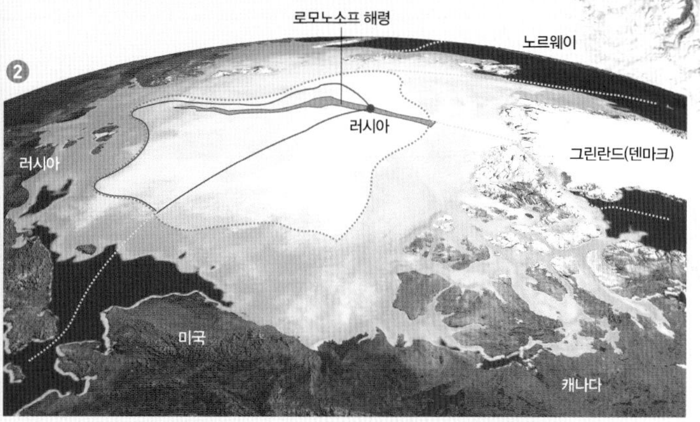

북극권 주변 국가들은 이에 발끈했다. 덴마크는 정확히 1주일 뒤 40명의 과학자로 구성된 탐사대를 꾸려 북극 해저 탐사를 보냈고, 미국은 알래스카 인근에 쇄빙선을 보내 해저 지형 탐사에 나섰다.

캐나다도 총리가 직접 북극 지역을 사흘 간 방문하기도 했다. 급기야 2008년 5월 28일 북극해에 영토를 갖고 있는 5개국(미국, 러시아, 캐나다, 노르웨이, 덴마크)의 장관들이 모여 회의를 열고 북극 영유권 분쟁이 발생할 경우 국제연합의 결정에 따르기로 상호 협정을 체결했다.

북극이 때 아닌 영토 논쟁에 휩싸인 이유는 두꺼운 얼음 밑에 감춰진 지하자원과 생물자원 때문이다. 미국 지질자원조사국에 따르면 북극 해저의 석유 · 가스매장량은 세계 전체 매장량의 25%에 이른다. '불타는 얼음'이라 불리는 미래 에너지 자원인 하이드레이트도 북극 해저에 막대한 양이 매장된 것으로 추정된다.

북극은 신물질을 가진 생물자원이 풍부한 곳이기도 하다. 특히 영하 30℃에도 견디는 북극 생물의 몸 안에 들어있는 천연 결빙 방지 물질을 저온 수술이나 천연 부동액으로 활용하려는 연구가 활발히 진행 중이다. 전문가들은 현재 '냉동 보존 시장'이 세계적으로 10억 달러(약 1조 원) 이상일 것으로 추정한다.

그동안 북극권 국가들은 이런 '보물 상자'를 앞마당에 두고서도 추위와 두꺼운 얼음 때문에 쉽게 다가가지 못했다. 이들에게 굳게 닫혀 있던 '보물 상자'의 열쇠를 쥐어준 것은 다름 아닌 지구 온난화다.

2001~2005년 북극의 여름 해빙은 1978~2000년의 평균 면적보다 20%나 줄었다. 그 사이 녹은 얼음의 면적은 약 130만km^2로 한반도 크기가 6배에 이른다. 2007년 여름에는 북극해의 해빙 크기는 유사 이래 가장 작았다는 보고도 있다. 전문가들은 이런 추세라면 2050년 전에 1년 내내 북극해를 가로지르는 항로가 등장할 것이라고 예상한다. '북극 전쟁'이 더 치열해질 것은 불 보듯 뻔하다.

영국 경제 주간지 ≪이코노미스트≫는 2007년에 내놓은 '2008 세계 대전망 보고서'에서 최대 격전지로 북극을 지목했다. 남극은 국제 협약인 남극 조약에 따라 남극 대륙의 영토, 자원, 환경 보호 등이 전반적으로 관리되는 반면, 북극은 북극해와 인접한 5개국에 자국의 영토와 200해리 경제 수역을 인정한다.

이들 나라는 공동 해역인 북극점 주변까지 지질, 환경, 생태, 생물자원을 볼모로 자국의 권리를 주장하기 위해 지금도 수많은 과학자들을 북극으로 보내고 있다. 우리나라도 2009년 국내 최초 쇄빙선 '아라온'을 출항하며 극지 연구의 새로운 발판을 마련했다.

2008년은 국제연합이 정한 '세계 극지의 해'였다. 지구 온난화의 직격탄을 맞고 있는 그곳에서 과학자들의 치열한 전투가 벌어지고 있다. ▣

이산화탄소와의 전쟁

1. 온난화 탈출할 비상구를 찾아라

높아지는 지구의 체온

지구는 태양으로부터 막대한 양의 에너지를 받고, 다시 적외선 형태의 열에너지를 우주로 방출해 에너지의 균형을 유지하고 있다. 대기중에는 적외선을 흡수하는 가스가 존재해 우주로 방출되는 양을 줄이는데, 이를 온실가스라 한다. 온실가스에는 자연상태로 수증기(H_2O), 이산화탄소(CO_2), 오존(O_3), 메테인(CH_4), 아산화질소(N_2O)가 있다. 이외에 인간의 활동에 의해 만들어진 염화불화탄소(CFCs), 수소불화탄소(HFCs), 육불화황(SF_6)도 온실가스다.

대기 중에 포함된 온실가스는 지구의 열이 전부 밖으로 흘러나가지 못하도록 하는 온실 효과를 통해 지구의 온도를 일정 수준으로 유지시킨다. 현재 지구 평균 온도는 약 15℃인데, 만약 온실가스에 의한 온실 효과가 없다면 −18℃ 정도로 낮아진다. 적정한 양의 온실가스는 지구의 에너지 균형에 중요한 역할을 한다.

문제는 19세기 후반 산업혁명 이후 석탄, 석유, 가스 등 화석 연료 사용의 증가와 산림 벌채 등 인위적인 활동에 의해 이산화탄소가 급격히 증가했다는 데 있다. 이산화탄소가 지표면에서 반사되는 태양열을 흡수하는 양이 늘면 지표의 온도를 상승시키는 온실 효과가 증대된다. 지구의 온도를 상승시키는, 즉 지구 온난화를 초래하는 것이다. 이런 현상은 최근 2만 년 동안 전례가 없는 일이다.

이산화탄소는 온난화의 가장 중요한 원인으로 지구 온난화 기여도(1980~1990년)가 55%에 이른다. 염화불화탄소는 24%, 메탄은 15%, 아산화질소는 6% 정도다. 이산화탄소는 주로 화석 연료가 연소되면서 발생된다. 화석 연료의 사용으로 인한 이산화탄소 배출은 1992년 59억 탄소톤(TC)으로 인간이 배출한 전체 이산화탄소 배출량의 4분의 3을 차지한다. 탄소톤은 이산화탄소 중 탄소(C)를 기준으로 환산한 무게를 가리키는데 1t의 이산화탄소는 약 0.28탄소톤 정도이다. 화석 연료 외에도 채광과 가공, 그리고 수송, 분배 과정에서도 막대한 양의 이산화탄소가 배출된다.

화석 연료 다음으로 중요한 이산화탄소의 배출원은 삼림의 파괴다. 삼림이 농경지 등으로 개발될 때 불태워지거나 분해되면서 나무 속에 있던 탄소가 대기중으로 배출되기 때문이다. 전 세계적으로 최대 26억t의 탄소가 매년 이런 이유로 배출되는 것으로 추정된다.

한편 온실가스 중 염화불화탄소는 냉각제, 분사제, 발포제, 세척제로 사용되면서 인공적으로 배출된다. 메테인은 소, 돼지 등 가축의 소화관에 있는 미생물이 음식을 분해하는 장의 작용에 의해 발생된다. 또한 쌀의 경작, 쓰레기와 하수의 처리과정에서도 발생한다. 화학 비료의 사용은 질소와 관련된 흙 속 박테리아와 세균들을 활성화시켜 아산화질소의 배출을 증가시킨다.

이산화탄소의 증가로 인한 지구 온난화는 전 세계적으로 특별한 조치를 취하지 않으면 21세기

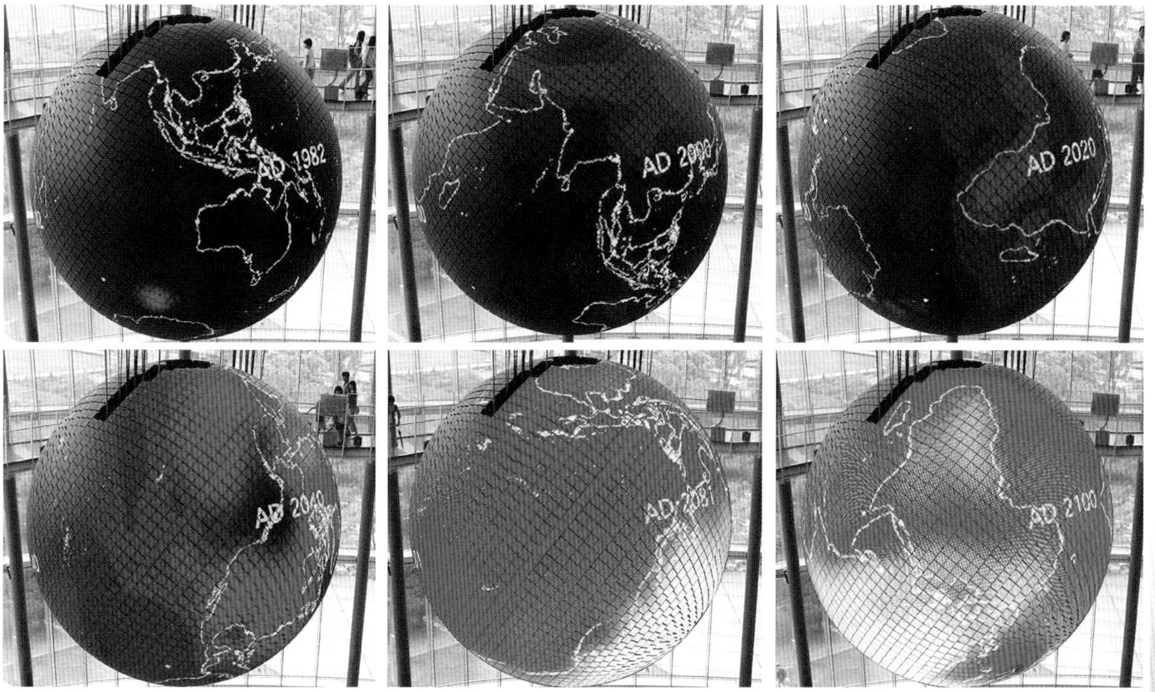

지구가 뜨거워지는 이유는 화석 연료를 사용하는 인간 때문이다. 사진은 1980년부터 매 20년마다 예상되는 지구의 평균 기온의 상승 정도를 보여준다.

에 피해가 극심할 것으로 예상된다. 세계 2천 명 이상의 과학자들이 참여해 2001년 발표한 '정부간 기후변화위원회'의 3차 평가보고서는 21세기에 지구 평균 기온이 최대 5.8℃, 해수면은 88cm까지 상승할 것이라는 충격적인 연구 결과를 내놓았다. 21세기 지구 온난화는 자연생태계는 물론 인간의 건강과 사회경제적 활동 등 인간의 모든 부분에 지대한 영향을 미칠 것으로 전망된다. 실제 농림수산업뿐 아니라 산업 전 분야와 수자원, 대기, 연안 지역 등이 관련된다.

지구 온난화로 인한 기후 변화의 심각성은 세계 도처에서 이미 나타나고 있다. 최근 30년 동안 우리나라의 30 분의 1 정도 크기인 북극에서 가장 큰 빙산이 사라졌다. 호주 근처의 섬나라인 투발루는 지구 온난화에 따른 해수면 상승으로 인해 국토가 줄어들면서 결국 26km^{2}의 면적인 자국의 국토를 포기하기로 결정했다. 그러나 주민을 이주시킬 곳이 없어 호주와 뉴질랜드에 이민을 요청하고 있는 실정이다.

기후 변화는 심각한 기상 재해 형태로도 나타나고 있다. 1997년 가뭄으로 동남아시아는 산불과 짙은 연기로 몸살을 앓았다. 1998년에는 중국의 양쯔강에 대홍수, 미국에 불볕더위, 유럽에 대홍수가 발생했는데, 기상 재해는 날이 갈수록 규모가 커지고 자주 발생하고 있다. 1950년대에 전 세계적으로 발생한 거대한 기상 재해는 32건이었으나 1990년대 들어서는 거의 3배에 가까운 111건으로 늘어났다.

우리나라도 지구 온난화의 안전지대가 아닌 것으로 평가되고 있다. 앞서 살펴본 바와 같이 한반도에도 지구 온난화와 연관되는 각종 현상들이 발생하고 있기 때문이다. 기온과 해수면 상승, 빈번한 황사 현상, 호우 강도 증대, 각종 기상 재해 발발, 태풍 등에 의한 연안 지역의 범람, 냉수성 어족의 격감, 농업생산성의 변화, 강수 양상의 변화로 인한 홍수 및 가뭄, 전염병의 증가 등 한두 가지가 아니다.

우리나라는 지난 75년 동안 평균 기온이 1.1℃ 증가했으며, 2060년경에는 현재보다 2℃가 높아질 것으로 예상된다. 100년 뒤 한반도 전체 면적 중 2%인 44만 5177헥타르가 사막화되리라 예상되는데, 이는 서울의 7.4배에 달하는 면적이다.

아울러 지구 온난화에 따른 해수면의 상승도 한반도에 영향을 끼치리라 예상된다. 지난 10년 동안 한반도의 해수면은 4cm 정도 높아졌는데, 앞으로 상승 속도는 2.2~4.4배 정도 빨라질 것으로 전망된다. 앞으로 100년 동안 해수면이 1m 정도 상승하고, 태풍과 해일의 피해도 서해안 지역에서 증가할 것으로 예상된다.

국제 사회의 최대 이슈, 에너지와 환경

지구 온난화로 인해 야기되는 기후 변화와 이로 인한 피해를 방지하기 위한 국제 차원의 공식적인 논의는 1979년 2월 개최된 1차 세계기후회의에서 처음 시작됐다. 이 회의에서는 인간의 활동에 의한 기후 변화 가능성과 기후 변화의 부정적 영향을 방지하기 위한 조치의 필요성이 인정된다는 점을 선언했다.

1980년대 들어 세계적으로 이상 기후에 의한 자연재해가 빈발하면서 지구 온난화의 논쟁이 가열되기 시작했다. 1988년 지구 온난화에 관한 미국 상원 공청회에서 미항공우주국(NASA)의 한센 박사는 20세기 지구 온난화는 인간의 활동에 의한 이산화탄소 증가가 확실한 원인임을 밝혔다.

기후 변화에 적극적으로 대처하기 위한 국제적인 노력은 1988년 국제연합(UN) 총회의 결의에 따라 세계기상기구(WMO)와 유엔환경계획(UNEP)에 의해 '정부 간 기후변화위원회'(IPCC)가 설치됨으로써 본격적으로 시작됐다. 1990년 IPCC는 전 세계 70여 개국 1천여 명의 전문가로 구성된 실무작업반을 중심으로 기후 변화의 메커니즘과 영향, 이산화탄소 감축을 위한 대응 전략 등에 관한 기존의 연구를 종합해 1차 평가보고서

❶ 이산화탄소 발생량을 줄이려는 국제사회의 노력은 국제기후변화협약(UNFCC)으로 결실을 맺었다
❷ 기후변화협약은 이산화탄소를 새로운 화폐 단위로 만들고 있다. 이산화탄소를 기준보다 많이 배출하려면 배출권을 사야 하기 때문이다.

를 완성했다. 이를 토대로 기후 변화 방지를 위한 세계기후협약 제정을 촉구했다.

결국 UN의 주관으로 1992년 브라질 리우데자네이루에서 개최된 유엔환경개발회의(UNCED)에서 국제기후변화협약(UNFCCC)이 채택돼 1994년 3월에 발효됐다. 우리나라는 1993년 12월 47번째로 가입했는데, 2006년 11월까지 190개국이 비준을 마친 상태다.

기후변화협약은 기후 시스템에 대해 인류의 활동으로 발생하는 위험하고 인위적인 영향이 미치지 않도록 대기 중 이산화탄소의 농도를 안정화시키는 것을 궁극적인 목적으로 한다. 선진국이 현재의 기후 변화에 주된 책임이 있다는 당사국들의 인식에 따라 선진국에 대해서 이산화탄소 감축과 재정 지원 의무를 명시하고 있다. 우리나라를 포함한 개발도상국에 대해서는 이산화탄소 감축을 포함한 특별한 의무를 부과하지 않고 있다.

그러나 개발도상국의 경제 체제는 화석 연료에 대한 의존도가 높으며 에너지 소비도 증가하고 있다. 에너지 이용 효율 또한 매우 낮은 상태여서 이산화탄소의 대기 중 농도 상승 기여도는 점차 증대되고 있는 실정이다. 따라서 우리나라를 포함한 개발도상국이 기후변화협약상의 의무 면제를 지속한다는 것은 갈수록 어려워질 것으로 전망된다. 21세기에 가속될 지구 온난화의 심각성은 전 세계 국가들이 기후변화협약에 적극 참여하는 방향으로 나갈 것으로 예상된다.

최근 기후변화협약 실행을 위한 국제사회의 노력이 본격적으로 진행되고 있다. 미국은 주요 개발도상국의 이산화탄소 감축 의무 불참을 주요 결함으로 내세우면서 기후변화협약의 불참을 선언했다. 이런 상황이라면 향후 선진국을 중심으로 우리나라를 포함한 주요 개발도상국의 감축 의무에 조기 참여 압력이 가중될 것으로 예상된다. 이런 현실에 비춰 우리나라도 국제사회의 일원으로서 기후변화협약에 대한 적극적인 대처가 필요하다.

이산화탄소 증가로 인한 지구 온난화가 지구 환경의 변화를 초래하므로 지구 온난화 자체는 범 지구적 차원의 환경 문제다. 그러나 지구 온난화에 대응하기 위한 기후변화협약의 이행은 이산화탄소 배출량 감축을 요구한다. 이는 직접적으로 에너지 소비와 공급은 물론 필연적으로 가계, 기업 등 모든 에너지 소비자의 경제 활동 변화를 초래하므로 결국 경제 문제로 이어진다.

특히 우리나라는 철강, 화학, 시멘트 등 에너지를 많이 사용하는 소재 산업의 비중이 주요 선진국보다 높은 산업 구조를 갖고 있으므로 이산화탄소 배출과 경제 활동은 선진국보다 더 밀접한 연관 관계를 갖는다.

우리나라는 우선 가능한 범위 내에서 저배출 연료로의 대체, 에너지 이용 효율 향상, 대체 에너지 이용 확대, 그리고 배출 기준이나 조세 제도 등의 정책 수단을 대안으로 내세울 수 있을 것이다. 장기적으로는 기술 개발과 저배출 산업 구조로의 전환이 필요할 것으로 판단된다.

이산화탄소와의 전쟁

2. 기업은 이산화탄소 다이어트 중

환경 기술 없이 장사 못한다

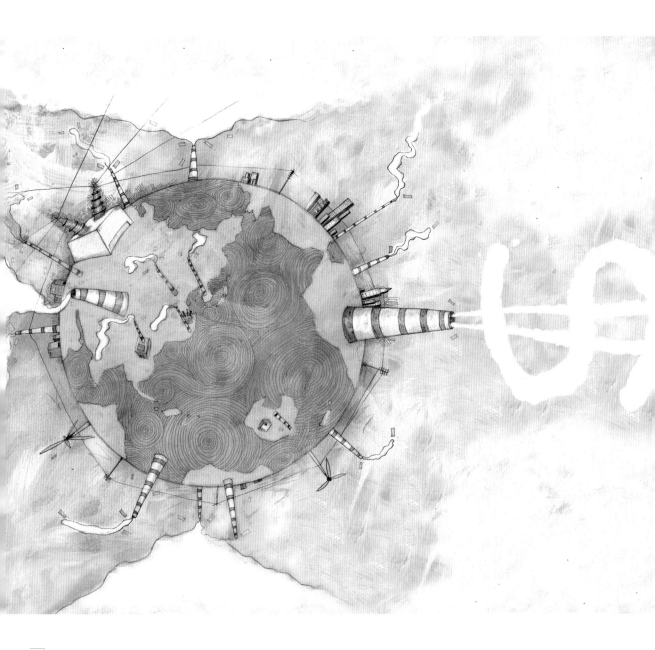

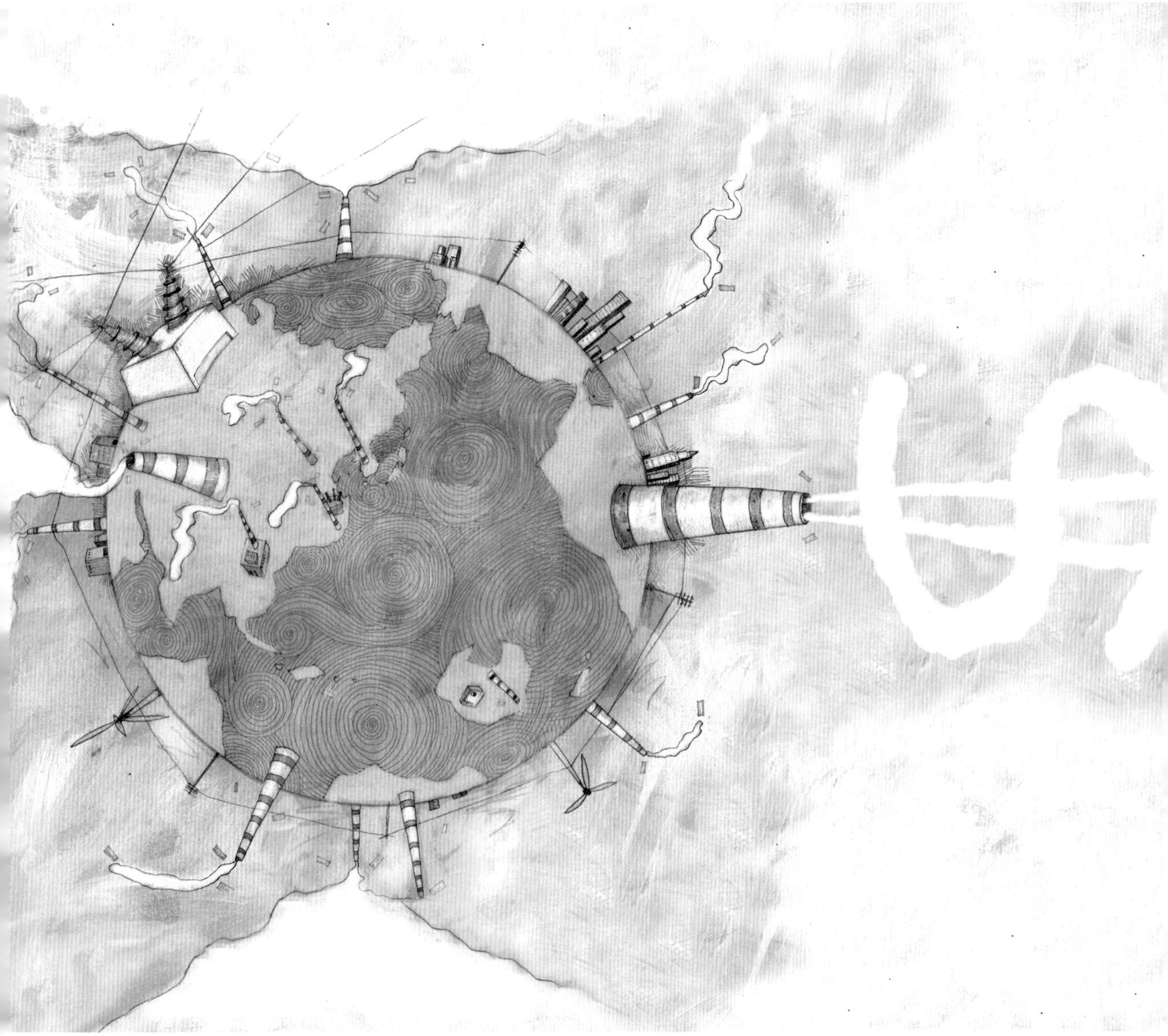

이산화탄소를 많이 배출할수록 돈을 버는 시대가 있었다. 이른바 탄소 경제 시대. 하지만 탄소 경제는 지난 100년 동안 지구 평균 온도를 0.7℃ 올리는 부작용을 낳았다. 이제는 저탄소 경제다. 2005년 발효된 교토의정서는 지구 온난화를 막기 위해 시장 원리를 도입했다. 이산화탄소를 덜 배출해야 돈이 된다. 아니 이산화탄소를 줄이지 못하면 살아남지 못한다. 세계의 기업은 앞다퉈 '이산화탄소 다이어트'를 시작했다. 처방은? 이산화탄소 잡는 녹색기술(GT, Green Technology)이다.

"어디 보자. 오늘 쇼핑한 물건들 탄소 배출량을 더해 볼까. 감자튀김 75g, 샴푸 148g, 스무디 294g……. 모두 합해서 2517g이군. 이제 탄소 배출권이 10만g 정도밖에 남지 않았으니까 물건 살 때 탄소 배출량 정보에 더 신경을 써야겠어. 지난해처럼 남은 배출권 팔아 재미 좀 보면 좋을 텐데."

영국 워커스사의 감자튀김 겉봉에 쓰인 '이산화탄소 발자국'(carbon footprint) 로고(점선). 제품을 생산하면서 배출한 이산화탄소의 양을 표시했다.

만약 모든 제품의 겉봉에 제품을 생산하는 과정에서 발생한 이산화탄소 양이 적혀있다면? 또 모든 사람에게 1년 동안 소비할 수 있는 제품의 이산화탄소 배출량 총합이 정해져 있다면? 허무맹랑한 이야기로 들릴지 모르지만 지구 온난화의 주범으로 지목된 이산화탄소를 줄이기 위해 최근 영국에서 제안된 방법이다.

영국의 스낵회사 워커스의 감자튀김 겉봉에는 'CO_2 75g' 로고가 붙어있다. 감자튀김 한 봉을 만들면서 원료 단계에서 폐기 단계에 이르기까지 배출한 이산화탄소의 양을 표시한 로고다. 제품을 생산하면서 배출한 이산화탄소 양을 제품 겉면에 표기하자는 캠페인을 주도하고 있는 영국의 카본트러스트사는 생산 과정에서 이산화탄소를 적게 발생시킨 제품을 고를 수 있는 선택권을 소비자에게 줘야 한다고 주장했다. 이렇게 하면 기업은 제품을 만드는 모든 공정에서 필요한 이산화탄소 저감기술을 '알아서' 개발할 것이라는 생각이다.

이런 캠페인에 힘을 실어주는 제도를 정부가 제안한 경우도 있다. 영국 환경부 데이비드 밀리밴드 장관은 2006년 12월 '개인 탄소 할당 제도'에 대한 구상을 밝혔다. 모든 사람들에게 1년 동안 소비할 수 있는 일정량의 탄소 배출권을 줘, 개인이 이산화탄소 배출을 더 적극적으로 줄이도록 하자는 것이다. 만약 더 많은 탄소를 배출하고 싶다면 배출권을 추가로 살 수 있고, 탄소 배출권이 남는다면 다른 사람에게 팔 수도 있다.

이산화탄소가 개인 경제 활동의 중요한 변수가 되는 이런 제도가 실현될 수 있을지 현재로서는 장담할 수 없다. 하지만 밀리밴드 장관은 '미래의 후손을 위해', '더 깨끗한 환경을 위해' 식의 교과서 같은 구호보다 시장 원리를 도입해 지구 온난화를 막는 방안이 더 현실적이라는 주장이다.

2. 기업은 이산화탄소 다이어트 중

탄소 시장, 블루오션인가?

국가별 연간 이산화탄소 배출량

우리나라의 이산화탄소 배출량은 세계 10위 수준이다. 현재 교토의정서의 온실가스 의무 감축 대상국으로 지정되지 않았지만 2013년부터 규제를 받는 2차 대상국에 포함될 가능성이 높다.

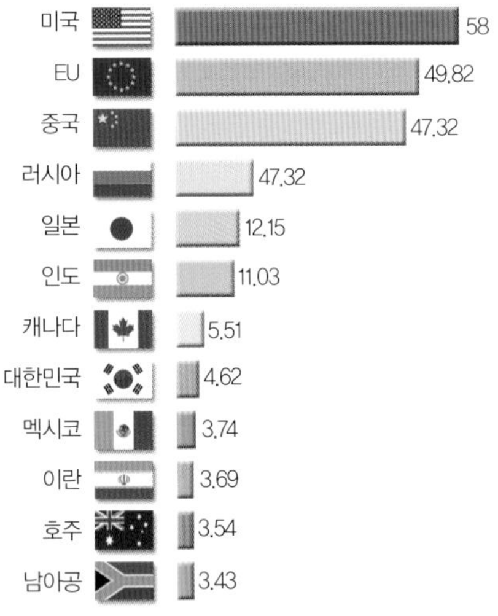

자료 : 세계에너지기구

이산화탄소를 줄이는 문제는 이미 국가와 기업의 미래를 결정하는 '태풍의 눈'이 됐다. 2005년 2월 16일 발효된 '지구 온난화 규제와 방지를 위한 국제협약'(교토의정서)은 지금까지 나온 환경 협약 중 가장 강력하다. 교토의정서는 역사적으로 온실가스를 많이 배출한 유럽연합(EU)이나 일본 같은 선진 38개국을 정해 이들에게 이산화탄소를 비롯한 6가지 온실가스 배출량을 2008~2012년까지 1990년 배출량과 비교해 평균 5.2% 이상 줄여야 한다는 의무를 지웠다.

그리고 교토메커니즘(Kyoto Mechanism)이라는 독특한 제도를 만들어 온실가스를 배출할 수 있는 권리에 가격을 매겨 서로 사고팔 수 있게 했다. 교토메커니즘에 따르면 온실가스를 감축 목표보다 적게 배출한 나라는 목표량과 배출량의 차이만큼을 '배출권'으로 다른 나라에 팔 수 있다. 목표보다 온

실가스를 많이 배출한 국가는 이 배출권을 사서 감축 목표를 채워야 한다. 지구 온난화 문제를 '시장의 힘'을 빌려 해결하겠다는 의지가 담긴 제도다. 대부분의 기업이 교토메커니즘을 앞으로 강력한 무역 규제의 도구가 될 것이라고 전망한 가운데 오히려 이를 이용해 돈을 벌 수 있다고 판단한 기업들은 발 빠르게 움직이기 시작했다.

우리나라에서는 퍼스텍(전 울산화학)이 온실가스 감축 프로젝트로 얻은 총 366만 톤의 온실가스 배출권을 일본과 영국의 기업에 톤당 10달러를 받고 팔아 국내 최초로 온실가스 배출권 시장에 진출했다. 세계은행은 배출권 거래 첫해인 2005년 110억 달러(약 10조 원)였던 전 세계 배출권 거래 시장 규모가 2007년에 300억 달러로 3배가 늘었고, 앞으로 더 늘어날 것으로 예상하고 있다. 이쯤 되면 이산화탄소의 경제계 '데뷔'는 꽤 성공적인 셈이다.

점점 성장하는 '탄소 시장'은 기업에게는 힘겹게 넘어야 할 '무역 장벽'인 동시에 가능성 높은 '블루오션'이다. 이산화탄소에 발목을 잡혀 주저앉을 것인가, 아니면 성장의 기회로 삼을 것인가. 두 갈림길에서 방향을 이끄는 나침반은 바로 이산화탄소를 잡는 '녹색 기술'(GT, Green Technology)이다.

가장 활발하게 움직이는 산업 분야는 신재생 에너지 쪽이다. 석탄이나 석유 같은 화석 연료를 전혀 사용하지 않는 신재생 에너지는 화석 연료를 대체한 효과만큼 이산화탄소 감축 실적을 인정받을 수 있다. 그동안 신재생 에너지 산업은 고갈될 염려가 없고 이산화탄소를 배출하지 않는다는 장점에도 불구하고 낮은 효율성과 높은 가격의 벽에 부딪혀 성장 속도가 더뎠다. 하지만 최근 화석 연료와 당당히 경쟁하려는 바이오에탄올과 태양광 발전의 도전이 거세지고 있다.

미국의 대표적인 화학기업 듀폰은 최근 옥수수 알갱이뿐만 아니라 옥수수 줄기나 뿌리까지 모든 부분을 이용해 바이오에탄올을 생산하는 프로젝트를 야심차게 진행하고 있다. 또 독일의 지멘스나 영국의 BP 솔라와 머크 케미컬 같은 세계의 태양광기업에서는 값비싼 실리콘 반도체를 이용한 태양광 전지를 값싸고 효율 높은 유기고분자 태양광 전지로 교체하려는 연구가 한창이다.

아일랜드의 자재업체 CRH는 우크라이나 포딜스키 시멘트 공장의 대체 연료 설비에 투자하기로 했다. CRH는 포딜스키 시멘트 공장이 이산화탄소 83만 2948톤을 감축하도록 돕고 여기서 나오는 13억 3000만 달러(1조 3000억 원)의 배출권을 얻었다.

신재생 에너지 분야만 눈부신 성장을 기대하는 것은 아니다. 전통적인 '굴뚝산업'의 준비도 만만치 않다. 전문가들은 2100년이 되더라도 에너지원의 30%는 여전히 화석 연료가 담당할 것이라고 예상한다. 따라서 화석 연료에서 이산화탄소를 분리해 저장하는 기술이 신재생 에너지의 거센 추격에 맞서는 무기가 될 전망이다.

전체 산업에서 현재 이산화탄소를 가장 많이 배출한다고 알려진 제철소와 석탄 화력 발전소의 변신은 눈여겨볼 만하다. 2007년 5월 포스코는 기존 용광로공법을 100년 만에 교체하는 친환경 제철 공정인 파이넥스 공법을 세계 최초로 상용화하는 데 성공했다.

미국은 2003년부터 10년 동안 1조 원을 투자하는 퓨처젠(FutureGen) 프로젝트를 진행 중이다. 석탄에서 수소와 전기를 생산하면서 이산화탄소 같은 온실가스를 전혀 배출하지 않는 석탄 화력 발전소 건설이 목표다. 환경 문제는 이제 경제 논리에 포섭됐다. 하지만 경제 논리를 이끄는 힘은 녹색 기술에서 나온다.

[II] 원자력, 에너지 손자병법 될까?

고유가의 위협과 에너지 안보, 지구 온난화에 대처하기 위해
전 세계 국가들이 앞다퉈 원자력 발전소를 건설하고 있다.
원자력 에너지가 새로운 에너지 대안으로 급부상하면서 2030년까지
원자력 발전소의 발전량이 50% 가량 증가할 것으로 예측된다.
한편, 1986년에 발생한 체르노빌 원전 사고의 여파로 원자력 발전의
안전성에 의문이 제기됐고, 2011년 3월에
일본 후쿠시마 원전 사고로 전 세계는 이 의문점에
더 많은 물음표를 달았다. 국내에서는 핵폐기물 처리장
부지 선정을 둘러싸고 지역 주민의 반대에 부딪히는 난항을 겪었다.
지금은 10년 뒤의 모습도 상상할 수 없는 상황이다.
과연 원자력은 에너지 손자병법이 될 수 있을까?

에너지와 환경

원자력 에너지

1. 세계를 지탱하는 무한 에너지

우라늄 1g은 석탄 3톤

1895년 뢴트겐의 X-선 발견 이후 아인슈타인이 질량-에너지 등가 법칙을 증명하고, 채드윅이 중성자를 발견하면서 원자력에 관한 기술 개발이 본격화됐다. 많은 과학자들이 원자력의 가공할 힘을 평화적으로 이용해야 한다고 주장했다. 하지만 전쟁의 소용돌이에 휘말려 든 미국이 히로시마와 나가사키에 원자 폭탄을 투하함으로써 전 세계 사람들이 원자력에 대해 부정적인 인식을 갖게 만들었다. 1942년 페르미는 자신이 설계한 CP-1 실험용 원자로에서 세계 최초의 우라늄을 이용한 핵분열 연쇄 반응 실험에 성공했다. 1956년에는 영국의 콜더 홀 원자력 발전소가 세계 최초로 상업적인 운전을 시작했다. 하지만 원자 폭탄에 사용할 플루토늄 생산이라는 군사적 목적이 있었으므로 순수한 상업 운전로는 아니었다.

원자력 산업이 활발하게 시작된 것은 1957년 미국의 쉬핑포트 원자력 발전소가 가동되면서다. 이후 눈부시게 발달해 2011년 기준 전 세계에서 가동 중인 원자로의 수는 443기이고, 62기가 건설 중이고 158기가 건설 계획이며 324기가 건설 추진 중이다. 원자력 발전은 전 세계 전력 생산량의 16%를 담당할 정도로 매우 중요한 에너지원으로 성장해 있다.

우리나라 최초의 원자력 발전소는 1978년 가동을 시작한 고리 1호기이다. 고리 1호기는 미국 웨스팅하우스사의 60만kW급 가압 경수로를 원자로로 채택했다. 1978년 4월 29일에 상업 운전이 시작돼 우리나라는 세계에서 21번째 원자력 발전소 보유국이 됐다. 2011년 현재까지 영광에 6기, 고리에 5기, 울진에 6기, 월성에 4기의 발전소가 더 건설돼 현재 총 21기의 원자로가 가동 중이다. 우리나라 총 발전량에서 원자력 발전이 차지하는 비중이 약 40%다. 자원 빈국인 우리나라로선 매우 중요한 에너지원임에 틀림없다.

원자는 양성자와 중성자로 이뤄진 원자핵과 그 주위를 돌고 있는 전자로 구성된다. 우라늄과 같이 무거운 원자핵이 중성자를 흡수하면 원자핵이 쪼개지는데, 이때 많은 에너지와 함께 2~3개의 중성자가 나온다. 이 과정을 핵분열이라 한다.

한 원자핵이 분열하면서 나온 중성자는 다른 원자핵과 부딪쳐 또다시 분열시킨다. 이처럼 연속되는 것을 핵분열 연쇄 반응이라고 한다. 핵분열 연쇄 반응에서는 막대한 에너지가 생기는데, 이 에너지가 바로 원자력이다. 우라늄 1g이 핵분열 할 때 나오는 에너지는 석유 9드럼, 석탄 3톤을 태울 때 나오는 에너지와 같은 양이다.

이와 반대로 핵융합은 가벼운 원자핵이 융합해 더 무거운 원자핵이 되는 과정에서 에너지가 발생된다. 수소핵의 융합을 예로 들면, 수소핵의 원자량은 1.0797인데 이들 넷이 핵융합 해 원자량 4.0026인 헬륨 전자핵이 되면 질량 중 0.896이 에너지로 바뀌게 되며, 수소 1g당 1억 6000만kcal의 열량이 발생한다. 수소핵의 동위원소는 중수소($D={}^2H$)와 삼중수소($T={}^3H$)가 있으며, 이들의 혼합 플라즈마(plasma)가 주로 핵융합의 연료로 쓰인다.

여기서 플라즈마란 아주 높은 온도에서 전자와

핵이 분리된 채 분포된 상태를 가리킨다. 고온 플라즈마를 만들고 자석 거울과 덫으로 이 플라즈마를 가둘 수 있을 때 핵융합이 이뤄진다. 핵융합 연료는 무한하며, 방사성 낙진도 생기지 않고, 유해한 방사능도 적다.

원자력 발전소는 원자로의 특성에 따라 여러가지 형태로 분류된다. 핵분열 반응을 이용하는 핵분열로와 핵융합 반응을 이용하는 핵융합로로 크게 구분할 수 있다. 현재 상용화된 모든 원자력 발전소는 핵분열로이고, 핵융합로는 아직 기초 연구 개발 단계이며 2100년쯤에 상용화될 예정이다.

핵분열로는 핵분열 반응에 사용되는 중성자의 에너지에 따라 고속증식로와 열중성자로로 나뉜다. 원자로 안에서 핵분열의 연쇄 반응을 지속시키기 위해 연료체로부터 방출되는 중성자를 감속시키는 물질을 감속재라 한다. 열중성자로는 사용하는 감속재의 종류에 따라 경수로, 중수로, 흑연로로 나뉜다. 경수로는 수소와 산소로 이루어진 일반적인 물인 경수를 사용하고, 중수로는 중수소와 산소로 이루어진 무거운 물인 중수를 사용하며, 흑연로는 흑연을 감속재로 사용한다. 핵분열 반응으로 방출된 열에너지에 의해 뜨거워진 원자로를 식히는 냉각재가 끓는지 여부에 따라서는 가압형 원자로와 비등형 원자로로 나뉜다.

우리나라 원자력 발전소에는 가압 경수로와 가압 중수로가 있다. 가압 경수로는 우라늄235가 2~5% 들어있는 저농축 연료를 사용하며, 냉각재와 감속재로 경수를 사용한다. 압력이 높을수록 끓는점이 높아지는 원리를 이용해 원자로 계통을 약 150기압으로 가압함으로써 원자로 내에서 물이 끓지 못하도록 하기 때문에 가압 경수로라 부른다.

가압 중수로는 우라늄235가 0.7% 들어있는 천연 우라늄을 연료로 하며 감속재와 냉각재로 중수를 사용하는 것 외에는 가압 경수로와 크게 다르지 않다. 현재 우리나라에서 가동 중인 18기의 원자로 중 월성의 4기만이 가압 중수로이고 나머지 14기는 가압 경수로이다.

자동차 연료 생산에서 담수 조성까지

원자력 발전소의 가장 큰 문제는 방사성 폐기물이 발생한다는 점이다. 방사성 폐기물이란 방사성 물질이나 그로 인해 오염된 물질을 말한다. 방사성 폐기물은 방사능의 세기에 따라 중·저준위와 고준위로 구분된다. 중·저준위 폐기물은 방사선 작업시 사용한 작업복, 장갑, 각종 교체부품 등 방사능의 농도가 낮은 것을 말한다. 고준위 폐기물은 방사능의 농도가 높은 사용 후 핵연료를 말한다.

방사성 폐기물은 원자력 발전소에서만 나오는 것은 아니다. 방사성 동위원소를 이용하는 산업체, 병원, 연구기관, 학교 등에서도 발생된다. 방사성 폐기물은 시간이 지남에 따라 자연적으로 방사능이 약해지는 특성이 있다. 방사능이 반으로 줄어드는 데 걸리는 시간을 반감기라고 하는데, 반감기는 방사성 원소의 종류에 따라 다르다. 불과 1억 분의 1초도 안 되는 것이 있는가 하면, 몇백 년이 걸리는 것도 있다.

방사성 폐기물은 좀 더 안전한 관리를 위해 처분에 앞서, 형태에 따라 알맞게 처리되고 있다. 고체 폐기물은 초고압으로 압축해 철제 드럼 속에 넣는다. 액체 폐기물은 수분을 증발시켜 부피를 줄인 다음, 시멘트와 함께 굳혀 드럼 속에 넣고 밀봉한 후 저장고에 보관한다. 기체 폐기물은 밀폐탱크에 저장한 후 방사능이 기준치 이하로 떨어지면 고성능 여과를 거쳐 대기로 내보낸다.

방사성 폐기물은 원자력 발전소 내 임시 저장고에 안전하게 관리되고 있지만, 최종적으로는 생활 환경에 영향을 주지 않도록 영구 처분해야 한다. 처분장이 건설되는 곳은 지하수의 흐름이 없는 단단한 암반이나 지질학적으로 안정된 지역이어야 한다.

전 세계의 에너지 중 전력 점유율은 과거 30년 동안 해마다 증가해 지금은 전 에너지 소비량 중의 약 3 분의 1을 차지하고 있다. 많은 에너지 형태 중 전력 에너지의 시장 점유율이 이처럼 꾸준히 늘어나는 것은 전력이 쓰기 간편하고 대기 오염 요인이 적어서다. 이런 추세는 앞으로도 지속될 것으로 본다. 원자력이 대규모로 전기를 생산해 경제적으로 공급할 수 있기 때문이다.

발전 이외의 원자력의 새로운 시장으로서의 가망성이 가장 높은 분야는 공업용과 주택용, 상업용 열에너지다. 몇몇 나라에서는 이미 고온 공정에 이용 가능한 헬륨 냉각로와 같은 원자로 개발을 완성한 바 있다.

그러나 대부분의 공장에서 필요로 하는 것은 소량의 에너지 규모이므로 원자력 시설의 용량을 소형화해야 한다. 경쟁력을 갖추기 위해서는 본질적으로 설계를 단순화하고 스스로 알아서 조정되는 장치로 만들어야 한다. 한편 발전소 주변에 위치한 기업이나 사업소가 대형 원자로에서 값싼 열을 공급받아 경제적 혜택을 받는 이른바 에너지 센터는 여기저기에서 이미 운영되고 있다.

수소는 열량 가치가 높고 수송이 간편하며, 연소 생성물에 의한 오염이 없기 때문에 미래의 수송용 에너지로 기대를 모으고 있다. 아직까지는 경제성이 없지만 원자력 발전으로 생산한 열과 전기를 이용해 대량의 수소를 생산하는 방법이 연구되고 있다. 기체 냉각로에서 나온 초고온을 이용해 물로부터 수소를 분리하거나 발전한 전기로 물을 전기 분해하는 기술 등이다. 앞으로 50년 안에 경제성이 뛰어난 초대형 원자력 발전소에서 일반용 전력을 생산·공급하는 한편 수송용 수소도 생산할 수 있을 것으로 예상된다.

담수는 대단히 귀중한 자원인데 세계 곳곳에서 점차 고갈돼 가고 있다. 대도시에서는 초대형 해수 담수화 사업에 기대를 걸고 있다. 경제성과 신뢰성이 좋은 원자력 발전소를 건설해 대규모로 담수를 만들어 내는 방법이 현실성이 있다.

이밖에 수송 분야, 그중에서도 특히 해상이나 해중 수송에 원자력을 이용할 수 있다. 비약적인 과학기술의 발전에 힘입어 초소형 원자력 발전소 이용이 실용화되는 날이 올지도 모른다. 한편 자료를 전송하는 것처럼 원자력으로 생산한 에너지를 대량 수송하는 기술이 개발될 수 있다. 그러면 한 국가에서 생산한 에너지가 다른 국가로도 수송될 수도 있다.

최근에는 디지털 원자력이란 개념이 등장하고 있는데, 이는 세가지 기술의 결합을 통해 이뤄지는 것이다. 그중 하나가 건축과 기계공학 쪽에서 널리 쓰이고 있는 3차원 CAD 기술이고, 다른 하나는 게임과 영화의 특수 촬영에 쓰이는 가상현실 기술이며, 마지막으로 컴퓨터를 이용한 데이터베이스 관리 기술이다. 이 세가지 기술을 원자력 발전소에 적용해 건설 전의 원자력발전소나 현재 지어져 있는 원자력 발전소를 가상 공간 내에 구현시켜 건설과 운용에 관한 정보를 연결시키는 것을 말한다.

가상현실은 인공현실, 사이버공간, 가상세계라고도 하는데, 어떤 특정한 환경·상황을 컴퓨터를 이용해 모사함으로써 그것을 사용하는 사람이 마치 실제 주변 환경·상황과 상호 작용을 하고 있는 것처럼 만들어 주는 것이다. 이런 가상현실의 무대가 되는 곳이 가상공간이다. 따라서 가상공간은 말 그대로 실제로는 존재하지 않는 공간이다. 쉬운 예로, 영화 '매트릭스'에서 매트릭스가 만들어 내는 세상이 일종의 가상공간이다.

디지털 기술을 이용하면 복잡하고 어려운 원자력 발전소를 가상공간에서 직접 체험할 수 있으며, 공정에 대한 모의실험을 통해 건설 비용을 낮출 수 있다. 그러나 아직은 통합적인 디지털 원자력 발전소의 건설은 이뤄지지 않고 있다. 각각의 CAD, 가상현실, 데이터베이스가 독립적인 영역으로 개발이 진행되고 있는 상황이다.

디지털 원자력 기술이 직면한 가장 큰 어려움은 컴퓨터 처리 속도의 한계이다. 디지털 공정 기술의 선두 주자인 자동차와 항공산업은 그 부품 수가 약 3만~30만 개이지만 원자력의 경우 부품수가 수백만 개를 넘어선다. 모든 부품들을 컴퓨터상에 구현시키는 것은 현재의 하드웨어 성능으로는 매우 어려운 일이다.

또한 부품의 실제 제작기간이 3~4년의 긴 공정을 거치게 되므로 공정 자체가 복잡해 전산화에 상당한 무리를 가져올 수 있다. 그럼에도 불구하고 현재 정보산업은 하루가 다르게 발전하고 있기 때문에 디지털 원자력은 21세기를 함께 하는 꿈의 기술로 자리매김하고 있다.

대부분의 사람들이 원자력에 대해 가장 먼저 떠올리는 것이 핵폭탄의 버섯구름과 체르노빌 원전 사고일 것이다. 여기에 일본 원전 사고도 추가됐을 것이다. 이것은 원자력에 대한 정확한 정보가 아니다. 오히려 허상에 불과하다. 천문학자들이 관심을 가지고 지켜보는 것이 해왕성의 바깥쪽 푸른 형상이 아니라 그 안쪽의 실체에 관한 것이듯, 우리도 '핵'이라는 말이 가지고 있는 허상이 아닌 '원자력'이라는 실체에 대해 관심을 기울여야 할 것이다.

원자력이라는 태초에 조물주가 우리 눈에도 보이지 않을 작고 작은 원자 알갱이에 숨겨 놓은 거대한 힘을 100년 전 인간이 캐어 내서 오늘날 우리 바로 곁에 빛과 에너지로 쓰고 있다. 원자력은 분명 우리 인류가 간직해 나아가야 할 소중한 유산이다. 잘 쓰는 것도 중요하고, 쓰고 난 뒤 잘 간수하는 것도 필요하다. DS

2. 꿈의 차세대 원자로

수소 에너지 만들고 핵연료도 재활용

액체 금속로를 이용한 일본 몬주 원자력 전경. 액체 금속로는 핵연료를 재생산해 에너지 효율을 높인다.

'수소 휘발유'를 펑펑 쏟아내는 원자로, 핵연료를 수십 번 이상 다시 쓰는 원자로, 위험한 핵 쓰레기를 크게 줄인 원자로, 만에 하나 사고가 일어나도 방사능이 바깥으로 새지 않는 원자로…….

'꿈의 원자로'로 불리는 4세대 원자로의 새싹이 움트고 있다. 4세대 원자로는 1세대 첫 상업용 원자로, 2세대 본격적인 대형 원자로에 이어 현재 건설중인 3세대를 잇는 차세대 원자로다. 전기를 만드는 데 치중했던 기존 원자로에서 더 나아가 '핵연료에서 핵 쓰레기까지' 모든 문제를 해결하는 '원자력 종합 단지'다. 특히 위험하고 더러운 것으로 인식돼온 원자력 발전을 '깨끗하고 안전한' 원전으로 탈바꿈시킨다. 원자력 발전의 골칫거리 핵무기 문제도 말끔하게 해결한다.

4세대 원자로는 과연 언제쯤 등장할까. 한국원자력연구원 신형원자로개발단 장문희 단장은 "2020~2030년에 차세대 원자로를 이용한 원자력 발전소가 나올 것"이라고 말했다.

지금부터 약 10년 뒤지만 세계적으로 차세대 원자로를 개발하기 위한 준비 작업은 벌써부터 뜨겁다. 특히 외국에서 원자력 기술을 수입하는 데 그쳤던 우리나라는 3세대부터 기지개를 펴기 시작해 '차세대 원자로 프로젝트'에서는 오히려 다른 나라들을 선두에서 이끌고 있다.

우리나라를 포함한 9개 원전 선진국은 2000년 8월 서울에서 첫 공식 모임을 갖고 차세대 원자로 개발에 뜻을 모았다. 이어 2001년 7월 출범한 4세대 원자로 국제포럼(GIF)은 2004년 9월에 제주에서 14차 정책그룹회의를 열어 공동 연구 개발 과제를 논의하는 등 활발히 활동했다. 참가국이 11개로 늘어난 이 포럼에서 우리나라는 당당한 중심국가였다.

차세대 원자로의 목표는 4가지다. 더 경제적이며, 더 안전하고, 핵 쓰레기를 지금보다 획기적으로 줄이고, 핵무기를 만들 수 없는 원자로다. 현재 원자력 발전은 사고 위험성, 핵 폐기물과 핵무기 문제에 가로막혀 우리나라, 프랑스, 중국, 일본 등 일부 외에는 발전이 더디다. '깨끗하고 안전한' 차세대 원자로를 통해 이 한계를 극복하자는 것이었다.

6개의 후보가 저마다 자기가 '준비된' 미래 원자로라며 '차세대 원자로 대선'에서 치열한 경쟁을 펼쳤다. 바로 수소 생산로(초고온 가스로, VHTR), 액체 금속 고속로(나트륨 냉각 고속로, SFR), 가스 냉각 고속로(GFR), 납냉각 고속로(LFR), 용융염 원자로(MSR), 초임계 압수 냉각 원자로(SCWR)다. 이들이 다 등장할 수도, 일부만 현실로 나타날 수도 있다. 이중 우리나라가 주목하는 것은 수소 생산로와 액체금속 고속로 2가지다.

2. 꿈의 차세대 원자로

수소 에너지 만드는 수소 생산로

그동안 원자력 발전소의 목적은 전기를 생산하는 것이었다. 차세대 원자로의 하나인 수소 생산로는 여기서 더 욕심을 부린다. 전기뿐만 아니라 에너지원 자체를 원자로에서 얻겠다는 것. 미래에 석유를 대체할 에너지로 손꼽히는 수소를 대량 생산하겠다는 것이다. 과학자들은 곧 자동차에 휘발유 대신 수소를 넣고 휴대 전화에 수소 배터리를 달고 다니며 가정에서는 수소 연료 전지로 전기를 만드는 세상이 온다고 예상한다.

"요즘 '수소 경제 시대'라는 말이 유행입니다. 원유값이 배럴당 100달러를 훌쩍 넘는 고유가 시대에 경제가 발전하려면 에너지를 안정적으로 확보해야 합니다. 더구나 깨끗한 에너지여야 합니다. 20세기가 석유 에너지 시대였다면 21세기는 수소 에너지 시대입니다."

교육과학기술부 원자력국 조청원 국장은 '원자력을 이용한 수소 생산'의 중요성을 강조하며 이렇게 설명했다. 지하자원이 없는 우리나라에서는 원자력이 유력한 수단이 될 수 있다는 것이다.

미국은 이미 1996년 '미래 수소법'을 만들었고, 2003년 연두교서에서도 부시 대통령이 "수소를 이용한 에너지 자립이 중요하다"고 강조했다. 일본도 1993년부터 수소 에너지를 이용한 기술을 개발하고 있다. 일본 도요타자동차는 벌써 수소 자동차 분야에서 세계를 이끌고 있다. 그렇다면 원자력을 이용해 어떻게 수소 에너지를 만들까.

"수소를 만드는 가장 쉬운 방법은 물을 전기분해 해 산소와 수소를 만드는 것입니다. 그러나 이 방법은 비경제적입니다. '석유보다 더 비싼 수소'를 만드는 셈이죠. 그러나 원자력에서 나온 엄청난 열을 이용하면 값싸게 수소를 만들 수 있습니다."

한국원자력연구원에서 수소 생산로를 연구하고 있는 장종화 박사는 "국제 원유가가 계속해서 상승할수록 원자력을 이용한 수소 생산이 천연가스를 직접 이용하는 것보다 경제적"이라고 강조했다. 2011년 현재 국제 원유가(두바이유)는 배럴당 100달러가 넘기 때문에 충분히 경제성이 있다. 석유 매장량에 한계가 있는 상황에서 예전의 저유가 시대로 돌아갈 가능성은 더욱 희박하다.

우라늄이 핵분열을 하면 원자로에서 열에너지가 나온다. 이 열을 식히기 위해 냉각제를 쓰는데 기존 원자로(경수로)는 물을 사용한다. 수소 생산로는 물 대신 기체를 쓴다. 물은 아무리 압력을 가해도 320℃가 고작이지만 기체는 이론적으로 1000℃까지 올릴 수 있다. 실제로 2004년 4월 일본 연구진이 950℃까지 올리는 데 성공했다.

냉각제를 고온으로 올릴수록 열효율이 올라간다. 세계적으로 헬륨, 질소, 이산화탄소 등을 이용하는 방법이 개발되고 있다. 수소 생산로의 가능성을 높이 산 미국 정부는 1300억 원을 들여 아이다호 주에 수소 생산로 실험로를 지을 계획이다.

장종화 박사는 "고온 기체를 이용해 물을 전기분해하거나 열화학적인 방법을 이용하면 수소 생산 효율을 50%까지 올릴 수 있다"며 "이는 일반 전기분해법보다 2배나 높다"고 설명했다. 한국원자력연구원은 수소 생산로를 개발하기 위해 이 분야에서 앞선 중국 칭화대학교와 제휴를 맺었다.

액체 금속로는 핵연료를 거듭 써 에너지 효율을 극한으로 높인다. 기존 원자로는 핵연료에 들어 있는 우라늄235(양성자와 중성자가 모두 235개 들어 있는 우라늄)를 고작 한 번 태운 뒤 버린다. 그러나 액체 금속로는 다 쓴 핵연료에서 새로운 핵연료가 계속 나오기 때문에 핵연료 이용률이 60배 이상 올라간다. 한국원자력연구원 한도희 박사는 "핵연료를 태워 전기도 얻고 다른 핵연료를 만든다"며 "유한한 우라늄으로 거의 무한한 에너지를 얻을 수 있다"고 강조했다.

어떻게 이런 일이 가능할까. 액체 금속로는 핵연료로 플루토늄과 우라늄238을 쓴다. 플루토늄이 핵분열을 일으키며 열에너지와 중성자를 만들고 이 중성자가 2개의 우라늄238을 다시 2개의 플루토늄으로 바꾼다. 플루토늄 입장에서 보면 한 개가 사라지는 대신 2개가 새로 생겨나기 때문에 암세포가 증식하듯 핵연료가 계속 늘어나는 셈이 된다.

쓸 수 있는 우라늄 양도 크게 늘어난다. 광산에서 우라늄 광석을 캐내면 그 안에 현재 쓰이는 우라늄235는 0.73% 밖에 없고 나머지는 우라늄238이다. 한도희 박사는 "현재 원자로는 지구에 묻혀 있는 우라늄의 99.27%를 그냥 버리고 있다"며 "액체 금속로를 이용하면 우라늄이 수백 배 늘어나는 셈"이라고 말했다.

액체 금속로의 비밀은 '고속 중성자'다. 기존 원자로의 핵분열에 쓰이는 중성자가 속도가 느린 중성자라면 액체 금속로의 중성자는 아주 빠르다. 고속 중성자라야 우라늄238에 부딪혀 플루토늄을 만들 수 있기 때문이다. 핵분열에서 나온 중성자는 원래 속도가 빠르지만 원전을 안전하게 돌리기 위해 그동안 감속제(물)로 속도를 늦췄다. 그러나 액체 금속로는 감속제를 쓰지 않고 고속 중성자를 바로 이용해 효율을 높인다. 다만 냉각제로 물을 쓸 수 없어 대신 액체 금속을 쓴다. 우리나라는 액체 나트륨을 쓴다.

다른 4세대 원자로는 원리는 비슷하지만 냉각제가 조금씩 다르다. 고속원자로는 냉각제의 상태에 따라 납냉각 고속로(납), 가스 냉각 고속로(기체), 용융염 고속로(염)로 나뉜다. 압력이 수백 기압으로 높은 물을 쓰는 초임계 압수 냉각 원자로도 있다.

2001년 액체 금속로의 참조 모델을 놓고 4세대 원자로 국제포럼에서 일종의 경연 대회가 열렸다. 여러 나라가 그동안 개발한 액체 금속로 설계도를 선보이며 기술을 뽐냈다. 나트륨을 이용한 액체 금속로만 해도 20여 개가 넘었다. 우리나라도 물론 여기에 참가했다. 당시 한국원자력연구원은 '칼리머(KALIMER)-600'이라는 모델을 개발하고 있었다.

세계 과학자들의 심사 끝에 칼리머-600은 내로라하는 경쟁국을 물리치고 일본이 설계한 액체 금속로와 함께 최종 후보에 올랐다. 표준이 아니라 참조 모델이기 때문에 다른 나라들이 우리 원자로를 본따 그대로 차세대 원자로를 개발하는 것은 아니다. 그러나 많은 나라가 우리나라가 만든 원자로 모형을 주목하게 된 것은 사실이다.

"핵연료에서 나온 플루토늄을 핵 폐기물과 분리하기 매우 어렵게 해 원자폭탄의 제조 가능성을 크게 줄인 점이 돋보였습니다. 다른 나라보다 액체 금속로에 대한 기초 기술이 부족했지만 대신 백지 상태에서 출발할 수 있어 아이디어를 최대한 살릴 수 있었죠."

이 모델을 개발하는 데 참여한 한국원자력연구원 한도희 박사는 "2004년 한 해 일본에서 세 차례나 초청을 받는 등 그때 이후 세계 원자력 학계가 우리나라의 기술 수준을 높이 보고 있다"고 말했다.

안전하고 핵 폐기물도 줄이는 차세대 원자로

차세대 원자로들은 다른 장점들도 갖고 있다. 수소 생산로는 1950년대 영국에서 개발된 가스 냉각로에서 시작됐다. 옷이 유행을 따라 돌고 도는 것처럼 한때 경쟁에서 밀린 가스로가 다시 부각된 것이다. 특히 지금까지 여러 곳에 건설된 가스 원자로는 안전성이 매우 높은 것으로 평가되고 있다.

실제로 독일이 건설한 가스로(AVR)는 1977년 증기 발생기가 새면서 27t의 뜨거운 물이 핵연료에 떨어졌지만 핵연료에 아무 손상이 없어 계속 쓸 수 있었다. 미국의 한 가스로에서도 물이 원자로 노심으로 들어가 원자로가 자주 멈추고 결과적으로 원자로를 폐쇄했으나 조사 결과 핵연료에는 아무 문제가 없었다. 만일 경수로였다면 대형 사고가 일어날 수 있었다.

가스로를 처음 개발한 독일의 쿠겔러 박사는 "가스로는 운석이 충돌하거나 원자 폭탄으로 공격하지 않는 한 모든 사고에 견딜 수 있다"고 장담했다. 미국에서 9.11 테러가 일어난 이후 원전에 대한 테러 가능성이 높아지고 있는 가운데 주목할 만한 부분이다.

한국원자력연구원 장종화 박사는 "가스로는 출력이 경수로보다 훨씬 작아 문제가 일어나도 방사능이 누출되는 대형 사고가 되지 않는다"고 설명했다. 고속으로 달리던 오토바이는 조금만 부딪혀도 운전자가 크게 다치는 반면 자전거는 웬만큼 세게 부딪혀도 단순 타박상에 그치는 것과 비슷하다.

액체 금속로의 매력은 고준위 핵 폐기물을 크게 줄일 수 있다는 점이다. 핵연료를 태우고 나온 고준위 핵 폐기물은 반감기가 수천~수만 년에 이를 정도로 길다. 그만큼 방사능이 오랫동안 나와 위험하다. 우리나라를 비롯해 세계 여러 곳에서 갈등을 빚고 있는 핵 폐기물 처리장 문제는 이 고준위 핵 폐기물이 핵심이다.

그러나 액체 금속로 안에 핵연료와 핵 폐기물을 같이 놓으면 플루토늄에서 나온 중성자가 핵 폐기물에 부딪혀 반감기가 훨씬 짧고 덜 위험한 물질로 바뀐다. 땅에 매장하는 등 처리에 애를 먹고 있는 고준위 핵 폐기물을 크게 줄일 수 있는 것이다.

1995년 일본이 시험적으로 운영하던 몬주 액체 금속로에서 수백kg의 방사능을 띤 나트륨이 누출되는 사고가 일어났다. 나트륨이 공기와 만나 불이 났고, 이후 원자로는 가동이 중지돼 2010년 5월에 재개했다가 또 다른 사고로 가동을 다시 멈추었다.

나트륨이 공기나 물을 만나면 폭발적인 불꽃 반응이 일어난다. 이를 막기 위해 액체 금속로는 기존 경수로보다 복잡한 설계가 필요하다. 이 때문에 열효율이 떨어지고 사고의 위험은 여전히 남는다는 지적이 있다. 또 우라늄이 부족해야 액체 금속로의 가치가 올라가는데 우라늄 매장량은 세계적으로 200년가량 쓸 정도여서 아직 경제성이 높지 않다는 반대의 목소리도 있다.

≪네이처≫에 따르면 미국 내 운송 수단에 필요한 수소 에너지를 원자력으로 모두 충당할 경우 400개 이상의 수소 생산로가 필요하다고 한다. 현재 세계에 있는 원자로는 약 440개 정도다. 땅넓은 미국조차 그 많은 원자로를 어떻게 건설

할 수 있을지 모를 정도인데 땅이 부족하고 환경 단체의 반대가 심한 우리나라는 말할 것도 없다.

또 1000℃에 가까운 기체를 수십 년 이상 견딜 수 있는 값싼 재료도 현재는 없다. 원자로 용기, 파이프, 핵 연료관 등 재료 문제는 수소 생산로의 가장 큰 장애물이다. 이 점은 액체 금속로도 예외가 아니다. 프랑스 원자에너지위원회 알레인 부게 위원장은 "모든 4세대 원자로에 대해 필요한 기본 기술이 아직 많다"고 지적했다.

그러나 원자력 전문가들은 4세대 원자로가 '원자력 르네상스'를 이끌 것이라고 자신한다. 한국원자력연구원 장문희 단장은 "4세대 원자로라고 해서 전혀 없는 기술을 개발하는 것이 아니라 현재 존재하며 부분적으로 가능한 기술을 오랜 기간 동안 안전하게 쓸 수 있도록 개선하고 안정화하는 것"이라고 주장했다. 1세대 원자로가 2세대, 3세대, 3세대 플러스로 발전했듯 난관은 있겠지만 4세대 원자로도 20~30년 뒤 현실로 나타난다는 것이다.

4세대 원자로는 우리나라에 단순한 원자력 기술 발전을 넘어 새로운 의미를 지닌다. 교육과학기술부 원자력국 조청원 국장은 "원자력을 통한 전력과 수소 에너지 생산이 성공하면 한국은 해방 이후 처음으로 에너지 자립국이 될 수 있다"고 강조한다. 또 4세대 원자로는 국제적인 안전성을 확보하는 한편 원전 선진국들이 정한 차세대 표준으로 자리잡게 돼 다른 나라에 원전을 수출하는 길도 열릴 수 있다. 그동안 핵무기 문제 때문에 원전 수출에 제약이 많았지만 4세대 원자로는 그 문제를 극복할 수 있기 때문이다.

고유가 시대가 이어지고 화석 연료의 문제점이 갈수록 커지는 것도 원자력 발전에 힘을 싣고 있다. 이산화탄소에 세금을 매기는 기후협약이 맺어지면 석유와 석탄, 천연가스는 점점 '비싸고 골치 아픈' 에너지로 변한다. 태양광, 풍력 등 대체 에너지 개발도 아직은 더디다. 차세대 원자로가 전문가들의 주장대로 '깨끗하고 안전하면서 값싸게' 개발된다면 원자력 발전은 에너지 위기의 새로운 대안으로 떠오를 것이다. DS

원자로 세대 변천 과정

원자력 발전이 처음 성공한 것은 1954년 6월이다. 이후 1950년대 상업적으로 개발된 원자로를 1세대라고 부른다. 미국의 잠수함용 원자력 엔진을 바탕으로 개발된 경수로형 원자로, 영국의 가스 냉각형 원자로 등이다. 1960년대 들어서며 원자로는 경제성을 높이기 위해 점점 더 커졌고 안전도를 높이는 기술이 개발됐다. 미국의 경수로, 영국의 가스로에 이어 캐나다의 중수로가 세계 시장에 등장했다. 승자는 소형인 미국의 경수로였다. 우리나라의 고리 원전 1호기는 미국형 경수로, 월성 원전은 캐나다의 중수로다. 1978년 미국 드리마일 원전에서 대형 사고가 일어났다. 이후 더 안전하고 경제적인 원전이 3세대의 목표로 자리잡았다. 우리나라가 개발해 북한에 건설하려던 것이 표준형 원전 3세대다. 영광 5, 6호기 울진 3, 4호기도 3세대 원자로다.

1986년 구소련의 체르노빌 원전에서 노심이 녹는 최악의 사고가 일어났다. 이후 대형 사고의 가능성을 10분의 1로 줄이는 새로운 원자로가 개발되고 있다. 이들이 3세대 플러스 원자로로 곧 운영될 계획이다. 한국의 APR1400과 중소형 원자로 '스마트'가 좋은 예다. 4세대 원자로는 2020~2030년에 도입될 예정이다.

원자로의 세대

❶ 1세대 – 첫 상업용 원자로 ❷ 2세대 – 대형 상용 원전, 경수로, 중수로
❸ 3세대 – 경제성 안전성 높인 개량형, 신형 경수로 ❹ 3세대 플러스 – 대형 사고 예방, 한국의 '스마트'원자로 ❺ 4세대 – 2020~2030년 이후, 수소 생산로, 액체 금속로

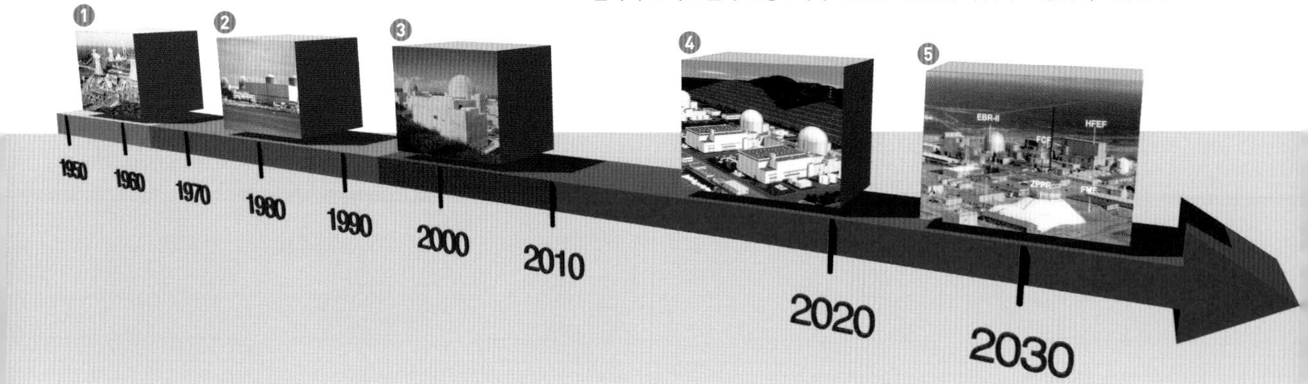

위협받는 원전 신화

1. 일본 대지진 그리고 원전 사고

예측하지 못한 상황

2011년 3월 11일 오후 2시 46분.

일본 동북부 미야기 현 동쪽 130km 바다에서 리히터 규모 9.0의 강진이 일어났다. 육지와 워낙 가까운 바다에서 일어난데다 진원이 24km로 비교적 얕았기 때문에 즉각 높이가 10m에 달하는 지진해일(쓰나미)이 일본 동쪽 해안에 들이닥쳤고, 심한 곳은 10km 안쪽까지 해일에 휩쓸렸다. 쓰나미는 반나절에 걸쳐 지구 반대편으로 전해져 남태평양 폴리네시아와 남북아메리카 20여 나라는 쓰나미 공포에 떨어야 했다.

하지만 진짜 위험은 그 뒤에 따라왔다. 태평양 해안에 자리한 원자력 발전소가 지진과 쓰나미에 크고 작은 오작동을 일으켰다. 진원과 가까운 오나가와 원전, 후쿠시마 제1원전, 제2원전, 토카이 원전이 집중적인 피해를 입었다. 이 중 후쿠시마 제1원전은 발전소 외벽이 폭발하고 일부 방사성 물질이 공기 중으로 새는 중대 사고를 맞았다. 사상 최악의 재앙이 될 수 있는 상황이었지만 다행히 사고 뒤 2주가 지나면서 수습되는 분위기였다. 하지만 자연의 막대한 힘과 통제력을 잃은 기술 앞에서 인간이 얼마나 무력해질 수 있는지를 보여준 순간이었다.

쟁점① '노심 용융', '수소 폭발' 왜?

2011년 3월에 발생한 일본의 후쿠시마 원전 사고를 통해 사람들의 뇌리에 가장 깊이 각인된 단어는 '노심 용융(core meltdown 또는 nuclear meltdown)'이라는 말이다. '냉각수에 잠겨 있어야 할 연료봉이 대기 중에 노출돼 액체 상태로 녹으면서 방사성 물질을 방출한다'는 정도로 알려져 있다. 그런데 장면이 잘 상상이 되지 않는다. 과연 어떤 일이 벌어졌기에 이토록 위험한 걸까.

원자력 발전소는 우라늄이나 플루토늄의 원자에 중성자를 부딪혀 쪼갠 뒤, 이때 나오는 방사성 에너지로 물을 끓여 증기를 만든다. 이 증기로 터빈을 돌리면 전기가 만들어진다. 후쿠시마 원전처럼 붕괴열로 냉각수를 직접 증기로 만들면 '비등식'이고, 가열한 물을 이용해 다시 외부에서 끌어

일본 원전 사고, 어디에서 일어났나

❶ 지진으로 인해 원전 작동 정지.
❷ 쓰나미로 비상 디젤 발전기 정지, 냉각수 공급 장치 정지.
❸ 냉각수 수위 낮아져 연료봉 공기 노출.
❹ 연료봉 과열(350℃), 지르코늄 피복 산화 시작. 수소 기체 발생.
❺ 펠릿(우라늄 연료 조각)에서는 평소 방사성 세슘과 크세논, 네온 등의 비활성기체 미량 발생. 크세논은 뒤에 방사성 아이오딘(I131)으로 변환, 미세입자(에어로졸) 형태가 돼 냉각수에 섞임.
❻ 고온(2000~2800℃)에 펠릿 녹기 시작(용융). 방사성 아이오딘, 세슘 외에 스트론튬 발생.
❼ 사고 후 격납용기 안에 냉각수 넣으려 시도. 이를 위해 수소 기체 배출(방사성 물질 일부 포함). 이 수소는 제2외벽 안쪽에 고임.
❽ 고온(900℃)에 수소 폭발 발생. 외벽 또는 천장 붕괴. 방사성 기체 고온고압 상태로 분출.

후쿠시마 제1원자력 발전소

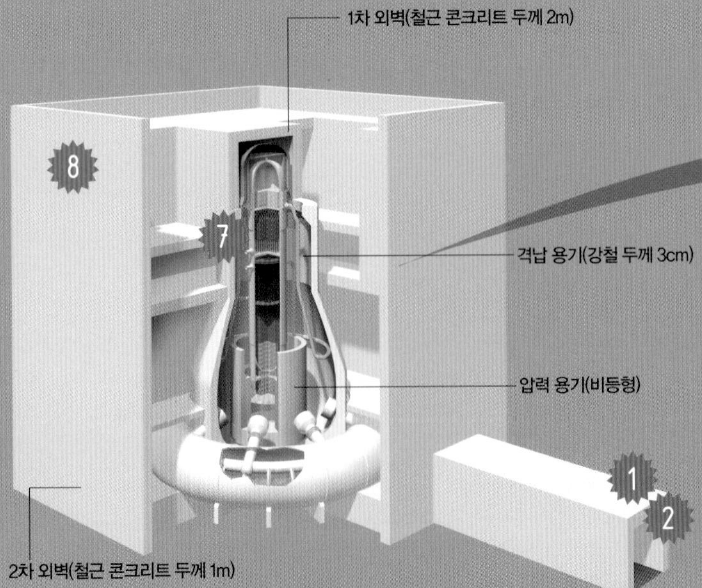

온 물을 증기로 바꾸면 '가압식'이라고 한다. 한국형 원자로는 모두 가압식이다.

원전은 지진처럼 급박한 상황이 되면 운전을 멈춘다. 핵분열이 일어나려면 핵 연료에 중성자를 쏴 충돌시키는 과정이 필요하다. 따라서 중성자를 흡수하는 '제어봉'을 연료봉 사이에 집어넣으면 중성자가 사라져 핵분열이 중단된다. 이렇게 핵분열이 멈추면 그 동안 핵분열을 하는 과정에서 생긴 방사성 물질이 안정되는 과정에서 약간의 방사선 에너지, 즉 붕괴열(잔열, decay heat)이 발생한다. 따라서 운전을 멈춰도 평상시의 8% 정도의 열이 남는다.

문제는 이 다음부터 방사성 에너지가 줄어드는 속도가 급격히 느려진다는 점이다. 1%였던 에너지가 10 분의 1인 0.1%로 줄어드는 데는 약 1달이 걸린다. 그런데 이 정도로 작은 붕괴열도 원자로의 내부 온도를 높이는 데 충분하다. 한양대 원자시스템공학과 제무성 교수는 "1달 뒤의 출력인 0.1MW도 작은 실험용 원자로를 최고 사양으로 가동했을 때와 비슷한 수준"이라며 "이 안에서는 여전히 무시할 수 없는 수준의 에너지가 만들어지고 있다"고 말했다.

붕괴열도 연료봉을 포함한 원자로의 노심(core) 온도를 높인다. 이 열은 연료봉을 둘러싸고 있는 코팅 물질, 즉 피복재(지르코늄(Zr) 합금을 쓴다)를 녹이고 마지막으로 연료봉 안에 들어 있는 방사성 연료 조각(펠릿)을 녹여 액체로 만든다. 방사성 연료는 고체일 때는 방사성 기체를 많이 내뿜지 않지만 액체로 변하면 에어로졸 형태로 많은 양을 내뿜는다(그림 ❺, ❻). 특히 이때에는 평소에 발생하는 아이오딘이나 세슘 외에 스트론튬 등 다른 방사성 물질이 흘러나올 수 있어 더욱 위험하다. 이들 방사성 물질은 평소대로라면 격납 용기 안에 갇혀 있지만, 이번처럼 안에서 발생한 수소를 빼거나 냉각수를 강제로 넣을 때 외부로 빠져나올 수 있다.

이 원전 사고에서 첫날 재앙의 시작을 알린 '수소 가스 폭발'은 원자력 발전의 핵분열 현상과는 거리가 먼 '외적인' 문제다. 방사성 연료를 둘러싸고 있는 피복재에 강한 수증기(H_2O)가 반복해서 닿으면 안에 포함된 지르코늄이 산소와 결합한다(산화). 이 과정에서 물에 있던 수소 원자가 기체 형태로 나오는데, 농도가 높아지면 900℃의 높은 열과 산소를 만나 강한 폭발을 일으킨다. 따라서 수소 기체를 연료봉을 밀봉하고 있는 압력 용기에서 빼내야 한다. 후쿠시마 원전은 사고 초기에 수소 기체를 빼냈는데, 이때 나온 수소가 원자로 외부를 둘러싸고 있는 벽 중 가장 바깥벽 안쪽에 고여 있었다. 그러다 건물의 내부 온도가 올라가면서 폭발을 일으킨 것이 사고 초기의 수소 폭발이다. 서울대학교 원자핵공학과 이은철 교수는 "폭발 전에 수소 기체를 미리 빼내지 않았다는 지적이 있지만, 연료봉에서 나온 기체에는 아이오딘, 세슘 등 방사성 물질이 포함돼 있을 가능성이 높다"며 "누출을 막기 위해 끝까지 방출을 망설였던 것으로 보인다"고 설명했다.

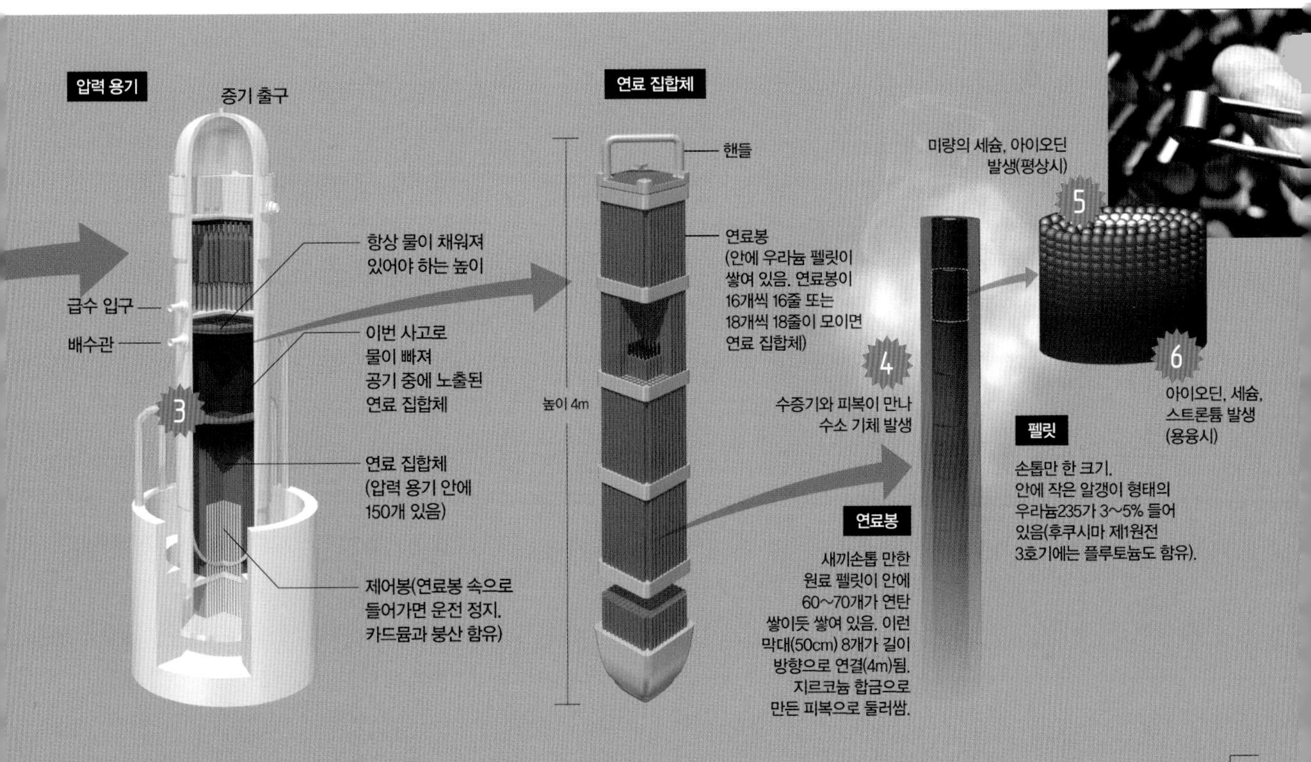

압력 용기
증기 출구
항상 물이 채워져 있어야 하는 높이
급수 입구
배수관
이번 사고로 물이 빠져 공기 중에 노출된 연료 집합체
3
연료 집합체 (압력 용기 안에 150개 있음)
제어봉(연료봉 속으로 들어가면 운전 정지. 카드뮴과 붕산 함유)
연료 집합체
핸들
연료봉 (안에 우라늄 펠릿이 쌓여 있음. 연료봉이 16개씩 16줄 또는 18개씩 18줄이 모이면 연료 집합체)
높이 4m
4
수증기와 피복이 만나 수소 기체 발생
연료봉
새끼손톱 만한 원료 펠릿이 안에 60~70개가 연탄 쌓이듯 쌓여 있음. 이런 막대(50cm) 8개가 길이 방향으로 연결(4m)됨. 지르코늄 합금으로 만든 피복으로 둘러쌈.
미량의 세슘, 아이오딘 발생(평상시)
5
6
아이오딘, 세슘, 스트론튬 발생 (용융시)
펠릿
손톱만 한 크기. 안에 작은 알갱이 형태의 우라늄235가 3~5% 들어 있음(후쿠시마 제1원전 3호기에는 플루토늄도 함유).

● 2. 과연 원자력은 안전할까? 원전 사고의 5가지 쟁점

쟁점② 어떻게 대응했나?

전문가들은 일본 후쿠시마 원전 사고를 5등급 이상의 '중대 사고'로 분류했다. 중대 사고는 원자로가 포함된 시설에서 발생할 수 있는 가장 심각하고 위험한 사고를 일컫는 용어다. 방사성 물질이 연료봉과 압력 용기를 벗어나 격납 용기 안으로 퍼지거나, 또는 심지어 격납 용기 밖으로 빠져나가는 사고를 의미한다. 격납 용기 밖에도 건물 외벽이 있지만 폭격이나 붕괴 등 물리적인 손상을 막기 위한 구조물이지 밀폐를 위한 설비가 아니기 때문에 한계가 있다.

중대 사고의 대표적인 원인은 이번 사고와 같이 냉각재가 일부 또는 전부 작동하지 않는 경우다. 원전은 핵분열을 시작한 연료를 잘 통제하며 에너지를 뽑아내는 기술이 핵심이다. 장작불에 비유하자면 불을 지피는 것보다 바람을 잘 통제해 불이 지나치게 활활 타지 않도록 만드는 것이 중요하다.

1996년 당시 과학기술처(현 교육과학기술부)와 한국원자력연구원이 펴낸 '중대 사고시 용융물의 노내외 냉각 실증 실험 연구' 보고서에 따르면, 중대 사고를 해결하는 가장 핵심적인 방법은 '냉각수 공급'이다. 이를 위해 원전은 '비상 노심 냉각 시스템(ECCS)'이나 비상 발전기 등 만약을 대비한 수단을 갖추고 있다. 후쿠시마 원전도 마찬가지다. 하지만 전기를 통해 비상 냉각 시스템을 작동하도록 돼있어 전력 설비가 파괴된 뒤에는 냉각을 할 수 없었다. 비상 발전 시스템이 있었지만 디젤 발전기가 쓰나미에 휩쓸려가면서 무용지물이 됐다.

이를 두고 전문가 사이에서는 초기에 우왕좌왕하며 이번 사고를 중대 사고로 키웠다는 분석이 나오고 있다. 한국원자력안전기술원 기획부 이석호 부장은 "일본도 '중대 사고 절차'를 잘 갖추고 있었지만 초기 대응에는 아쉬움이 많다"며 "먼저 전원 복구를 시도하고 실패로 드러나면 바로 비상용 디젤 발전기 작동을 시도했어야 한다"고 말했다. 이은철 교수도 "도로가 무사했으니 디젤발전기를 차로 날라서라도 바로 전원을 복구하지 못한 것이 아쉽다"고 말했다(이후 3월 18일, 미국 제너럴일렉트릭사는 원전 냉각시스템에 전력을 공급하기 위해 이동형 발전기를 일본으로 보내기로 결정했다).

연료봉만 식힌다고 해결되는 게 아니다. 이은철 교수는 "후쿠시마 원전 사고 대응은 핵연료 냉각, 외벽 냉각, 사용후 폐연료봉 냉각 이렇게 세 가지 방향에서 이뤄졌다"고 말했다. 헬기를 이용해 물을 뿌리거나 소방호스로 물을 뿜은 것은 건물 외벽과 격납 용기를 식히기 위한 대책이나. 특히 외벽은 이번 수소 가스 폭발에서 볼 수 있듯 뜨거워지면 폭발할 수 있기 때문에 중요하다.

사용 후 폐연료봉은 상대적으로 냉각시키기가

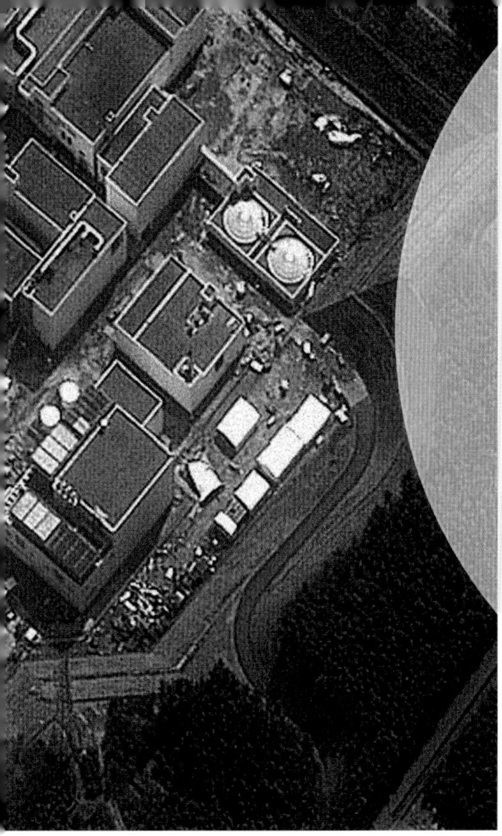

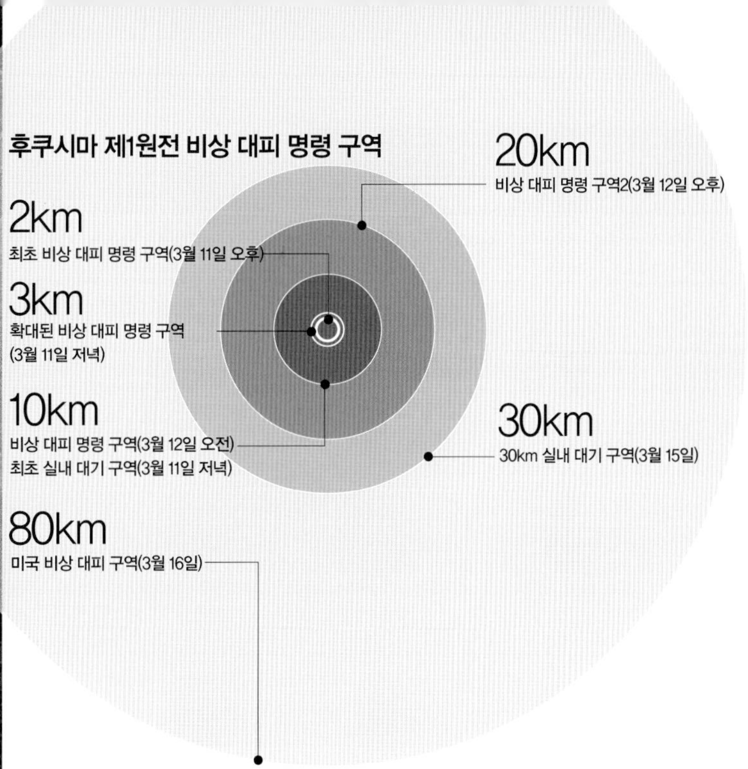

쉬운 편이다. 폐연료봉은 원자로가 있는 격납 건물의 외벽 안쪽 수조에 임시로 보관한다. 연료봉의 2~2.5배인 8~10m 높이로 물을 채워 둔다. 하지만 이번 사고에서는 이 수조의 수위가 낮아졌다. 냉각이 멈추면 남아 있는 핵연료가 다시 핵분열을 시작하는 '재임계' 현상이 일어날 수 있다. 공기 중의 중성자가 핵연료에 남아 있는 우라늄과 부딪쳐 핵반응을 유발한다는 주장도 있다. 하지만 제무성 교수는 "공기 중에서 사용 후 핵연료로 들어가는 중성자 수가 그 반대보다 더 많아야 재임계가 일어난다"며 "실제로는 들어가는 중성자 수가 나가는 수의 70%에 불과해 재임계 현상이 일어나기는 어려울 것"이라고 내다봤다. 이은철 교수도 "사용 후 핵연료도 7~10개월이 지나면 충분히 식고 방사능도 100분의 1로 줄어든다"며 "너무 걱정하지 않아도 좋다"고 말했다. 특히 폭발과 관련해 제무성 교수는 "폐연료봉 저장기에서 수소 가스 폭발이 일어나려면 온도가 1000℃는 돼야 한다"며 "그럴 가능성이 별로 없기 때문에 폐연료봉을 둘러싸고 지나치게 공포심을 느끼지 않아도 된다"고 말했다.

후쿠시마 제1원전 사고 일지

3월 11일 금요일

상황 센다이 대지진 발생. 작동 중이던 후쿠시마 제1원전 1, 2, 3호기 자동 운영 중지. 이후 후쿠시마 지역 쓰나미 발생. 원전 정전 현상 발생. 비상 발전기 작동 불능 사태.
대책 당일 저녁 반경 3km 내 주민 대피령, 10km 내 주민 실내 대기령 발령.

3월 12일 토요일

상황 3호기 연료봉 노출. 비상령 선포. 폭발 막기 위해 격납 용기 내 수소 및 증기 일부 배출. 1호기 수소 가스 폭발.
대책 대피령 반경 20km로 확장. 증기 및 수소 가스 배출.

3월 14일 월요일

상황 3호기 수소가스폭발. 2호기 연료봉 노출.
대책 도쿄전력, 바닷물을 냉각 순환 시스템에 주입 시작.

3월 15일 화요일

상황 4호기에서 화재 발생. 2호기에서 폭발 발생. 이후 4호기에서도 폭발과 화재 발생. 4호기 폐연료봉 저장고의 온도 상승 보고. 5호기에서도 냉각수 수위 하락.
대책 6호기 디젤 발전기로 5호기에 냉각수 공급.

3월 16일 수요일

상황 4호기 폐연료봉 저장고에서 불빛을 봤다는 보고. 재임계 가능성 언급.
대책 헬기를 이용해 3호기와 4호기에 물을 뿌리려는 계획 발표.

3월 17일 목요일

상황 IAEA, 원전 사고로 23명이 다쳤고 20명이 방사능에 오염됐으며 2명이 실종됐다고 발표.
대책 헬기 이용해 물 뿌리려던 계획 일시 중단했다 저녁 늦게 실시. 30t의 물을 3호기에 뿌림.

3월 18일 금요일

대책 새벽에 2호기 전력 복구 시작. 미군 무인기 도입. 펌프 지원.

3월 19일 토요일

대책 전력 복구. 비상 노심 냉각 시스템(ECCS) 복구.

쟁점③ 방사능 공포

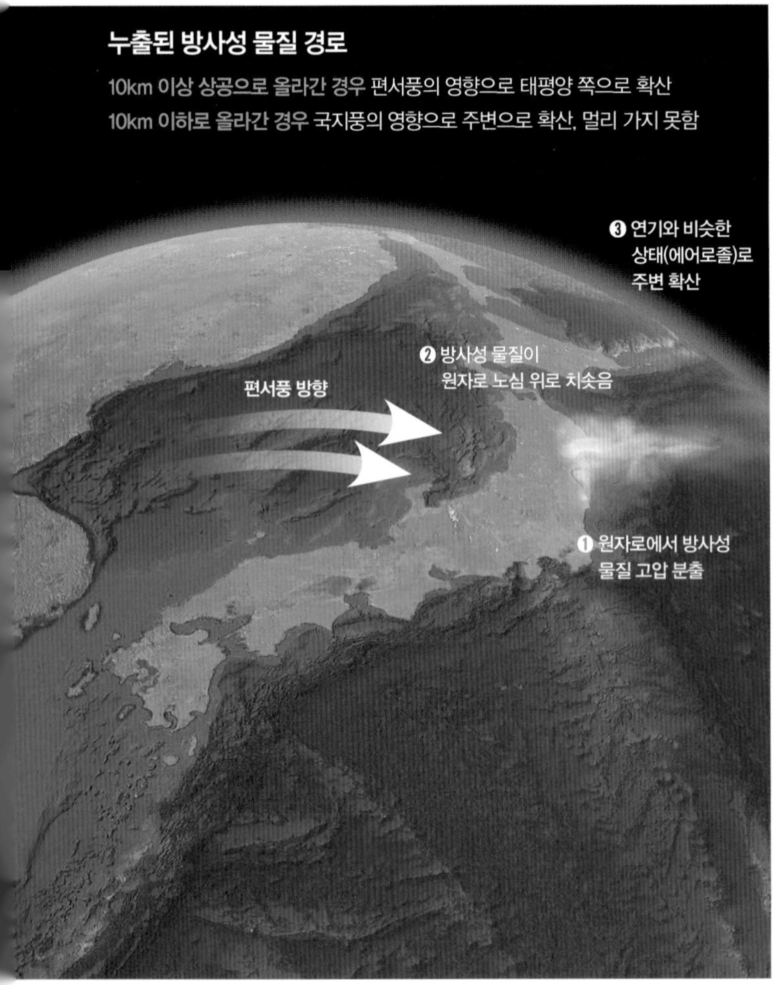
누출된 방사성 물질 경로
10km 이상 상공으로 올라간 경우 편서풍의 영향으로 태평양 쪽으로 확산
10km 이하로 올라간 경우 국지풍의 영향으로 주변으로 확산, 멀리 가지 못함
❸ 연기와 비슷한 상태(에어로졸)로 주변 확산
❷ 방사성 물질이 원자로 노심 위로 치솟음
편서풍 방향
❶ 원자로에서 방사성 물질 고압 분출

원전에서 사고가 나면 가장 큰 관심사는 역시 건강에 미치는 영향이다. 이는 크게 두 가지로 나뉠 수 있는데, 직접적으로 방사성 물질을 맞아 입는 피해와 환경을 통해 간접적으로 입는 피해가 바로 그것이다.

전문가들은 이 사고로 우리나라가 입을 방사능 피해는 거의 없다고 단언한다. 우선 거리가 멀기 때문에 직접적인 피해를 입을 가능성은 없다. 문제는 방사성 물질이다. 원자로 밖으로 누출된 에어로졸 형태의 방사성 물질은 바람을 타고 멀리까지 이동할 수 있기 때문이다. 실제로 2007년 유엔환경계획(UNEP)이 발표한 자료에 따르면, 1986년 구소련 체르노빌 원전 사고로 사고 지역으로부터 1500km 이상 떨어진 노르웨이나 영국에서까지 방사성 수치가 올라갔다(건강에 영향을 미칠 정도로 수치가 올라간 것은 주변 수백km). 방사성 물질이 상층의 바람을 타고 이동한 것이 원인이었다. 체르노빌 사고는 흑연 감속로에 큰불이 나면서 상승 기류가 만들어졌고, 연료봉이 녹아 생긴 방사성 물질이 상승 기류를 타고 10km 상공까지 날아갔다.

하지만 이번 사고는 누출된 방사성 물질의 양이 많지 않은데다 우리나라와 거리가 멀고(1100km)

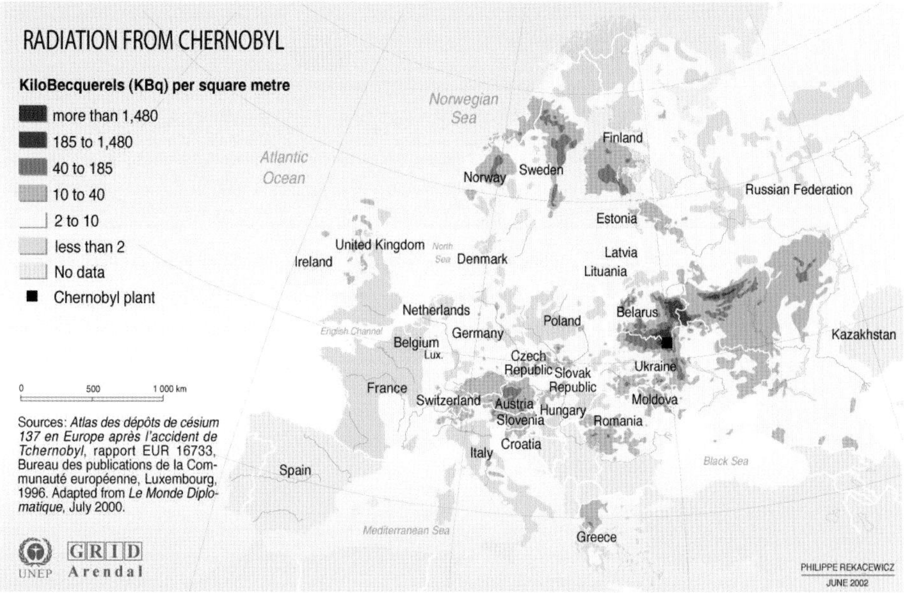

체르노빌 원전 사고 이후 유럽의 방사능 수치를 표시한 지도. 붉은색이 진할수록 방사능 농도가 높다.

편서풍의 영향을 받는 상승 기류의 방향이 동쪽이라 큰 위험이 없다. 한국원자력안전기술원 기획부 이석호부장은 "①바람이 후쿠시마 원전에서 전부 우리나라 쪽으로 불어오고, ②1~3호기의 연료봉이 모두 녹아서 방사성 물질이 노심 외부로 방출되며 ③격납 건물 밖으로 설계 기준(0.5%)의 10~15배가 빠져나간다고 계산해도, 한국에 도달하는 방사선량은 0.3mSv(밀리시버트)에 불과하다"며 "이는 일반인 한 사람이 1년 동안 자연적으로 쐬는 방사선량인 1mSv보다 낮아 문제가 없다"고 밝혔다. 이은철 교수도 "방사성 물질이 바람을 타고 온다고 해도 에어로졸 형태이기 때문에 실제로는 사방으로 퍼져가면서(확산) 날아와 희석된다"며 "방사선량 수치는 더 낮아질 것"고 말했다.

언론에서 자주 혼동해서 사람들이 혼란스러워하는 것 중 하나는 방사선량이다. 방사선의 강도는 물론, 시간과 관련이 깊기 때문에 단순 수치로 비교하면 안 된다. 또 방사성 물질이 일으키는 위험 중 일부(방사능의 강도에 의한 영향)만을 표현하기 때문에 주의가 필요하다.

먼저 방사선량 수치를 보자. 이 수치는 시간을 고려해야만 의미를 갖는 값으로 그 자체의 높고 낮음만 비교하는 것은 의미가 없다. 방사선의 절대적인 '강도'와는 다른 수치기 때문이다. 예를 들어 지난 3월 18일 밤 후쿠시마 제1원전 사무실의 방사선량은 1시간에 3.244mSv였다. 3월 20일 국내 언론에서는 이 수치가 "울릉도 기준치의 2만 3000배를 넘었다"며 흥분한 어조로 보도했다.

하지만 이 말은 이 방사선을 1시간 동안 가만히 서서 온몸에 쐬었을 경우 인체가 이 만큼을 받는다는 뜻이다. 평소보다 강한 것은 사실이지만, 이 방사선을 말 그대로 1시간 동안 쐬지 않으면 전혀 의미가 없는 수치다. 만약 실수로 이 공간에 잠시 발을 들였다가 10초 만에 나왔다고 가정하면 이 사람이 받은 방사선량은 0.009mSv다(3.244/360초). 만약 100초(1분 40초) 동안 우왕좌왕하다 나왔다고 해도 0.09mSv가 된다. 이 정도는 1년 동안 일반인 1명이 쐬는 방사선량인 1mSv의 10분의 1 수준이다.

게다가 이미 우리는 일상생활에서 종종 이보다 높은 방사선에 노출되곤 한다. 예를 들어 한번 CT 촬영을 하면 (촬영을 시작해서 마칠 때까지 모두 더해서) 6.9mSv의 방사선을 쐰다. 분명 안 쐬는 것보다 건강에 나쁘고, 여러 차례 경험한다면 위험하겠지만 갑자기 건강에 문제가 생길 정도로 치명적인 것은 아니다. 사람에게 어지러움증이나 구토 등 건강 문제를 일으키기 시작하는 방사선량은 약 1000mSv부터다.

방사선량 못지 않게 중요한 것은 방사성 물질이 인체에 흘러 들어왔을 때 입는 피해다. 이는 방사성 물질의 종류와 성질에 따라 다르다. 이번에 가장 문제가 된 아이오딘131, 세슘137, 스트론튬90은 각기 영향을 미치는 양도 다르고 해결 방법도 다르다. 방사선량 수치만 가지고 막연한 공포심을 갖기보다는 보다 정교하고 과학적인 접근이 필요하다.

쟁점④ 그동안 원전 사고는 어땠나

원자력 발전이 실험로 수준에서 만들어졌던 1950년대부터 크고 작은 사고가 이어졌다. 그중에는 초창기 실험실에서 벌어진 사고도 있었고 실제 원전이나 연료 재처리 시설에서 일어난 사고도 있었다. 원전 사고를 포함해 주요한 방사성 물질 사고 21건을 선정해 발생 연도(56~57쪽 참조)와 국제 원자력 사고 척도(INES) 등급 간단한 해설(55쪽 상단)을 붙였다.

원전 사고는 폭발, 노심 용융, 연료 누출 등 여러 가지 종류가 있다. 재처리 시설은 직접적인 원전 사고는 아니지만 원전을 운영하기 위해 연료가 되는 우라늄 용액을 다른 용액에 섞는 과정에서 핵분열 현상이 일어난 경우(이를 '임계사고'라고 한다)다. 그 외에 병원용 방사성 물질이 누출되거나 실험로에서 누출 또는 폭발이 일어난 경우도 있다.

원전 사고는 관리 절차나 제도, 그리고 사회적 인식 등을 크게 바꾸는 계기가 됐을 뿐 아니라 원전 기술에도 영향을 미쳤다. 사상 최악의 사고로 꼽히는 체르노빌 원전 사고는 러시아 고유의 원자로(RBMK)에 여러 가지 안전 장치를 추가하게 했다. RBMK는 냉각재로는 물을, 중성자를 흡수해 핵분열을 늦추는 '감속재'로는 흑연을 쓰는 '흑연 감속 비등형 경수로'다(후쿠시마 원전과 우리나라의 원전은 냉각재와 감속재로 모두 물을 쓴다). 흑연 감속재는 노심을 둘러싼 형태로 되어 있다. 노심 속 출력이 너무 커지면 제어봉을 넣어서 핵분열 속도를 늦춘다. 그런데 RBMK에서는 흑연 때문에 제어봉이 잘 작동하지 못했고, 이 때문에 체르노빌 원전의 첫 폭발이 일어났다. 사고 뒤 중성자 흡수를 높이기 위해 제어봉 수를 늘리는 등의 안전 조치가 추가됐지만, 이후 이 원자로 건설은 줄어들었고, 2004년 이후 새로 짓지 않고 있다. 현재도 11기가 운영되고 있지만 폐쇄 압력이 높다.

국제 원자력 사고 척도(INES)	
7	**심각한 사고** | 방사성 물질이 아이오딘131 기준으로 수백 테라Bq이상 외부 방출
6	**대사고** | 방사성 물질이 아이오딘131 기준으로 수천~수만 테라Bq 외부 방출
5	**시설 외 위험 수반 사고** | 방사성 물질이 아이오딘 131 기준 수천 테라Bq 이상 누출
4	**시설 내 위험 수반 사고** 1시간에 수mSv의 방사선량이 측정되는 경우.
3	**중대한 이상** | 방사성 물질 소량 방출, 수mSv 정도의 피폭
2	**이상** | 안전에는 이상이 없으나 소량의 방사성 물질이 오염됨
1	**이례적인 사건** | 운전 범위 안에서의 이탈
0	**척도 미만** | 평시 상황

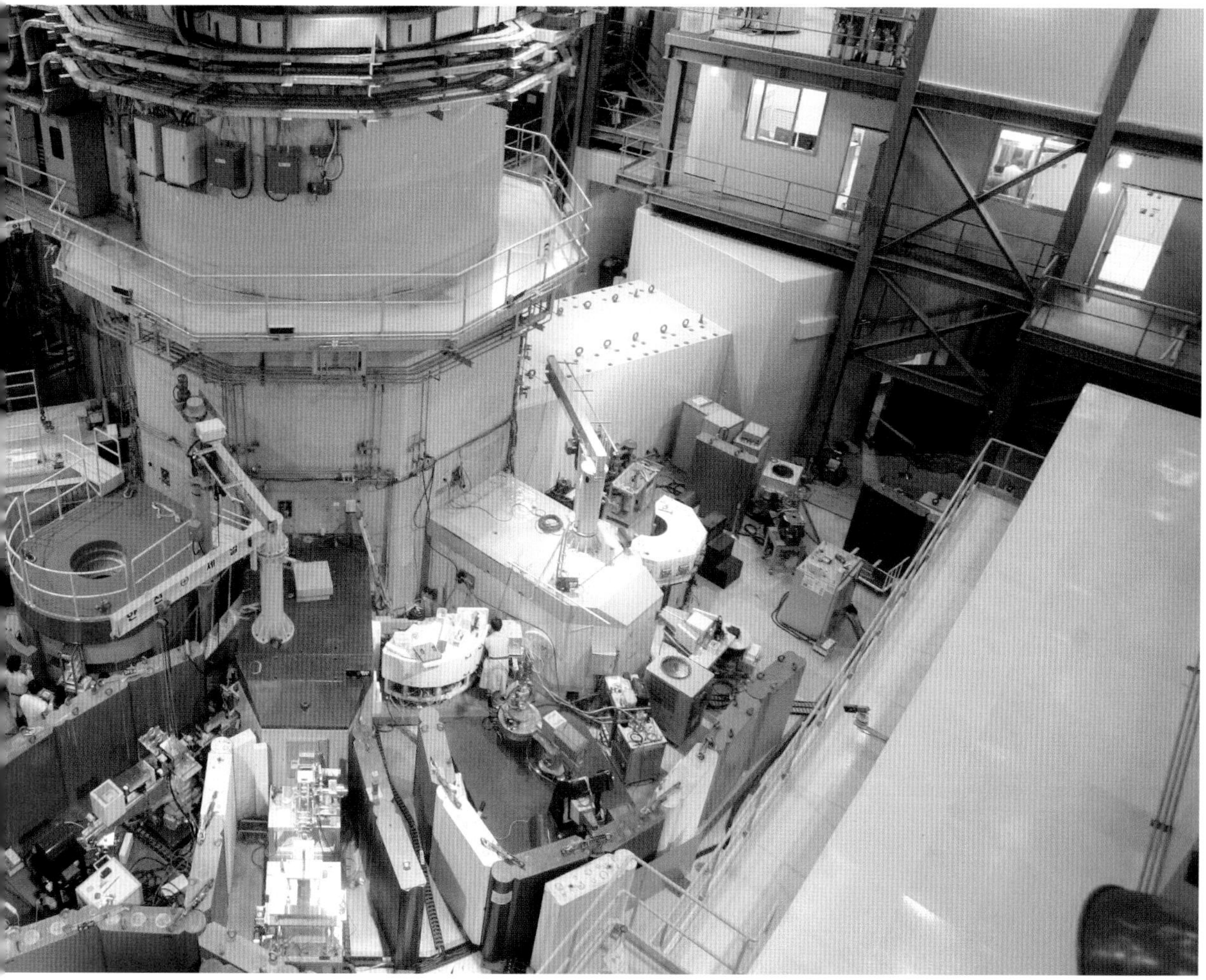

위협받는 원전 신화

세계의 원전 분포와 주요 사고

세계원자력위원회(WNA)의 통계에 따르면 2011년 현재 세계에는 443개의 원전이 가동 중이다(검은 점) 62개가 새로 건설 중이고 158개가 건설 계획이며 324개가 건설 추진 중이다.

독일

3 **1975년 독일 그라이프슈발트 원전 사고**
실험 위해 일부 냉각 시스템 중지시키다 한 군데에서 사고 발생, 연료봉 10개 손상. 이 사고에 대한 교훈으로 운영과 사고 수습 절차가 정교해졌고 구소련 원자로가 인기를 잃음.

영국

? **1967년 영국 차펠크로스 원전 사고**
흑연감속재 조각이 연료주입구를 막아 화재가 나고 연료 부분적으로 용융. 노심은 1969년 다시 복구돼 가동됐고, 2004년에야 가동 중지.

5 **1957년 영국 윈드스케일 연구로 사고**
흑연 감속로 노심에 화재가 발생해 주변 지역까지 방사능 방출. 영국 최악의 방사능 사고.

3 **2005년 영국 셀라필드 사고**
8만 3000L의 질산에 용해돼 있던 20t의 우라늄과 160kg의 플루토늄이 수개월 동안 핵연료 재처리시설 파이프의 구멍을 통해 유출된 사고.

러시아

6 **1957년 러시아 키시팀 재처리 시설 폭발 사고**
핵연료 재처리 공장의 폐기물 저장고 냉각 장치가 고장나 70~80t의 방사성 액체가 든 저장소가 폭발한 사고. 대량의 방사성 물질이 인근 강과 대기로 누출. 세슘137이나 스트론튬90 같은 방사성 물질이 강을 타고 800km^2의 넓은 생태계를 오염시키고 수백 명의 사람들이 화상으로, 200명 이상이 암으로 고통받았다. INES 등급만으로는 체르노빌에 이어 사상 두 번째로 높음. 당시 소련 정부는 이 사고를 은폐. 미국 CIA도 이 사실을 알고 있었지만 자국의 원자력 산업 보호를 위해 은폐했다는 사실이 후에 폭로됨.

7 **1986년 러시아 체르노빌 원전 사고**
역사상 최악의 원자력 사고. 운전자의 실수 때문에 4기 중 하나(4호기)의 흑연감속재에 불이 붙고 노심용융이 일어나 방사성 물질이 상공에 유출, 유럽 전역에 퍼진 사고. 낙진 피해 지역이 3000km^2에 이를 정도로 광범위하고, 특히 멀리 1500km 떨어진 북유럽에서도 세슘 등 방사성 물질이 발견돼 장거리 방사성 낙진의 위험성이 부각되는 계기가 됨. 이 사고로 독일 등 일부 국가는 원자로 신규 건설을 중단.

4 **1993년 러시아 톰스크 핵재처리시설 사고**
시베리아 플루토늄 재처리시설에서 폭발사고가 일어나 28km 지점까지 방사능 연기가 퍼진 사고. 하지만 치명적인 병이나 부상은 보고되지 않음. 160명의 작업자와 2000명의 정화작업자들은 50mSv의 방사능에 노출.

동유럽

? **1958년 유고슬라비아 빈차 실험용 원자로 사고**
실험자들의 실수로 작동 중인 실험로에 접근, 6명이 2000~4000mSv의 방사선을 쬠. 이 중 여성도 포함돼 있었으나 나중에 정상적으로 출산. IAEA가 담당한 첫 번째 원자력 사고.

4 **1977년 구 체코슬로바키아 야슬로프스케 보훌리체 원전 사고**
물기 제거하지 않은 연료봉 집합체 이용, 연료 부식되고 방사능이 발전소에 유출.

3 **2003년 헝가리 박스 원전 사고**
냉각수 운용 실수로 중수 탱크가 파손돼 연료봉의 펠릿이 외부에 노출됨. 펠릿이 임계점에 도달하는 현상을 막기 위해 붕산 투입. 요오드131 흡수를 위해 암모니아와 하이드라진 투입.

*실제로는 더 많은 사고가 있었지만
배 등 운송 기관이나 실험로 등에서 일어난 사고
일부 제외. 특기할 만한 피해가 없던 사고도 제외.
*자료 : 가디언 데이터 블로그/국제원자력기구(IAEA),
세계원자력운영자기구(WANO), 위키피디아

캐나다

5 **1952년 캐나다 초크강 원자력연구소 냉각수 유출 사고**
방사선 쬔 냉각수 유출. 4000m^{3}의 물을 퍼올려 강 오염은 막음. 1982년 연구 결과 작업자들의 피해는 없었던 것으로 확인.

? **1958년 캐나다 초크강 원자력연구소 실험로 화재 사고**
냉각시설 이상으로 우라늄 연료봉에 화재, 연료봉이 두 조각이 남. 1952년에 이어 같은 시설에서 두 번째 사고.

미국

? **1959년 미국 산타 수잔나 필드 연구소 사고**
노심 과열로 연료가 3 분의 1이 녹아내리는 사고. 방사성 물질 기체 방출.

? **1964년 미국 찰스타운 방사능 물질 임계 사고**
운영자의 착각으로 농도가 맞지 않은 우라늄 용액을 처리 시설에 주입, 강한 방사선 발생한 사고. 해당 운전자 방사선 노출로 이틀 뒤 사망.

5 **1979년 스리마일 원전 노심 용융 사고**
운전자의 실수로 냉각 시스템 중단, 노심 부분 용해가 일어나고 방사능 물질 유출. 발전소는 1000mSv, 주변 지역은 0.01mSv의 방사능이 유출. 체르노빌과 함께 가장 유명한 원전 사고로 꼽히지만 직접적인 인명 사고는 없었음. 하지만 이후 미국은 원전 신규 건설을 중단하는 등 사회적 파장이 컸음.

2 **2006년 미국 테네시 어윈 원전 사고**
35L의 고농축 우라늄 누출, 7개월간 운영 중단.

일본

3 **1981년 일본 쓰루가 원전 방사능 누출 사고**
냉각수 16t이 외부로 유출돼 100명 이상의 운전자가 연간 기준의 1.55배에 해당하는 방사선에 여러 날 노출된 사고.

4 **1999년 일본 이바라키 현 토카이무라 핵 재처리 시설 임계 사고**
우라늄 재처리 시설에서 작업자 실수로 세 명이 강한 방사선을 쬔 사고. 저장 탱크에 우라늄 용액을 붓던 중 핵분열 연쇄 반응 시작, 푸른 섬광이 나타나고 바륨140, 이디움94 등 방사성 물질 방출. 폭발은 없었지만 작업자 세 명 중 두 명이 80여 일의 고통 끝에 사망하고 116명의 다른 작업자들은 1mSv 정도의 방사능에 노출(건강 문제는 없음).

5 **2011년 후쿠시마 제1원전 사고**
일본 센다이 대지진과 그에 따른 쓰나미로 비상 발전 계통 이상 발생, 냉각 시스템이 작동하지 않아 연료봉이 노출되고 건물 외벽 수소 폭발이 일어남. 현재도 사고 진행 중.

남미

4 **1983년 아르헨티나 부에노스 아이레스 실험용 원자로 사고**
실험용 원자로에서 운전자가 강한 방사능을 맞고 이틀 뒤 사망. 반응로 밖에 있던 17명은 그보다 적은 양의 방사능에 노출.

5 **1987년 브라질 고이아니아병원 방사성 물질 유출 사고**
브라질의 대도시 고이아니아에서 일어난 사고. 문 닫은 병원에 버려져 있던 방사선 치료용 의료기기에서 격납 용기가 분리돼 그 안에 있던 세슘137이 다량 누출. 네 명이 사망했고 245명이 방사성 물질에 오염.

쟁점⑤ 한국의 원전은 안전한가

원전이 자연재해 앞에서 통제 불능 상태에 빠지는 모습을 보면서 찬반 논란이 거세졌다. 우리나라 원전의 안전성에 대한 걱정도 자주 나오고 있다. 문제는 없을까?

우리나라 원전은 후쿠시마에서 문제가 된 수소 가스 폭발이 일어날 가능성이 상대적으로 적다. 지르코늄 피복이 증기와 만나 산화하면서 발생하는 수소를 그때그때 태워서 제거하는 장치(수소 연소기)가 있기 때문이다. 수소는 900℃ 이상의 고온 환경에서 산소를 만나면 폭발하지만, 농도가 낮은 상태에서는 그냥 연소 반응을 일으켜 물이 된다. 따라서 자연 발화 농도에 이르기 전에 태워주면 폭발 없이 수소를 제거할 수 있다. 현재는 건물 내 수소 농도가 5%를 넘으면 제거기가 작동한다.

건물 구조는 어느 쪽이 더 안전하다고 말할 수 없다. 제무성 교수는 "일본의 후쿠시마 원전은 격납 공간이 2중으로 튼튼하게 돼 있다"며 "우리나라는 두께 1.5m 정도의 용기 하나만 있어서 상대적으로 약하지만, 대신 내부 공간이 훨씬 넓어 사고 때 조치를 할 시간적 공간적 여유가 충분하다는 장점이 있다"고 말했다.

가압식이냐 비등식이냐의 차이는 평상시 방사성 물질의 유출 가능성에서 차이가 있다. 비등식은 노심에서 직접 냉각수를 증기로 바꿔 이 증기로 터빈을 돌린다. 반면 가압식은 냉각수와 터빈을 돌리기 위한 물이 아예 별도의 파이프로 분리돼 있다. 따라서 노심을 거쳐 방사성 물질을 함유한 물이 터빈에 직접 들어가지 않아 방사성 물질이 밖으로 노출될 가능성이 적다.

우리 원전은 전기가 없어도 냉각수 공급이 가능하다. 증기를 만드는 과정에서 물이 열에너지를 잃으며 자연 냉각하는데, 이 물은 밀도가 높아져서 중력의 힘으로 저절로 아래로 내려와 냉각수를 순환하게 만들어 준다. 후쿠시마 원전처럼 전기가 끊긴다고 바로 노심 온도가 올라가 노심 용융 현상이 일어나지는 않는다는 뜻이다.

연료봉이 핵융합 반응을 할 때 내는 푸른 빛. 인류에게 에너지를 선물하는 축복의 빛일까, 위험을 경고하는 창백한 빛일까.

물론 이런 기술적인 대책에도 불구하고 원전 자체의 안전에 여전히 의구심을 표하는 사람도 많다. 이번 사고가 인류가 예측하기 어려운 대형 재해에 인간의 기술이 얼마나 취약한지를 여실히 보여 줬기 때문이다. 하지만 원전 기술 덕분에 인류가 누리고 있는 혜택 또한 많은 것 또한 사실이다. 신중한 논의와 접근이 필요하다. 일본을 강타한 규모 9.0의 대지진은 원전을 둘러싼 논쟁에도 쓰나미 급의 화두를 던지고 있다.

원전 건설은 지금

원전 건설 현황을 지도에 표시한 지도. 여전히 많은 국가가 원전을 건설하거나, 건설할 계획을 갖고 있다. 하지만 일부 국가는 일본 후쿠시마 원전 사고를 계기로 입장을 바꾸고 있다.

- 운영 중 + 추가 건설 중
- 운영 중 + 추가 건설 계획
- 없지만 건설 중
- 없지만 건설 계획
- 운영 중 + 추가 계획 없음
- 운영 중 + 축소 고려
- 원전 운영 금지
- 운영/건설/계획 중인 원전 없음

미국 오바마 대통령 원전 안전성 점검 지시. 개발은 계속.
중국 건설 중인 26기 안전 기준 재설정. 신규 원전 승인은 연기 방침.
대만 5기 추가 건설 계획이지만 마잉주 총통, "안전 위해서라면 포기"
필리핀 과거 안전 문제로 폐쇄된 원전 재개 결의안 심의 대상에서 일단 제외
스위스 건설 중인 3기 건설 중단
독일 가동 원전 3개월 안전 점검 착수. 1980년 이전 건설된 7기 가동 중단
영국 신규 예정 1기 재검토 착수
프랑스 변화 없음

자료 : 세계원자력협회(WNA), 《네이처》

앞으로 원전은 안전 장치를 더 보강하는 쪽으로 진화할 것으로 보인다. 내진설계를 강화하고, 전기 없이도 냉각수 순환이 가능한 패시브 방식을 적용하는 방식이다. 사진은 건설 중인 신고리 3, 4호기의 모습.

보이지 않는 공포, 방사능

1. 방사능 공포는 과장인가

무엇이 진실일까

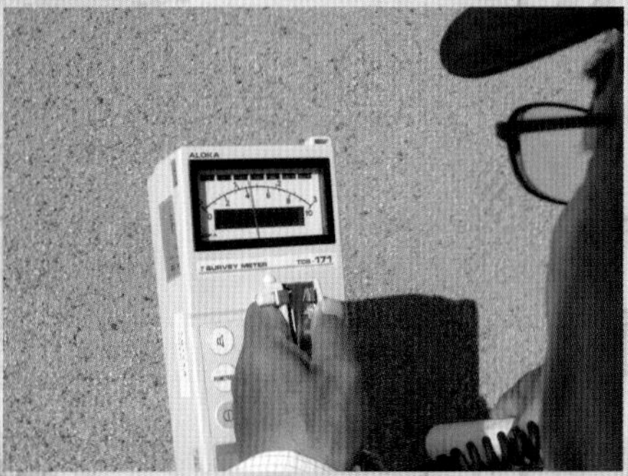

2011년 6월 일본 후쿠시마의 한 초등학교에서 방사능을 측정하고 있다. 원전 사고지에서는 잔류 방사선이 문제다.

일본의 원고 사고 이후 방사능 공포는 수그러들 기미가 보이지 않고 있다. 2011년 10월 12일, 후쿠시마에서 250km 이상 떨어진 요코하마 시내 건물 지붕에서 195Bq(베크렐. 방사능의 물리적 세기 단위)의 스트론튬90이 발견됐다. 스트론튬은 뼈에 암을 일으킬 수 있는 방사성 물질이다. 13일에는 역시 250km 정도 떨어진 치바현 후나바시 지역에서 1시간에 5.82μSv(마이크로시버트. 인체가 받는 방사선 영향을 수치화한 단위)의 방사선량이 검출됐고, 그 옆 도쿄에서는 17일 초등학교 옥외 수영장 건물에서 1시간에 3.99μSv의 방사능이 측정됐다.

이번에 검출된 방사선량을 연간 방사선량으로 환산하면 후쿠시마 사고 이후 일본 정부가 정한 대피 기준인 20mSv(밀리시버트. μSv의 1000배)를 훌쩍 뛰어넘는다. 17일 도쿄에서 측정된 방사선량을 환산하면 21mSv, 치바 현에서 측정된 방사선량은 31mSv에 이른다. 때문에 일부에서는 수도 인근까지 방사능 오염이 심각해진 것 아니냐는 의구심을 제기하고 있다.

방사능 전문가들 사이에서는 의견이 분분하다. ≪네이처≫ 10월 14일자 온라인판에는 비록 대피 기준보다 높은 수치가 나오긴 했지만 위험하지 않다는 칼럼이 실렸다. 영국 임페리얼대학교 의과대학 제랄딘 토마스 교수는 "머무른 시간이 중요한데, 특정 방사능 오염지역(일명 '핫스팟')에 1년 내내 머무르는 사람은 없다"며 "사람들이 지나치게 민감해 하고 있다"고 말했다.

하지만 반론도 만만치 않다. 캐나다 방사능보호위원회 과학담당관 크리스토퍼 클레멘트는 "국제적으로 20~100mSv를 대피 '권고' 기준으로 삼는데, 100mSv면 암 발생에 의한 사망률을 0.5% 높일 수 있는 수치"라고 말했다. 저선량 방사선의 위험을 아직 확실히 모른다는 사실도 문제다. 『방사능 상식사전』의 대표 저자인 단국대학교 예방의학과 하미나 교수는 "핫스팟이 한 군데라면 큰 문제가 아닐 수 있지만, 250km 밖에서 발견됐다는 것은 더 많은 핫스팟이 있을 수 있다는 뜻"이라고 비판했다.

그렇다면, "방사능 비는 내릴 수 있는가?" 영화 '블레이드 러너'와 애니메이션 '바람 계곡의 나우시카'에나 나올 만한 표현이 아무렇지 않게 뉴스로 쏟아진 적이 있었다. 말은 많았지만 빗물 한 방울 맞아도 괜찮은지 여전히 확신이 들지 않는 것도 사실이다. 왜 그럴까.

미국의 저널리스트 말콤 글래드웰은 한 칼럼에서 '퍼즐'과 '미스터리'가 어떻게 다른지 소개했다. 정보가 부족해 조사와 취재를 통해 진실의 윤곽을 하나하나 끼워 맞춰 나가야 하는 것은 퍼즐이다. 미스터리는 반대다. 정보가 너무 많아 진실을 알 수 없는 경우다. 그렇다면 방사능 논란은 퍼즐일까, 미스터리일까. 차고 넘치는 정보 속에서 오히려 혼란이 커지고 있으니 전형적인 미스터리가 아닐까.

하지만 틀렸다. 방사능은 퍼즐이다. 방사선, 특히 우리나라에서 문제가 되고 있는 1mSv 이하의 적은 양의 방사선(저선량 방사선)에 대해서는 아직 뚜렷한 과학적 결론이 없기 때문이다. 이 사실을 고려하지 않은 채 "양이 적으니 일단 안전하다"고 말하는 것이나, "방사능은 무조건 위험하다"라고 말하는 것은 모두 무의미하다. DS

2. 저선량 방사선이 문제다

장기적인 연구가 필요하다

일본 도쿄에서 수돗물의 방사능 수치가 높아지자 부모들이 아이들에게 줄 생수를 사고 있다. 아무리 방사능이 약해도 일반인들에게는 먹을거리 문제가 심각하게 느껴진다.

"일본 도쿄의 수돗물에서 1kg에 200Bq의 방사능이 나왔습니다. 일본 후생노동성의 방사능 허용 기준은 방사성 아이오딘 기준으로 300Bq/kg입니다. 어린이는 이보다 민감해서 100Bq/kg입니다. 과연 부모들이 아이들에게 수돗물을 먹게 했을까요?"

지난 3월 31일, 환경재단에서 열린 강연회에서 이헌석 에너지정의행동 대표가 청중에게 물었다. 어른, 아이 둘 다 마시지 말아야 할까. 아니면 어른은 마시고 아이에게는 목 말라도 참으라고 해야 할까.

우리는 이렇게 '나' 또는 '내 가족'이 겪을 고통을 상상한 뒤에야 겨우 원전 사고를 겪은 일본 현지인들의 고통을 이해할 수 있다. 사고가 1000km나 떨어진 일본 후쿠시마 현에서 일어났기 때문이다. 용융이 일어난 후쿠시마 원전 노심 근처에서는 사고 3일 뒤인 3월 15일에 1시간에 400mSv나 되는 방사선 피폭량이 측정됐을 정도로 방사능이 강했다. 40km 떨어진 지역의 토양에서도 117만Bq나 되는 방사능(아이오딘)이 검출됐다. 거리가 206km 떨어진 도쿄에는 6일 뒤인 3월 21일 방사성 물질이 검출됐고, 이틀 뒤에는 수돗물에서도 200Bq의 방사

서울지방방사능 측정소에서 대기 중 방사능 농도를 측정하고 있다. 자연 방사선 선량 범위에서 인공 방사능의 영향은 아직 분명히 밝혀지지 않았다.

능이 측정됐다. 우리나라에는 3월 23일부터 차례로 강원도에 크세논이, 28일 서울 등에서 아이오딘이, 29일 대전에서 세슘이 검출됐다. 하지만 방사능은 모두 1Bq(크세논) 또는 1mBq(아이오딘, 세슘) 미만으로 일본에 비해 크게 낮았다.

이런 사실은 원자력 전문가들의 계산에서도 확인된다. 후쿠시마 원전에서 연료봉이 모두 녹고, 이때 나온 방사성 물질이 전부 우리나라를 향해 몰려온다 해도 개인의 1년 피폭 허용량(1mSv)보다 적은 방사선밖에 도달하지 못한다. 이는 태풍처럼 예측하지 못한 상황이 발생해도 마찬가지다. 방사성 물질의 발생량 자체가 제한돼 있기 때문에 중간에 어떤 경로를 거친다 해도 방사능 피해가 더 커질 수는 없는 것이다. 그럼에도 많은 사람들이 방사능 걱정을 하는 이유는 무엇일까. '저선량'이라고 하는 아주 적은 양의 방사능(보통 인위적으로 방사능을 접하는 제한치인 1mSv보다 작은 양을 의미)의 안전성이 논란 중이기 때문이다.

현재 저선량 방사선에 대해서는 두 가지 견해가 있다. 먼저 방사능 수치가 적기 때문에 건강에 문제가 없다는 의견으로 원자력 전문가 다수의 입장이다. 방사선량은 누적된 양이 중요하다. 따라서 선량이 적을 때(저선량)보다는 많을 때(고선량), 띄엄띄엄 받을 때보다는 짧은 시간에 집중적으로 받을 때 영향이 더 크다(적은 양을 띄엄띄엄 쐬면 몸이 회복할 시간이 있다). 한국원자력병원 방사선종양학과장 김미숙은 "신체 일부에 방사선을 쐬어 DNA 손상을 일으키려면 하루 2000mSv 정도의 방사선량은 돼야 가능하다"며 "태아도 전신에 최소 100mSv 정도를 받아야 기형 같은 의학적인 문제가 생긴다"고 말했다.

하지만 반대 의견도 있다. 방사선량이 낮다고 해서 마냥 안전하다고 말하기에는 불확실한 점이 많다는 의견이다. 먼저 인체에 대한 연구이기 때문에 실험이 불가능하다. 따라서 실제 환자들을 대상으로 장기적인 연구를 해야 하는데 기회가 대단히 부족했고 자료가 불충분하다. 그나마 1986년 체르노빌 사고가 가장 좋은 기회인데, 여기에서도 명쾌한 결론을 내릴 수가 없었다. 미국 콜롬비아대학교 방사선연구센터의 데이비드 브레너 교수는 4월 5일 ≪네이처≫에 보낸 기고문에서 "저선량 방사선의 영향을 조사하기 위해 환자들을 관찰하지만, 아무 일도 하지 않아도 대부분의 환자 집단에서는 40% 정도가 암에 걸린다"며 "이게 저선량 방사선 때문인지 다른 요인 때문인지 확인하기는 대단히 힘들다"고 말했다.

드물기는 하지만 저선량 방사선이 건강에 오히려 좋다는 의견도 있다. 약한 방사선이 면역력을 높인다는 주장이다. 인제대학교 의과대학 김종순 교수는 "자연방사선의 양이 평균보다 높은 일본 미사사 온천 지역의 암 발생률이 다른 일본 지역보다 훨씬 낮다는 연구 결과가 있다"며 "저선량 방사선을 무조건 나쁘게 볼 필요는 없다"고 설명했다.

그렇다면 저선량 방사선에 대해 어떤 입장을 취해야 할까. 결국 위험성 또는 안전성이 입증되지 않았을 경우 어떤 태도를 취하느냐의 문제로 옮겨간다. 암을 일으키거나 사망률을 높인다는 증거가 없으니 안전하다고 말할 것인지, 아니면 반대로 안전성이 입증되지 않았으니 안전하다고 판명될 때까지 주의를 기울여야 하는지는 전적으로 선택의 문제다.

현재까지의 과학, 의학 연구 결과로 보면 적어도 1000km 떨어진 우리나라에서 발견되는 방사선량에 대해서는 장기적이고 만성적인 위험성이 뚜렷하지 않다. 과도한 불안감이나 불신감을 갖는 것은 옳지 않다. 전자파처럼 장기적인 영향력이 입증되지 않았지만 생활 속에 노출된 위험은 원전 방사선 말고도 많다. 다만 생물 농축이 문제가 될 수 있으니 연구가 필요하다.

하지만 이 말이 '원자력은 안전하다'는 결론으로 이어지는 것은 비약이다. 우연히 사고가 1000km 떨어진 곳에서 일어났기 때문이지, 만약 국내에서 같은 규모의 사고가 났다면 당장 고선량 방사선이 문제가 될 것이기 때문이다.

결국 문제는 근본적인 원전의 사고 확률로 옮겨간다. 일본 후쿠시마 사고는 '이웃의 일'이 아니다. 같은 일이 전 세계 원전 443기 중 한 곳에서 일어날 때 바로 그 지역에서 겪을 고통이다. 그 확률은 '우리'에게도 동일하다. DS

[III] 에너지 대안, 재생 에너지

화석 연료의 대안으로 원자력 에너지가 비상하는 가운데 구소련의 체르노빌 원전 사고와 일본의 후쿠시마 원전 사고는 원자력 발전에 대한 신뢰를 크게 무너뜨렸다. 오늘과 같은 원자력 발전에 의존해서는 전 세계가 지속적인 발전을 보장받을 수 없다는 점을 인식하게 된 것이다. 그렇다고 에너지를 사용하지 않고 살 수 있을까? 지구촌 곳곳의 문명은 가히 에너지 중독에 가까울 정도다. 대도시에 정전이 발생하면 인터넷, 모바일을 비롯하여 각종 전산망뿐만 아니라 지하철, 비행기 등도 무용지물이 되어 버린다. 인류는 화석 연료와 원자력 에너지를 대체할 수 있는 새로운 에너지를 찾아나섰다. 태양열, 태양광, 조력, 수력, 지열 등이 후보군으로 나섰다. 이를 재생 에너지라고 한다.

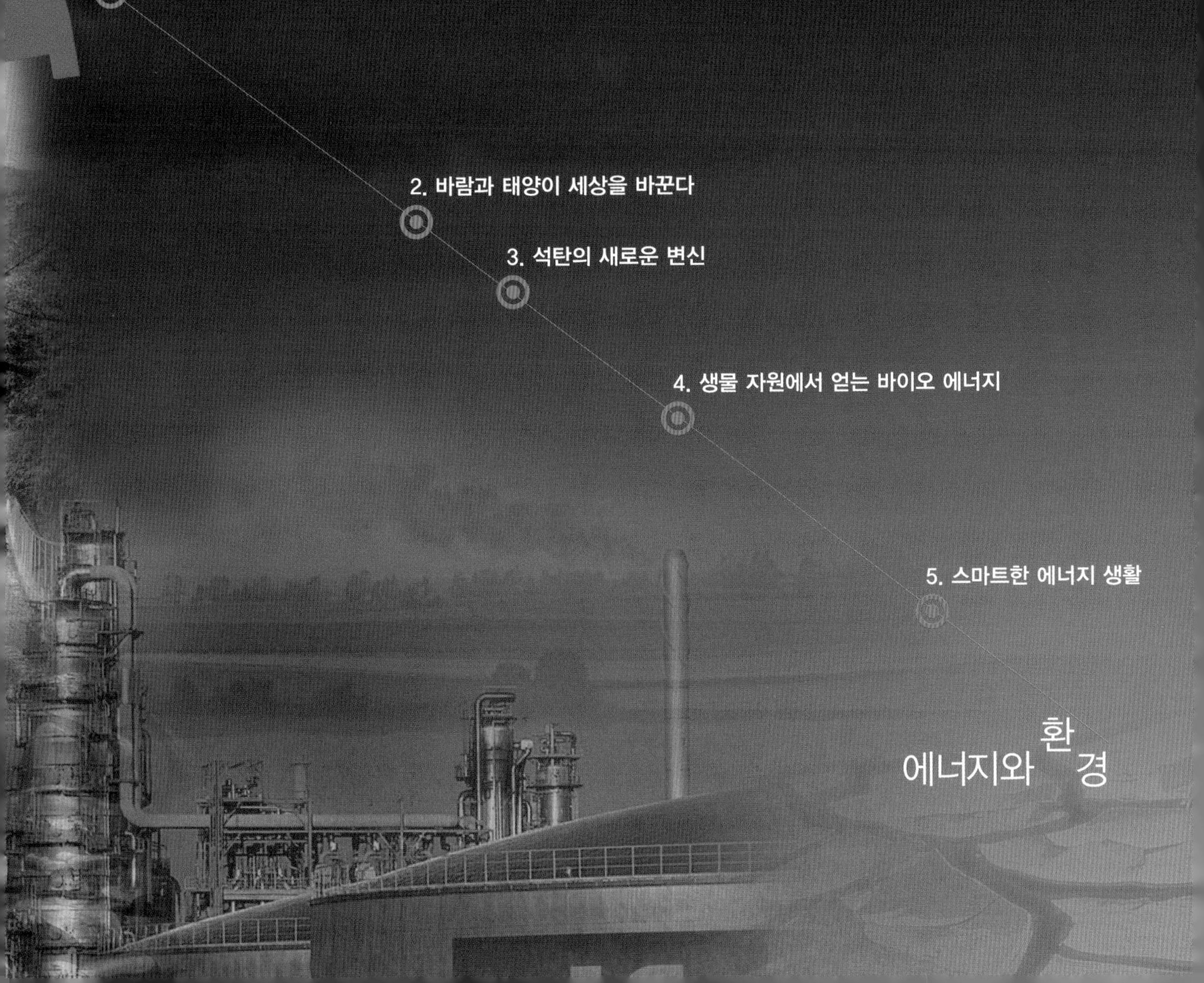

석유 대체할 궁극의 에너지는 무엇일까

과연 석유 시대는 끝났나

지금 이 시간에도 지구상에서는 엄청난 양의 석유가 소비되고 있다. 그와 동시에 이를 부정하고자 하는 수많은 논리와 신조어도 태어나고 있다. 이명박 대통령이 주창하는 '녹색 성장'을 비롯해 '녹색 경영', '저탄소 경제' 같은 도저히 양립할 수 없을 것으로 느껴지던 단어의 조합들이다. 일각에서는 "향후 10년 동안 청정 에너지 분야에서 구글 같은 기업이 10곳 이상 탄생할 것"이라는 주장도 나온다. 먼 미래의 얘기가 아니라 곧 현실로 다가온다는 얘기다.

석유의 종말에 관한 얘기는 어제 오늘의 일은 아니다. 1970년대부터 수많은 학자들이 매장된 '한정 자원'이라는 특성상 언젠가는 석유가 고갈될 수 있다는 위험을 주장해왔고, 실제로 현실화되고 있다. 그럼에도 석유의 종말이 인류의 종말을 뜻한다고 받아들이는 사람은 많지 않다. 인류가 존재한 수만 년 동안 석유가 없었을 때에도 인류는 살아왔고 또 석유를 대체하기 위한 수많은 에너지원 후보가 거론되고 있다. 지금 이 시간에도 수많은 연구자들이 연구실에서, 자연 현장에서 '석유 이후 자원'을 찾기 위해 노력하고 있다. 과연 석유를 대체할 에너지가 있을까.

미국 텍사스를 거점으로 50년 가까이 석유 개발에 참여해온 명인성 박사는 "석유의 수명은 오히려 늘어나고 있다"고 주장한다. 그가 석유 개발에 평생을 바쳤다고 해도, 상식적으로 이해하기 힘든 지적이다. 명인성 박사는 "미국의 석유 소비량이 하루 2200만 배럴인데, 이는 세계 소비량의 30%에 육박한다"며 "미국의 석유화학 기업들은 석유를 대체할 에너지를 개발하는 것보다는 더 많은 석유를 찾아낼 수 있는 기술에 더 투자하고 있고 실제로 효과를 거두고 있다"고 말한다.

실제 국제에너지기구(IEA)는 2009년 발행한 보고서에서 "2030년이 돼도 석유가 에너지원에서 차지하는 비중이 줄지 않을 것"이라는 전망을 내놓은 바 있다. 명인성 박사는 "석유 시추선이 만들어지면서 깊은 바다에서 석유를 캐내고 있고, 브라질 해안 등에서 생산되는 혼탁한 석유도 이제는 정제해 사용할 수 있게 됐다"며 기술 발전의 중요성을 강조했다.

이런 미래에 대한 주장의 근거는 오일샌드(석유가 섞인 모래)와 오일셰일(석유를 함유한 암석)에서 찾을 수 있다. 그는 "캐나다에 대량으로 매장된 오일샌드와 미국에만 1조 3000억 배럴가량 묻힌 것으로 추정되는 오일셰일만 해도 석유 수명은 최소 100년 이상 연장된다"며 "두 가지 모두 이미 상용화 직전 단계까지 접어들었다"고 소개했다. 한편에서는 극지의 석유 자원 개발도 추진되고 있다. 최근 미국 기업들은 5m 이상만 파고 들어가면 전 세계가 50년 이상 쓸 수 있는 원유가 매장돼 있을 것으로 추정되는 극지로 진출하기 위해 애쓰고 있다.

2003년 『파티는 끝났다』라는 책을 발간하며 세계적인 에너지 전문가로 떠오른 리처드 하인버그(포스트카본연구소 수석연구원)는 "석유 가격은 조만간 1배럴에 최소한 150~250달러까지 오르고 장기적으로는 훨씬 더 높게 형성될 것"이라고 내다봤다. 석유가 가진 가장 큰 경쟁력인 '싼 가격'이 무너지고 있다는 뜻이다.

하인버그 연구원은 "석유를 주도적으로 생산하는 대규모 유전들은 수십 년 전에 발견된 지역이고 이들의 평균 생산량은 5% 정도씩 떨어지고 있다"며 "저가 원유는 이제 거의 다 소진됐다고 보는 것이 맞다"고 강조했다.

미국이 만들어낸 석유 관련 정책들이 전 세계를 망치고 있다는 비판도 서슴없이 했다. 그는 "당장 석유가 있다고 해서 석유를 더 많이 캐내려는 구조는 미래에 대한 준비를 늦추고 발상의 전환을 방해할 뿐"이라며 "변하지 않는 것은 2015년 이전에 언젠가 세계 석유 생산이 정점에 이른다는 것"이라고 말했다. 이어 그는 '세계적으로 석유가 고갈되는 속도가 새로운 유전을 발견하는 속도보다 3배나 빠르다'는 미국 에너지부의 최근 보고서를 근거로 제시했다. 그는 "석유 경제에 지속적으로 의존하고 있다가는 개인과 공동체, 국가, 세계 모두 상상할 수 없는 위기를 초래할 것"이라며 재차 원유 고갈의 위기를 경고했다.

이에 대해 명인성 박사는 "대체 생산지가 늘어나는 것과 동시에 '1세대 유전'들의 쇠락이 진행되고 있는 것을 부인할 수는 없다"고 인정했다. '석유의 종말'에는 동의할 수 없지만 '저유가 시대의 종말'은 피할 수 없다는 얘기. 전 세계에서 하루에 생산되는 원유는 9000만 배럴 수준이고, 하루 소비량은 8500만 배럴에 달한다. 결국 여유분은 500만 배럴에 불과하다. 이 때문에 중동의 정세 불안, 중남미 지역의 정권 교체, 대형 파이프라인의 국지적인 문제로 여유분이 줄어들면 가격이 걷잡을 수 없이 변하는 현상이 반복될 전망이다.

특히 오일샌드와 오일셰일의 경우에는 대량 생산이 가능해져도 배럴당 20달러 이상의 생산 비용이 든다. 명인성 박사는 "석유 기업들의 이익 구조를 감안하면 이들로부터 얻어진 석유의 시장 가격은 기본적으로 100달러 이상으로 책정된다고 봐야 한다"며 "현재는 상승과 하락을 반복하고 있지만 장기적으로 유가의 기본선은 100달러 이상으로 유지될 것"이라고 전망했다.

화석 연료는 과연 온난화의 주범일까

지구상에 존재하는 에너지 총량 비교도

미국 국립석유위원회가 2007년 발표한 자료에 따르면 지구상에 존재하는 에너지 가운데 태양광이 가장 풍부한 것으로 나타났다. 전 세계 에너지 소비량과 석유, 석탄, 가스, 우라늄 잔존량의 크기를 비교해 볼 수 있다.

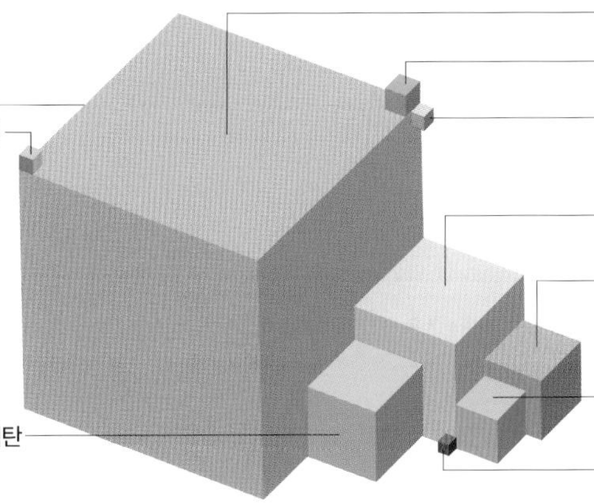

유엔 산하 정부 간 기후변화위원회(IPCC) 위원장을 역임한 베르트 메츠 박사는 "화석 연료가 온난화의 주범이라는 명제는 무조건 옳다"고 잘라 말한다. 역사상 가장 강력한 환경 권고로 평가받는 'IPCC 3, 4차 평가보고서'를 주도했던 그는 명확한 수치를 제시했다. 그는 "기후 변화의 증거들은 일일이 열거할 수 없을 정도로 많고 실제로 인류 생존에 영향을 미치고 있다"며 "150년 전보다 지구 기온은 0.8℃ 가량 높아졌고, 건조한 지방에서도 평균 강수량이 늘었다"고 강조했다.

이어 "대부분의 빙하가 줄어들었고, 식물의 서식지 변화와 곤충의 대대적인 이동도 보고되고 있다"고 설명했다. 특히 일부에서 지구 온난화를 '자연의 역습'이라고 표현하는 데 대해 강한 거부감을 나타냈다. "지난 150여 년간 석유 사용으로 온실가스를 배출해 문제를 일으킨 것은 바로 인간"이라는 주장이다.

서울과학종합대학원 환경경영연구소 김현진 소장 역시 "더 이상 지구 온난화의 실체에 대해 논의하는 것은 무의미하다"고 지적한다. 김현진 소장은 덴마크 코펜하겐대학교 비외른 롬보르 교수와 웨더채널 창립자 존 콜먼처럼 지구 온난화가 조작됐다고 주장하는 사람들에 대해서도 비판적인 입장이다. 김현진 소장은 "비판자들조차도 인간이 지구 온난화에 영향을 미쳤다는 점을 부인하지는 못한다"며 "일부에서 기후 변화를 조절하는 것보다 말라리아 같은 다른 질병을 뿌리 뽑는 데 투자하는 것이 더 많은 생명을 구할 수 있다고 말하는데, 수십 년 뒤 기후 변화가 가져올 상황은 그 정도 수준을 훨씬 넘는다"고 강조했다. 이어 "연구 결과에 따르면 지구 기온이 1.5℃ 상승하면 지구상의 생물 30%가 멸종에 이르게 된다"며 "동물들이 멸종되는 것을 지켜보면서 대안을 찾아야겠느냐"고 반문했다.

'환경 운동의 스승이자 석유 기업의 가장 강력한 적'으로 불리는 지구정책연구소 레스터 브라운 소장은 "개발보다는 효율이 극대화된 에너지를 찾아야 한다"고 말했다. 브라운 소장은 기존 에너지 위주의 경제를 유지하는 '플랜A'를 대체 · 재활용 에너지 중심의 '플랜B'로 전환해야 한다는 지론을 펼쳤다. 무조건적인 대체 에너지 개발보다는 발상의 전환이 중요하다는 조언도 잊지 않는다. 그는 "전 세계의 전구를 모두 소형 형광등으로 바꾸는 것만으로도 에너지가 12%나 절감된다"며 "이는 시스템의 변화가 중요하다는 것을 보여주는 대표적인 사례"라고 강조했다.

브라운 소장은 '지속 가능한 에너지'에 대한 명확한 개념을 정립해야 한다고 제기한다. 그는 "에너지를 생산하기 위해서 물 같은 다른 무언가를 소모해야 한다면 지속 가능하지 않은 것"이라며 "성장보다는 지속 가능성에 초점이 맞은 에너지가 진정한 미래 에너지"라고 강조했다.

이와 관련해 김현진 교수는 "수많은 담론이 제기되고 있지만, 미래 에너지를 찾아야 할 변하지 않는 이유가 있다"고 강조한다. 화석 연료를 중심으로 한 에너지의 세계가 두 가지 도전에 직면해 있다는 것이 그의 설명이다. 그리고 "향후 에너지 수요는 계속 늘어나지만 공급의 불안정성이 심화되고 있는 상황에서 에너지를 어떻게 확보해야 할지가 그 첫째"라며 "다른 한편으로는 미래에는 에너지를 확보하기만 하면 되는 것이 아니라 '깨끗한' 에너지를 확보해야만 한다는 질적인 문제도 남아 있다"고 지적한다. 둘 모두 석유는 갖추지 못한 조건들이다.

미래 에너지의 조건은

영국 카본재단 프로젝트 담당 데이비드 빈센트 이사는 "기후 변화 방지와 에너지 안보를 동시에 충족시키는 에너지가 미래 에너지의 조건"이라고 말했다. 그는 "에너지 소비가 점차 늘어나는 반면, 공급량은 그만큼 늘지 않기 때문에 불균형이 생긴다"며 "이런 문제가 심화되면 정상적인 거래가 이뤄지지 않고 강한 나라가 더 많은 에너지를 독식하는 상황이 벌어질 것"이라고 분석했다. 미래 에너지에 대한 투자는 빠를수록 좋다는 조언도 잊지 않았다. 그는 "신재생에너지 같은 미래 에너지 후보들은 먼저 투자해서 선점할수록 막대한 이익을 가져다줄 수 있다"면서 "영국에서만 에너지 효율화를 통해 10억 달

러가 절감됐는데, 이 부분을 미래에너지 개발에 투자한다면 가장 이상적인 방법"이라고 말했다.

원자력을 미래 에너지로 봐야 할까? 리처드 하인버그 연구원은 "원자력에 대한 수많은 오해가 있다"고 전제했다. 그는 "원자력은 직접적인 발전 단계에서만 이산화탄소를 생산하지 않을 뿐 연료의 순환 과정을 감안하면 엄청난 양의 이산화탄소를 배출한다고 봐야 한다"며 "이 문제 때문에 각국의 환경 논의에서 원자력은 청정 에너지로 인정받지 못하고 있다"고 말했다.

그는 이어 "원자력 발전은 건설 비용이 많이 들어갈 뿐 아니라 우라늄 공급량도 이번 세기 중반부터는 점차 한계에 부딪힐 것"이라며 "장기적인 에너지 위기 해결책으로는 너무나 빈약하다"고 했다.

레스터 브라운 소장은 좀 더 강도 높게 원자력을 비판했다. "원자력 발전은 경제적이라고 할 수 없을 뿐더러, 화력에 비해서도 비효율적"이라는 것이 그의 주장이다. 실제 브라운 소장의 주장은 많은 학자들 사이에서 인정받고 있다. 현재 원자력 발전 비용에는 폐기물 처리 비용이나 사고 방지 비용처럼 실제로 집행되고 있는 비용은 물론, 미래에 원자력 발전소 자체를 폐기하는 비용(건설 비용만큼 들어간다는 것이 정설)도 제외돼 있다. 비용 왜곡에 대한 그의 비판은 여기서 그치지 않는다. 브라운 소장은 "원자력 발전을 시행하고 있는 나라들은 전력 생산 권한을 소수 회사들이 독점하고 있다는 전제에서 출발한다"며 "에너지 시장에서 이런 보호를 받고 있는 것 자체가 한계를 보여주는 것"이라고 꼬집었다.

2000년 노벨화학상 수상자인 캘리포니아대학교 샌타바버라 캠퍼스 앨런 히거 교수는 에너지의 총량이나 효율성, 발전 가능성을 생각하면 태양광이 가장 강력한 대안이라는 입장이다. 태양광 발전에 필수적인 태양 전지 개발에 평생을 바친 학자답게 태양광에 대한 믿음은 확고했다. 그는 "지구에 쏟아지는 태양광을 단 1시간 동안만이라도 모을 수 있다면 인류가 1년 동안 쓰는 에너지를 충당할 수 있다"고 강조했다. 일각에서 제기하는 태양 전지의 발전 속도가 너무 느리다는 지적에 대해서는 "얇은 필름에 기능성 잉크를 인쇄한 태양 전지가 상용화되면 새로운 시대가 열릴 것"이라고 전망했다. 다만 단기간에 상용화될 가능성에 대해서는 낮게 점쳤다.

그는 "아직까지 플라스틱 태양 전지의 수명을 늘릴 수 있는 획기적인 기술이 부족하다"면서 "원자력 등 다른 에너지에 투자되는 엄청난 금액을 태양 전지 개발에 투자한다면 시간을 단축할 수 있을 것"이라고 기대했다.

반면 리처드 하인버그 연구원은 "신재생 에너지에 관해서는 정답이 없다"고 정리했다. 그는 "신재생 에너지 자체가 자연에 의존하는 측면이 강하기 때문에 나라별로 적합한 대체 에너지가 다르고, 그에 맞춘 기술 개발이 진행돼야 한다"고 강조했다. 어떤 나라는 바람이 세고, 어떤 나라는 일조량이 많고, 지열이나 조력을 활용하기가 편한 나라도 있기 때문이다. 하지만 '궁극의 에너지'로 평가받고 있는 핵융합 발전에 대해서는 부정적인 입장을 나타냈다.

그는 "성공 가능성이 낮은 도박"이라며 "차라리 그 비용을 다른 곳에 투자하면 훨씬 양질의 에너지를 생산할 수 있을 것"이라고 설명했다. 다만 하인버그 연구원은 "지금보다 태양과 풍력 에너지가 1000배 이상의 효율을 가진 상황이 와도 석유 시대와 같은 에너지 풍요가 재현되기는 힘들 것으로 본다"고 경고했다.

김현진 소장은 수소 연료 전지, 태양광, 바이오 연료의 가능성을 높게 봤다. 그는 "이 기술들은 실제로 세계 각국에서 치열한 경쟁이 벌어지고 있고, 발전 속도도 빠르다"고 말했다. "캐나다는 기술력을 바탕으로 수소 연료 전지 개발 경쟁에 본격적으로 나섰고, 정부 주도로 연료 전지, 수소 저장 용기, 시험 장비 분야에서 기업과 협력하고 있다"고 소개했다. 이어 "미국 역시 녹색 에너지 육성 프로젝트를, 미국 역사상 가장 성공한 과학 프로젝트로 유명한 '아폴로 프로젝트'에서 따온 '뉴 아폴로 프로젝트'로 명명했다"며 "세계 각국의 경쟁적인 기술 개발은 곧 미래 에너지의 현실화를 가져올 것"이라고 덧붙였다.

명인성 박사는 "어느 한 에너지의 성공을 논하기에는 너무 이르다"고 말했다. 그는 "현 상황에서 신재생 에너지 중 당장 쓸 만한 것은 풍력 정도"라며 "태양광은 재료 자체가 석유 산업을 통해 만들어진다는 점을 간과해서는 안 된다"고 강조했다. 핵융합과 수소 연료 전지에 대한 부정적인 시각도 나타냈다. 그는 "핵융합과 수소 연료 전지는 수십 년 후에나 가능성을 보일까 말까 한 초거대 프로젝트인데, 현재 미국 에너지 기업들의 미래 로드맵에는 포함돼 있지도 않다"며 "당장 쓸 수 없는 에너지에 '올인'하기보다는 석유의 수명을 늘려가며 연구를 병행하는 것이 바람직하다"고 주장했다.

선진국에서 배우는 투자 전략

몇 해 전 미국의 이라크 공격으로 인한 유가 불안에서 볼 수 있듯 불안정한 석유 시장은 에너지의 97% 이상을 수입에 의존하는 우리나라에 충격을 준다. 더욱이 국제사회는 이산화탄소 배출을 감축하는 기후변화협약의 발효를 눈앞에 두고 있어 이산화탄소를 대량 발생시키는 석유의 사용은 점차 줄여야 하는 상황이다. 또한 현재 석유의 채굴가능 연수가 40년으로 화석연료가 점점 고갈된다는 점도 미래 에너지원을 확보해야 한다는 과제를 던져준다.

이 모든 문제를 해결하는 근본적인 대응 방안은 대체 에너지를 적극 개발해 보급하는 것이다. 대체 에너지는 지속가능한 에너지 공급체계를 위한 미래에너지원으로서 우리나라와 같이 에너지 자원 빈국이 기술 개발을 통해 에너지자원을 확보할 수 있도록 해준다. 또한 이산화탄소의 발생이 없는 환경친화적인 동시에 고갈되지 않는 재생 가능한 에너지원이다.

대체 에너지는 각국의 에너지 체계 특성에 따라 조금씩 차이가 난다. 우리나라에서는 석유, 석탄, 원자력, 천연가스가 아닌 태양, 풍력, 소수력(작은 규모의 수력 발전), 해양, 지열, 바이오와 같은 자연에너지와 연료 전지, 수소와 같은 새로운 에너지, 그리고 폐기물 에너지 11개 분야를 법률로 지정하고 있다.

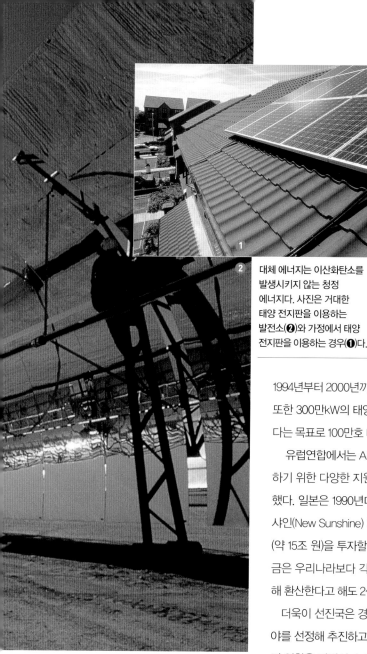

대체 에너지는 이산화탄소를 발생시키지 않는 청정 에너지다. 사진은 거대한 태양 전지판을 이용하는 발전소(❷)와 가정에서 태양 전지판을 이용하는 경우(❶)다.

그동안 IMF 경제 위기 등 국내외 여건 변화로 인해 예산 확보의 부진으로 대형 과제에 대한 사업추진에 어려움이 있었던 것은 사실이다. 그러나 기술 개발 분야에서 상당한 수준의 성과도 올린 것으로 평가할 수 있다. 2002년 기준 대체 에너지의 공급 비중은 1차에너지 사용량의 1.4%인 285만 2000t이다. 6억 5000만 달러(약 8500억 원)의 원유 에너지 수입 대체와 890만t의 이산화탄소 저감 효과를 달성한 것이다. 이는 200MW(메가와트, 1MW=10^6W)급 화력 발전소 5개의 이산화탄소 발생량에 해당된다. 그러나 선진국과 비교했을 때는 아직 만족할 수 없는 상황이다.

OECD 국가들의 에너지원별 이용율을 보면 총에너지에서 대체 에너지가 차지하는 비중이 1999년 3.9%에서 꾸준히 증가할 것으로 전망된다. 특히 풍력과 태양광 등의 대체 에너지 시장은 20~30%대로 급격히 성장 중이며 장기적으로는 대체 에너지가 화석 연료 에너지원을 능가하는 주에너지로 부상할 것으로 전망된다.

선진국에서 대체 에너지가 이처럼 성공한 이유는 정부의 주도 하에 과감한 투자가 이뤄지기 때문이다. 미국은 1993년 11월 환경 보호 및 에너지 부문의 기술 개발을 중점적으로 지원하기 위해 1994년부터 2000년까지 50조 원을 투입해 '기후 변화 실천 계획'을 진행했다. 또한 300만kW의 태양광 발전을 보급해 351만TC의 이산화탄소를 감축하겠다는 목표로 100만호 태양광 지붕(Solar-roof) 계획을 수립해 추진하였다.

유럽연합에서는 ALTENER 프로그램을 비롯해 대체 에너지를 확대·보급하기 위한 다양한 지원 프로그램을 통해 대체 에너지원 점유율을 상향 설정했다. 일본은 1990년대 환경을 고려한 종합 에너지 기술 개발 계획인 뉴 선샤인(New Sunshine) 계획을 수립해 1993년부터 2020년까지 1조 5500억 엔(약 15조 원)을 투자할 예정이다. 미국과 일본의 에너지 기술 개발 정부 지원금은 우리나라보다 각각 52배와 28배가 많다. 투자금액을 GDP규모를 감안해 환산한다고 해도 2~3배 수준이다.

더욱이 선진국은 경제 규모와 에너지 수급 여건에 따라 중점 기술 개발 분야를 선정해 추진하고 있다. 물론 미국과 일본은 에너지 기술 분야에서 선도적 역할을 하면서 수소 에너지, 석탄 액화 등 첨단 미래 기술을 포함한 여러 기술분야에 광범위하게 투자하고 있다. 기술 개발 프로그램 역시 대형·복합 프로젝트로 중·장기계획 하에서 추진되고 있다.

미국, 일본보다 경제 규모가 작은 대부분의 선진국들은 각국의 실정에 따라 실현 가능성이 높고 파급 효과가 큰 분야에 한정된 재원을 집중 투자하고 있다. 장기간 대규모 투자가 요구되는 첨단 미래 기술에 대해서는 공동 연구 방식을 취하면서 효율을 극대화하고 있다.

지금까지 우리나라에서 대체 에너지 분야의 지원은 단위 기술 위주의 기술개발 형태로 이뤄졌다. 그래서 기술 개발 결과가 보급돼 적용될 수 있는 여건이 매우 미약한 실정이다. 기술 개발의 결과가 보급 확대로 연계되는 새로운 기술 개발 프로그램의 추진이 절실하다.

선택과 집중을 통해 경제성 확보한다

대체 에너지 기술 개발과 보급을 활성화하기 위해서는 우선 실용화 위주의 보급형 기술 개발을 중점 추진 프로그램으로 선정해 집중적으로 투자해야 한다. 대체 에너지가 기존의 에너지 공급원을 대신해 보급·확대되기 위해서는 근본적인 걸림돌인 경제성을 확보하는 일이 무엇보다 중요하다. 현재 대체 에너지는 다른 화석 연료와 비교하면 2~10배 발전 단가가 높다.

이에 따라 우리나라는 선진국과의 기술 격차가 적어 기술 개발이 용이하고, 시장의 성장 잠재량이 큰 기술에 대한 중점 지원 프로그램이 마련됐다. 태양광, 풍력, 연료 전지 등 3개 분야에 대해 상품화 기술 위주로 기술 개발을 적극 추진한다는 내용이다.

태양광은 3kW급 주택용 발전 시스템 개발을 통해 발전 단가를 kWh당 700원에서 400원으로 낮춘다. 풍력은 750kW급 풍력 발전 시스템 개발로 발전 단가를 100원에서 70원으로 낮춘다. 연료 전지에서는 250kW급 용융 탄산염 연료 전지 발전 시스템과 3kW급 고분자 전해질 연료 전지 발전 시스템을 발전 단가 320원 이하로 개발한다는 목표다. 물론 지금까지 기술 개발을 통해 상당한 수준의 기술이 확보돼 단기간 내에 보급이 가능한 태양열, 폐기물, 바이오에너지 분야에 대해서는 보급 중심의 보완적인 기술 개발이 이뤄진다.

❶ 미국 캘리포니아에 있는 거대한 규모의 풍력 발전소. 과감한 투자를 해온 선진국에서는 대체 에너지가 널리 사용되고 있다.
❷ 바이오 에너지의 경우는 이미 상당한 수준의 기술이 확보돼 보급 중심의 보완적인 기술 개발이 필요하다.

대체 에너지 보급·활성화를 위해서는 개발 기술을 현장에 적용하는 실증 연구를 통해 신뢰성과 내구성 등 엔지니어링 기법을 확보하는 '대체 에너지 실증 연구 단지'의 조성이 중요하다. 현재 실증 연구 연구 단지로 태양 에너지는 광주 조선대학교에, 풍력은 강원도 대관령에 조성돼 실제 규모의 시제품이 설치·운전되고 있다. 시스템 구성, 운전 기법 등 각종 문제를 보완하고, 성능 유지와 사후 관리 방법 등을 파악해 제품의 경제성과 신뢰성을 높이는 중이다. 이와 함께 개발 제품에 대한 수요와 국산화를 위한 종합적인 성능 측정이 이뤄지고 있다. 실증 단지 외에도 대체 에너지의 표준화·규격화를 실시할 수 있는 '대체 에너지 성능 평가 센터'를 운영하는 일도 필요하다.

대체 에너지 보급·활성화를 위해서는 민간에 대한 기존의 융자 제도만으로는 투자 경제성이 적다. 따라서 보급이 어려운 제품에 대해 보조금을 지원해야 한다.

이와 함께 대체 에너지 이용 발전 전력에 대한 우선 구매와 대체 에너지 시설의 설치시 소득세 감면 등 각종 지원 제도 정책을 강화해야 한다. 예를 들어 풍력, 소수력, 매립지 가스(LFG) 등 대체 에너지원별로 구매 기준 가격을 고시해 전력 거래 가격과의 차액을 정부가 보조한다.

또한 국가 기관, 지방 자치 단체, 정부 투자 기관 등 공공 기관을 대상으로 대체 에너지 이용시설 설치의 의무화를 추진해 대체 에너지 시장 기반을 조성한다. 대체 에너지 시장의 활성화를 위한 보급 프로그램으로 태양광 발전 주택 1만 호 보급 사업이나 지역별 특성에 맞는 대체 에너지 시범 마을(Green Village) 조성 등 적극적이고 다양한 정책의 추진이 필요하다. 에너지를 자급자족하는 환경친화적인 대체 에너지 시범 마을은 계속해서 확대, 조성될 계획이다.

에너지 빈국인 우리 현실에서 이산화탄소 배출을 줄이고 미래 에너지원을 확보하는 대체 에너지의 중요성은 아무리 강조해도 지나치지 않다. 대체 에너지의 개발과 보급을 활성화하기 위해서는 정부뿐만 아니라 연구소, 대학, 관련 기업체 등이 협력해야 한다. 아울러 전 국민이 많은 관심을 갖고 적극적으로 대응한다면 총 에너지의 5% 이상을 대체 에너지로 공급하는 일은 꿈이 아닌 현실이 될 것이다.

1970년대 2차례 석유 파동으로 대체 에너지의 중요성을 깨달은 우리나라는 대체 에너지 기술력 배양을 위해 한국과학기술원(KIST)을 중심으로 태양열, 풍력 등에 대한 기술 개발에 착수했다. 1980년대 '대체 에너지 기술 개발 촉진법'이 제정되면서 기술 개발에 2482억 원이 투자됐으며, 보급 확대 지원 자금으로 746억 원의 보조와 3058억 원의 융자가 제공됐다. 1990년대에는 기후변화협약에 대응하기 위해 에너지·환경 종합 기술 개발 계획인 '에너지 기술 개발 10개년 계획'(1997~2006년)이 수립되어 추진됐다.

제주도, 백두대간에 풍력 열풍

프랑스에서 가장 큰 풍력 발전용 풍차.

제주도 서북부의 한 바닷가에 위치한 제주 행원단지는 국내에서 가장 큰 풍력 발전소를 갖추고 있다. 석유 위기가 심화되면서 깨끗한 재생 에너지 열풍이 세계를 강타하고 있다. 2001년 기준으로 아이슬란드가 전체 에너지 중 재생 에너지의 비율을 72.9%로 높인 것을 비롯해 오스트리아(22.4%), 핀란드(23%), 캐나다(15.8%), 덴마크(11.1%) 등 재생 에너지 이용이 활발하다. 독일도 재생 에너지 비율을 2020년까지 20%로 높일 계획이다.

우리나라는 재생 에너지 비율이 소각열과 수력을 포함해 2003년 기준 2.06%에 불과했다. 그러나 정부는 풍력과 태양, 수소 에너지가 미래 재생 에너지의 3대 축으로 꼽고 이 비율을 앞으로 5% 이상으로 올릴 계획이다.

제주 행원단지에는 모두 15개의 풍차가 세워져 있다. 가장 큰 풍차는 높이가 45m, 바람개비의 지름은 48m나 된다. 흰 풍차들이 해안을 따라 늘어선 모습은 한 폭의 그림처럼 아름답기만 하다. 이곳의 전력 생산 용량은 10MW로 제주도 전체 전력의 1%를 차지한다.

제주 서부 한경단지에는 이곳보다 2배나 큰 풍차 4대가 돌아가고 있다. 제주도청 미래산업과 김동성 사무관은 "제주도의 풍속은 평균 초속 7.1m로 육지보다 경제성이 앞선다"며 "제주도 전력의 10%를 풍력으로 충당할 계획"이라고 말했다.

제주도의 성공에 자극받아 풍력 발전은 전국으로 확대되고 있다. 백두대간 대관령 단지에 풍차 4대가 설치됐으며 태백시도 매봉산 기슭에 5대의 풍차를 건설하고 있다. 강원도는 바람이 거센 대관령에 2000kW급 대형 풍차 49대를 설치하여 풍력 발전을 선도하였다. 이밖에 강원도 양구군을 비롯해 전북 군산, 경북 영덕 등지에 풍력단지가 조성되었고, 계속해서 풍력 단지 건설을 추진하고 있다. 그러나 제주도청 부정환 씨는 "외국은 5000kW급 풍차를 개발하고 있는데 우리는 750kW급 풍차를 개발하고 있는 실정"이라고 우려했다. 풍차는 대부분 외국 제품이어서 수리도 쉽지 않다.

풍력 발전은 최근 육지를 넘어 바다로 나가는 추세다. 덴마크 폴스 지역에는 육지에서 13km 떨어진 바다 위에 대형 풍력발전기가 80대나 설치돼 있다. 풍차가 바다로 나가면 건설 비용이 커지지만 바람이 빨라 육지보다 10~20% 더 많은 에너지를 얻을 수 있다. 공간도 넉넉해 많은 풍차를 건설할 수 있다. 한국은 서해와 남해가 주요 후보

지역이다.

그러나 풍력 등 재생 에너지가 과연 석유를 대체할 수 있을까.

한국전력이 풍력 발전에서 나온 전기를 사는 가격은 1kW당 107.66원이다. 햇빛에서 전기를 얻는 태양광 발전은 7배나 더 비싼 716.4원이다. 화력이나 원자력 발전소에서 나온 전기는 평균 48원이다. 풍력의 절반 이하, 태양광의 15분의 1에 불과하다.

지식경제부 김홍길 사무관은 "전기를 얻는 비용만 볼 때 화력과 원자력이 가장 싸고 풍력과 태양광의 순서로 비싼 셈"이라고 말했다. 이 결과만을 보면 유가가 2배로 올라도 재생 에너지가 경쟁력이 없다. 화석 연료를 없애고 재생 에너지만 이용하면 전기료가 2배 이상 오르게 된다.

그러나 시민 단체 등은 의견이 다르다. 화석 연료의 발전 비용에는 환경 비용이 빠져 있으며, 이산화탄소 배출을 규제하는 국제기후협약과 '석유 시대의 종말'을 대비해야 한다는 것이다. 풍력 발전의 환경 비용은 kW당 7~14원으로, 화력 96원, 원자력 34원보다 싸다고 이들은 주장한다.

에너지대안센터 염광희 간사는 "국내에 존재하는 태양광, 풍력, 소수력, 해양 에너지만 개발해도 연간 발전량이 256TW(테라와트)에 달해 2001년에 한국전력이 판매한 전력량과 비슷하다"고 말했다. 에너지대안센터에 따르면 전체 재생 에너지 잠재량 가운데 태양광 발전이 54%를 차지하며, 풍력 36%, 해양 에너지가 7%, 소수력이 3%다.

반면 우리나라가 수입한 원유의 7%만이 발전에 이용되기 때문에 풍력과 태양광이 많이 보급돼도 석유 사용량을 줄이는 효과는 크지 않다는 주장도 있다. 정부도 재생 에너지를 화석 연료의 보조 수단으로 보고 있다. 특히 선진국과 달리 한국은 경제가 급속히 발전하려면 에너지 소비도 따라 늘어날 수밖에 없다는 딜레마를 안고 있다.

그러나 독일의 저명한 환경 언론인 프란츠 알트는 지난해 국제포럼에서 "2050년에는 전체 에너지 소비 중 태양이 40%, 바이오매스가 30%, 풍력 15%, 수력이 10%를 차지하며 석유는 5%뿐"이라고 전망했다. 세계적인 석유 회사 쉘도 현재 2%인 세계 재생 에너지 비율이 21세기 중반에는 65%에 이를 것으로 전망하며 석유 회사에서 재생 에너지 회사로 전환을 준비하고 있다. 수십 년 안에 재생 에너지가 석유를 완전히 대체하지는 못하더라도 주력 에너지로 떠오를 가능성은 충분하다는 것이다.

풍력 발전의 원리
바람이 불어 바람개비가 돌면 이 회전운동을 통해 발전기에서 전기가 만들어진다. 이 전기가 변압기를 거쳐 각 가정에 공급된다. 왼쪽은 한국에너지기술연구원이 개발한 소형 바람개비.

태양광에 이어 조력, 바이오 에너지까지

2002년 말 경상북도 상주에는 시범적으로 일부 가정의 옥상에 작은 태양광 발전소를 설치하였다. 태양광 발전소가 설치된 가정에서는 매달 6~7만원의 전기료를 덜 내고 있으며 해가 긴 여름에는 거의 내지 않는다.

태양광 발전은 실리콘 반도체와 비슷한 태양전지를 이용해 햇빛을 전기로 바꾼다. 태양 전지에 빛이 들어오면 자유롭게 돌아다니는 자유전자(음전하)와 양전하를 띠는 정공이 만들어지고 이들이 이동하면서 전류가 흐른다.

우리나라에서 태양광 발전이 가정에 도입된 것은 7~8년 전부터다. 지식경제부의 지원을 받아 2003년에 20여 가구에 태양광 발전 설비가 설치됐고 2004년에는 300여 가구에 태양광 발전기가 설치되었다. 대개 3kW급 발전기가 설치되는데 각 가정이 실제 부담하는 비용은 1000만 원을 조금 넘는다.

정부는 계속해서 10만 가구에 태양광 발전기를 설치하고 상업·산업용으로 7만 개를 보급해 전국을 거대한 태양 발전소로 만들 계획이다. 이를 위해 2조 원을 투자하기로 했다. 특히 정부는 앞선 반도체 기술을 이용해 태양 전지를 차세대 산업으로 육성할 계획이다.

태양광 발전의 가장 큰 문제는 현재 쓰이는 실리콘 태양 전지가 비싸다는 것이다. 한국에너지기술연구원 송진수 박사는 "비싼 실리콘을 지금보다 100분의 1 두께로 얇게 만든 박막 태양 전지 개발이 가장 뜨거운 이슈"라고 말했다. 싼 유기물이나 화합물로 태양 전지를 만들려는 시도도 활발하다. 박막 태양 전지나 유기 태양 전지는 10~20년 지나야 널리 보급될 전망이다.

태양열은 한곳으로 집중해 더욱 뜨거워진 열로 발전하는 방식도 있다. 땅에 반사경을 많이 설치한 뒤 반사된 빛을 중앙에 집중시켜 전기를 얻는 것이다.

사막처럼 햇빛이 강하고 비가 적은 곳에서 대량으로 발전을 하는 방식도 구상되고 있다. 송진수 박사는 "한국, 중국, 일본, 몽골 등 네 나라가 고비 사막에 대규모의 태양광 발전소를 설치하는 국제 프로젝트를 논의하고 있다"며 "수십조 원이 들지만 발전소 한곳에서 현재 세계 태양광 발전 용량의 10배 이상을 얻을 수 있다"고 기대했다.

한때 죽은 호수로 불렸던 경기도 시화호에서는 최근 세계 최대 규모의 조력발전소 건설이 진행되고 있다. 한국수자원공사는 시화 방조제에 25만 4000kW급 조력 발전소를 건설하기로 했다. 현재 가장 큰 조력 발전소인 프랑스 랑스 발전소(24만 kW급)보다 크다.

시화 발전소는 50만 명이 사는 도시에 전기를 공급할 수 있다. 조력 발전은 밀물과 썰물의 높이 차가 클수록 경제성이 높은데 시화호는 5.64m나 된다.

이순신 장군이 명량해전을 승리로 이끈 전남 울돌목에는 한국해양연구원의 시험용 조류 발전기가 설치돼 있다. 땅 위에서 바람이 불듯 바다에도 물이 일정한 방향으로 흐르는 조류가 있다. 이 조류로 '바다 물레방아'를 돌리면 전기를 얻을 수 있다. 명량해전 당시 이순신 장군은 배 12척을 갖고 울돌목의 빠른 조류를 이용해 왜선 수백 척을 격파했다. 또 바다에서는 윗물과 아랫물의 온도 차를 이용하는 수온차 발전, 파도를 이용하는 파력 발전을 할 수 있다.

국내에서도 신한에너지 등이 콩기름과 폐식용유에서 차량용 바이오 디젤을 만들어 판매하기 시작했다. 바이오 디젤은 생물로 만든 연료 '바이오매스'의 일종이다. 회사원인 김정수 씨는 "올들어 바이오 디젤을 쓰기 시작했는데 매연도 줄고 엔진도 부드러워졌다"고 말했다.

우리나라의 바이오 디젤은 식물 경유와 일반 경유를 2:8로 섞어 만든다. 외국에서는 일반적으로 식물성 경유 비율이 30~50%며 독일은 100% 식물성 경유로만 바이오 디젤을 만든다. 유채, 해바라기 등 다양한 식물이 이용되며 식물 기름에 촉매를 넣어 바이오 디젤을 만든다. 외국서는 알코올을 휘발유와 섞은 '알코올 휘발유'를 이용한다. 이밖에 배설물과 음식 쓰레기에서 메테인 가스를 추출하는 기술도 이용이 늘어나고 있다.

현재 재생에너지의 대부분은 폐기물 에너지다. 폐기물 에너지는 쓰레기를 태우거나 재활용하는 것으로 전체 재생 에너지의 70%에 달한다. 정부 계획대로 2011년에 재생 에너지 비율이 5%로 높아져도 폐기물 에너지는 56%로 절반이 넘는다. 태양광과 풍력, 바이오매스 등 '진짜' 재생 에너지의 비율을 높여야 장기적으로 화석 연료를 대체하고 첨단 산업을 육성할 수 있다.

정부는 1987년 '대체 에너지 기술 촉진법'을 만들어 재생 에너지 육성에 나섰다. 그러나 2003년까지 정부가 투자한 돈은 일본의 한 해 투자비보다 못하다.

석유 위기가 지나가면 언제 그랬냐는 듯 재생 에너지에 대한 열기가 식었다. 한 예로 1990년대 초중반 인기를 모았던 태양열 온수 장치는 외환 위기 이후 관련 회사들이 부도가 나면서 사실상 개점 휴업 상태다. 재생 에너지의 성공 여부는 정부와 시민의 지속적인 관심과 지원에 달려 있다.

태양 전지를 지붕에 붙여 햇빛으로 전기를 얻는 태양 주택(한국에너지기술연구원).

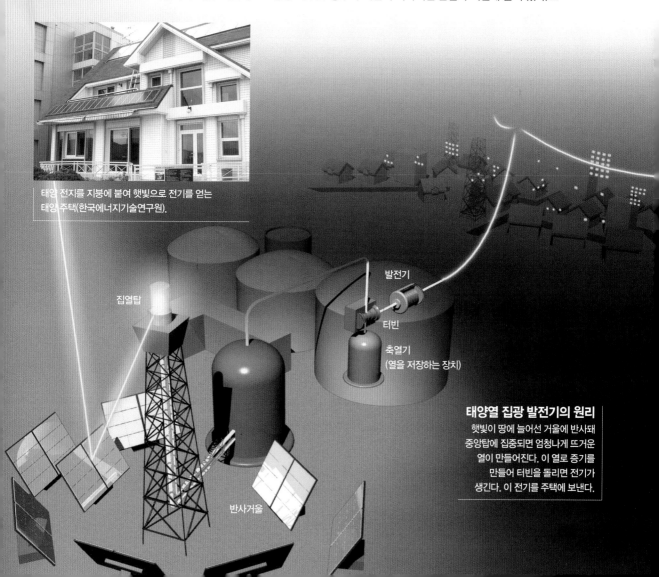

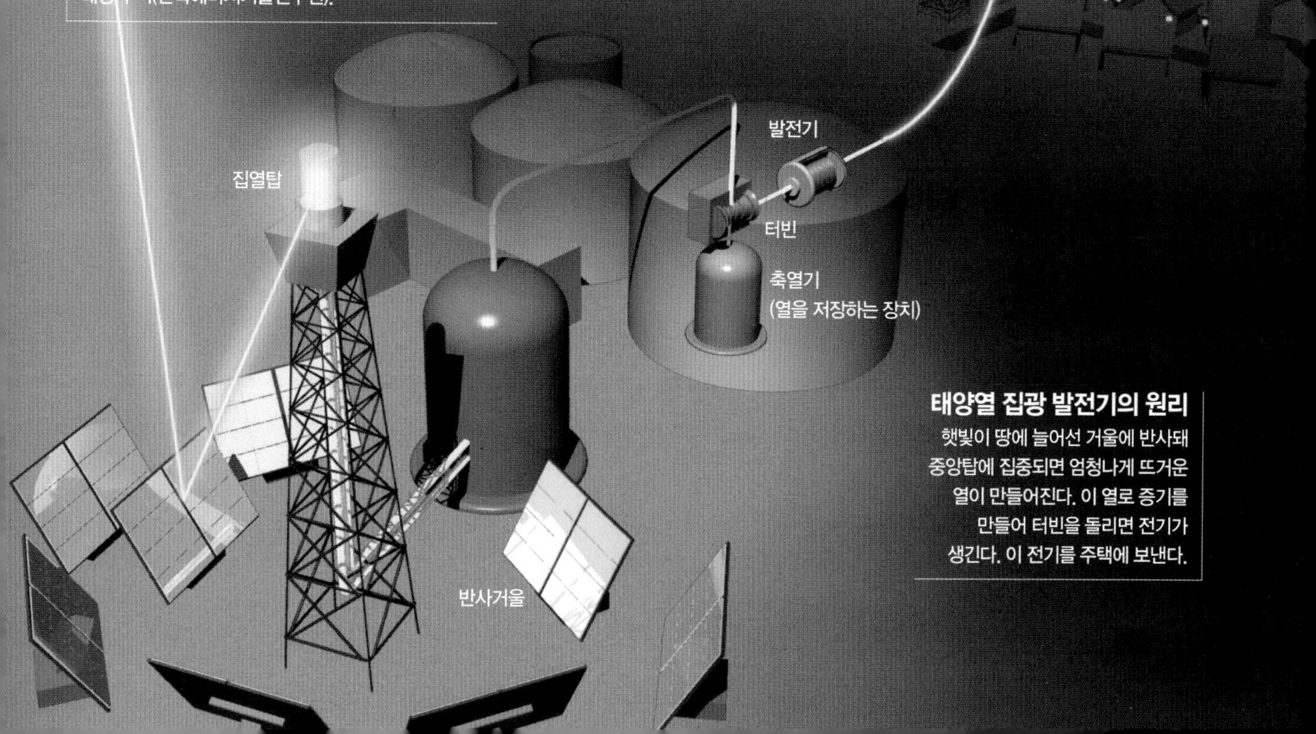

태양열 집광 발전기의 원리

햇빛이 땅에 늘어선 거울에 반사돼 중앙탑에 집중되면 엄청나게 뜨거운 열이 만들어진다. 이 열로 증기를 만들어 터빈을 돌리면 전기가 생긴다. 이 전기를 주택에 보낸다.

석탄의 새로운 변신

깨끗한 옷으로 갈아입은 석탄

석탄의 변신은 무죄

1970년대 우리나라 경제발전의 견인차 역할을 하던 석탄 산업은 1980년대에 들어서며 사양길에 접어들었다. 공해와 환경 오염의 '주범'으로 몰린데다 석유보다 활용 범위가 좁아 석탄은 경쟁력을 잃고 광산들은 문을 닫았다. 유명한 탄광촌이었던 정선은 '카지노의 도시'가 된 지 오래다.

그런데 석탄이 우리 주변으로 돌아오고 있다. 그것도 환경 오염의 주범이라는 '오명'을 벗고 '깨끗한 석탄'으로 말이다. 환경 기술로 '무장'하고 차세대 화력 발전소에서 '컴백'을 준비하고 있는 석탄이 '제 2의 전성기'를 맞을 수 있을까.

석탄의 가장 큰 장점은 풍부한 매장량과 싼 가격이다. 석유와 천연가스의 이론적 채굴 가능 연수가 각각 41년과 68년인데 반해 석탄은 무려 220년이 넘는다. 게다가 석유처럼 특정 지역에 집중돼 매장돼 있는 것과 달리 전 세계에 골고루 분포돼 싼 가격에 안정적으로 공급받을 수 있다.

석탄의 이런 매력 때문에 전 세계 발전소의 에너지원은 현재 석탄이 40%로 가장 많다. 전문가들은 2030년이 돼도 여전히 높은 수준을 유지할 것으로 전망한다. 이런 탄탄한 '기본기'를 갖춘 석탄은 최근 석유 가격이 배럴당 60달러 이상으로 치솟자 경쟁력을 회복하며 부활의 계기를 마련했다. 때맞춰 미국에너지정보청(EIA)은 2006년 9월 발표한 보고서에서 1980년대 이후 계속 줄었던 세계 석탄소비량이 2006년을 기점으로 다시 늘기 시작해 2030년이면 10조 5610억 톤으로 현재의 약 2배가 될 것이라는 전망을 내 놓았다.

하지만 문제는 석탄이 방출하는 이산화탄소다. 전 세계 석탄 화력 발전소는 70%가 지은 지 20년 이상 됐으며 효율은 최고 39%에 불과하다. 낡은 발전소에서 배출하는 이산화탄소의 양은 매년 약 39억 톤에 이른다. 교토의정서가 발효된 현 체제에서 이산화탄소는 '흥행참패의 보증수표'다.

이산화탄소를 가장 많이 배출한다는 '꼬리표'를 떼기 위해 석탄이 준비한 '비장의 무기'는 차세대 발전소인 가스화 복합 발전소(IGCC)에서 펼칠 '변신술'이다. IGCC에서 석탄은 가스로 변하기도 하고 합성 석유로 변하기도 하면서 효율과 가격은 물론 이산화탄소까지 잡는다.

기존 석탄 화력 발전소에서는 석탄을 태워 발생하는 열로 증기를 발생시켜 증기 터빈을 돌려 전기를 생산하지만 IGCC에서는 석탄을 먼저 합성 가스로 만든다. 석탄을 고온에서 산소와 물을 넣고 연소시켜 일산화탄소(CO) 50%와 수소(H_2) 30%로 이뤄진 합성 가스를 만든 뒤 이 가스로 터빈을 돌린다.

그리고 가스 터빈에서 방출되는 배기가스의 열을 모아 증기 터빈을 돌려 한 번 더 전기를 생산한다. 이런 과정을 거치면 현재 30% 안팎인 기존 석탄 화력 발전의 열효율을 42~46%까지 끌어올릴 수 있을 뿐 아니라 이산화탄소는 35%, 황화합물은 99%까지 줄일 수 있다.

석탄의 변신술은 여기서 그치지 않는다. 석탄 액화 기술(CTL)을 사용하면 합성 가스에서 '석유'로도 변신이 가능하다. 석탄을 가스화한 뒤 주성분인 일산화탄소와 수소를 코발트 또는 철을 촉매로 사용해 반응을 일으키면 디젤이나 가솔린 같은 다양한 합성 석유를 얻을 수 있다. 석탄으로 만든 기름을 자동차에 넣을 수도 있다는 얘기다.

에너지 관련 전문가들은 석탄이 미래에도 여전히 중요한 에너지원으로 사용될 것이라는데 이견이 없다. 이런 분위기 속에서 미국과 독일, 네덜란드, 일본이 IGCC 기술을 적극 개발하고 있으며 상용화를 위한 준비단계인 300MW급 시험 발전소가 이들 나라에서 10여 년 전부터 가동 중이다. 화력 발전소에서 전기를 만드는 과정에서 배출되는 이산화탄소를 모두 포집해 따로 저장할 수 있다면 이산화탄소를 전혀 배출하지 않는 석탄 화력 발전소도 지을 수 있지 않을까. 이 같은 일이 꿈같은 이야기만은 아니다.

영국 옥스퍼드셔에 있는 석탄 화력 발전소. 전 세계 발전소의 에너지원은 현재 석탄이 40%로 가장 많다.

석탄의 새로운 변신

깨끗한 옷으로 갈아입은 석탄

이산화탄소 방출 제로 화력 발전소?

미국은 차세대 석탄 화력 발전 시스템 '퓨처젠(FutureGen) 프로젝트'를 2004년부터 추진해 왔다. 10년 동안 투자한 금액만 9억 5000만 달러(약 8600억 원)다. 이 프로젝트는 IGCC 기술을 극대화해 석탄 가스화 발전소에서 부산물로 나오는 이산화탄소와 수소를 잡아 모두 활용하겠다는 목표를 세웠다.

IGCC 발전소에서 석탄을 가스화해 만든 합성 가스($CO+H_2$)가 나오면 여기에 수증기를 넣어 반응시킨다. 그러면 합성 가스 안에 들어있는 일산화탄소가 수증기와 반응해 이산화탄소가 된다($CO+H_2O \rightarrow CO_2+H_2$). 이렇게 만들어진 이산화탄소와 수소를 분리해 이산화탄소는 지하에 따로 저장한 뒤 공업용 가스로 활용하고 수소는 연료 전지 시스템으로 보내 가정용 난방이나 수송용 에너지로 사용한다. 현재 전문가들은 퓨처젠 프로젝트로 이산화탄소를 90% 이상 줄일 수 있다고 예상한다.

한편 이산화탄소를 대기로 전혀 배출하지 않는 꿈의 석탄 화력 발전소도 등장했다. '순산소 연소(Oxyfuel) 발전소'가 주인공이다. 순산소 연소 발전소는 공기가 아닌 산소만으로 석탄을 태운다. 그러면 배기가스에 수증기와 이산화탄소만이 남는데, 이때 온도를 낮추면 수증기가 물로 변하며 이산화탄소만 남는다. 이렇게 분리한 이산화탄소를 액체로 만든 뒤 따로 분리해 폐유전에 묻거나 공업용으로 활용한다. 순산소 연소 발전소는 지난해 스웨덴의 바텐팔사가 세계 최초로 30MW급의 발전소를 지어 현재 시험 운전을 하고 있다. 상용화되기까지는 시간이 걸리겠지만 기대 가치는 매우 높다.

우리나라는 2006년 12월 차세대 청정 석탄기술 상용화를 위한 '첫걸음'을 내딛었다. 300MW급 한국형 석탄 IGCC 설계기술을 개발하고 이를 실증할 수 있는 발전소를 건설하는 6000억 원 규모의 대형 프로젝트를 시작한 것이다. 또 미국의 주도하에 국제공동연구로 진행되고 있는 퓨처젠 프로젝트에도 참여해 최첨단 석탄 발전 기술을 확보하려고 노력하고 있다. 이제 석탄은 더 이상 공해와 오염의 대명사가 아니다. DS

미국이 2004년부터 추진해 오고 있는 차세대 청정 화력 발전 시스템 '퓨처젠'의 조감도.

최근 새로운 화력 발전 방식이 등장하며 지구 온난화의 '주범'으로 여겨졌던 석탄이 새롭게 주목받고 있다.

석탄 가스화 복합 발전소(IGCC)의 원리

석탄을 가스화해 전기를 생산하면 열효율을 높일 수 있을 뿐만 아니라 이산화탄소는 35%, 황화합물은 99%까지 줄일 수 있다.

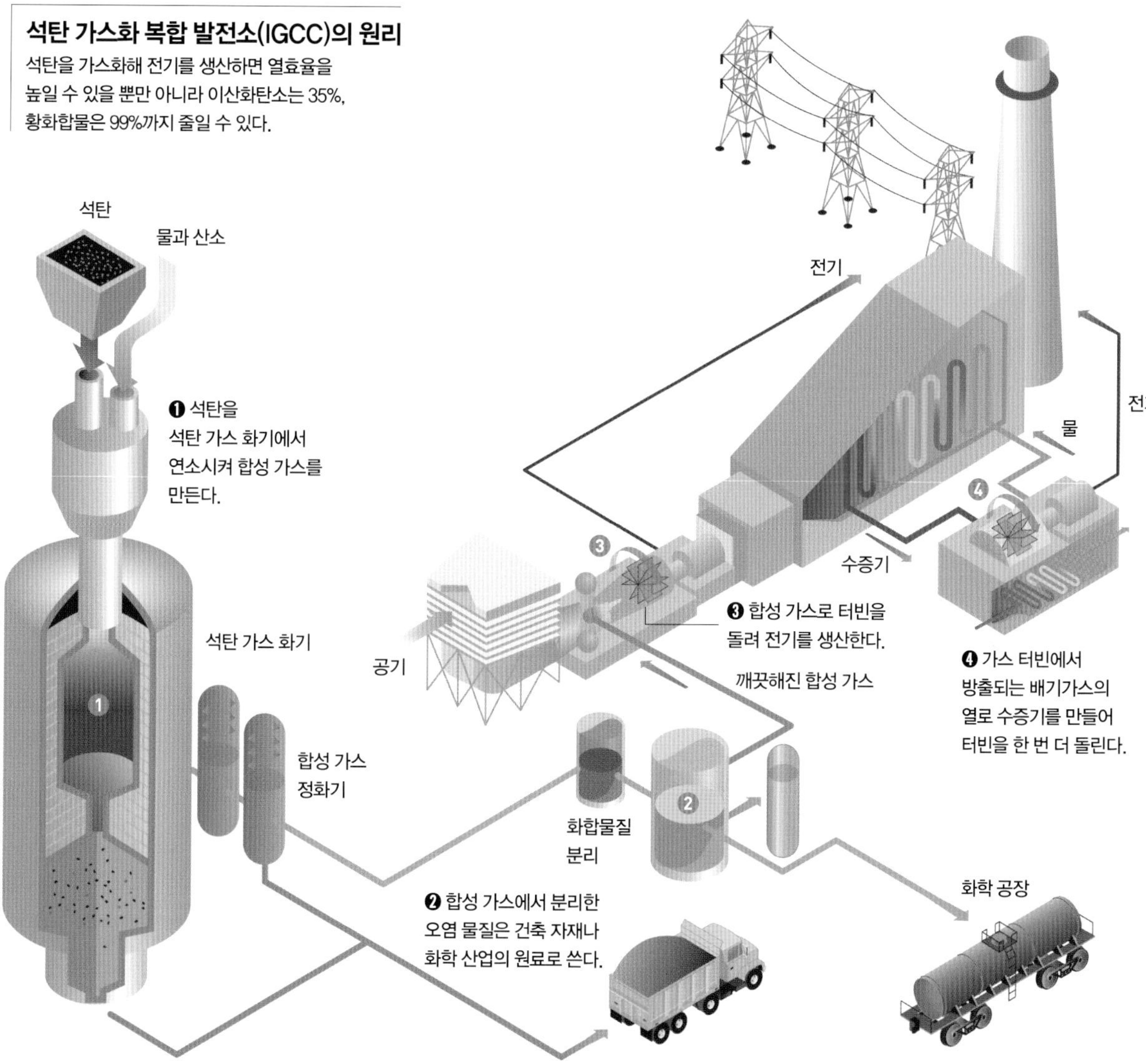
석탄
물과 산소
❶ 석탄을 석탄 가스 화기에서 연소시켜 합성 가스를 만든다.
석탄 가스 화기
합성 가스 정화기
화합물질 분리
❷ 합성 가스에서 분리한 오염 물질은 건축 자재나 화학 산업의 원료로 쓴다.
공기
❸ 합성 가스로 터빈을 돌려 전기를 생산한다.
깨끗해진 합성 가스
전기
수증기
물
전기
❹ 가스 터빈에서 방출되는 배기가스의 열로 수증기를 만들어 터빈을 한 번 더 돌린다.
화학 공장

생물 자원에서 얻는 바이오 에너지

1. 가솔린 무너뜨리는 바이오 에탄올

척박한 땅에서 자라는 연료용 식물

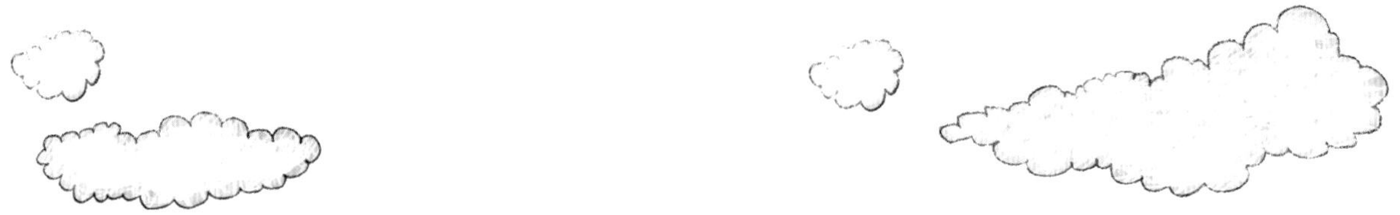

브라질 상파울루의 한 주유소. 가솔린과 바이오 에탄올의 가격을 적은 안내판이 나란히 붙어있다. 2001년부터 바이오 에탄올의 가격은 가솔린 가격의 60% 수준을 유지하고 있다. 가솔린과 바이오 에탄올의 연비가 각각 11~12km와 8~9km라는 점을 생각해보면 주유소를 찾는 고객의 반 이상이 바이오 에탄올을 찾는 사실이 이상할 게 없다.

세계 제1의 바이오 에탄올 수출국 브라질에서는 이미 바이오 에탄올이 가솔린을 무너뜨렸다. 가솔린을 대체하려는 바이오 에탄올의 '도전'은 이제 세계로 번지고 있다. 미국은 2017년까지 석유 소비를 20% 줄이는 대신 바이오 에탄올 같은 대체 에너지 이용을 확대하기로 했다. 유럽연합의 여러 나라와 일본, 중국도 바이오 에탄올 생산을 늘리는 정책을 추진 중이다.

바이오 에탄올은 옥수수 알곡이나 사탕수수에서 얻은 포도당을 발효시켜 얻는다. 그래서 값비싼 석유에 대한 대체제로 기대가 높다. 뿐만 아니

라 에탄올이 연소할 때 발생하는 이산화탄소는 교토의정서에서 규정한 온실가스 계산에서 예외 적용을 받는다. 에탄올의 원료가 되는 식물이 광합성을 할 때 흡수했던 이산화탄소를 다시 내놓는다고 보기 때문이다.

그동안 바이오 에탄올의 생산 원가는 가솔린에 비해 상대적으로 높은 수준이었다. 하지만 원유의 가격이 계속 오르고 지구 온난화의 공포 속에서 세계 여러 나라들은 석유 의존도를 낮추기 위해 대체 에너지 개발에 열을 올린 결과 바이오 에탄올은 이제 가솔린과 '진검승부'를 벌일 수 있을 정도로 가격 경쟁력을 갖춰가고 있다. 국제에너지기구(IEA)는 바이오 에탄올 생산 비용이 2002년 1갤런(약 3.8L) 당 0.5달러(약 450원)에서 2005년 0.45달러(약 400원)로 약 10% 떨어졌으며 2030년에는 현재의 50~70% 수준까지 낮아질 것으로 전망한다.

하지만 바이오 에탄올의 주원료인 옥수수가 안정적으로 공급될 수 있을지에 대한 불안감이 커지고 있다. 옥수수에 대한 수요가 폭발적으로 늘어 값이 크게 올랐기 때문이다. 세계에서 바이오 에탄올을 가장 많이 생산하는 미국의 경우 옥수수 값이 2006년에 비해 86%나 올랐다. 이 영향은 육류, 우유, 식용유를 비롯한 관련 산업으로 번져 식료품 전체 가격도 평균 6.7% 뛰었다. 1980년 이후 최고 상승률이다.

바이오 에탄올이 물가 상승의 주범으로 지목된 근본적인 이유는 바이오 에탄올을 생산하는 데

벨기에 브뤼셀의 한 주유소에서 판매하는 농도 85% 바이오에탄올. 유럽연합(EU)은 한때 2010년까지 수송 연료의 5.75%를 바이오 연료로 대체한다는 목표를 세우기도 했다.

사람과 가축의 식량으로 사용하는 옥수수나 사탕수수가 엄청나게 많이 필요하기 때문이다. 예컨대 4륜구동 차량 한 대의 연료통을 가득 채울 바이오 에탄올을 생산하려면 옥수수 약 200kg이 필요하다. 한 사람이 1년 동안 먹을 수 있는 양이다.

사정이 이러하니 바이오에탄올은 식량을 연료로 사용한다는 비판을 면치 못하고 있다. 이런 분위기에서 대안으로 등장한 것이 바로 2세대 바이오 연료인 '셀룰로오스 에탄올'이다. 셀룰로오스는 식물 세포벽을 이루는 주요 구성 물질로 이를 분해하면 포도당을 얻을 수 있다. 중요한 점은 그동안 방치하거나 태워버렸던 식물의 잎, 줄기, 뿌리 같은 식물 조직 모두에 셀룰로오스가 넘쳐난다는 사실이다. 미국의 대표적 바이오 에너지 기업인 듀폰의 분석에 따르면 옥수수 알갱이에서만 에탄올을 뽑으면 옥수수 밭 약 4000m^2에서 에탄올 약 1450L를 생산할 수 있지만, 옥수수 줄기와 속, 껍질의 셀룰로오스를 모두 활용하면 약 3000L의 에탄올을 얻을 수 있다.

생물 자원에서 얻는 바이오 에너지

1. 가솔린 무너뜨리는 바이오 에탄올

버려진 땅 일궈 에탄올 유전 만든다

셀룰로오스 에탄올이 차세대 바이오 연료의 '떠오르는 별'이라는 사실은 틀림없다. 하지만 셀룰로오스 에탄올이 가솔린의 강력한 경쟁자로 자리매김하기 위해서는 넘어야 할 산이 있다.

단단한 섬유소로 이뤄진 셀룰로오스를 포도당으로 분해하는 데는 셀룰레이스라는 효소가 필요하다. 그런데 셀룰레이스는 식물 스스로 만들어 내지만 그 양이 너무 적은 데다 셀룰로오스를 분해하는 데 오래 시간이 걸린다는 약점이 있다. 따라서 경제성이 떨어진다. 지천에 널린 셀룰로오스라도 이를 분해하는 데 돈이 많이 들면 '그림의 떡'이나 마찬가지다.

과학자들은 셀룰레이스를 싸게 얻는 방법을 곰팡이나 박테리아 같은 다양한 토양 미생물에서 찾았다. 나뭇잎이나 줄기는 땅에 떨어지면 미생물에 의해 쉽게 분해된다. 미생물이 셀룰레이스를 대량으로 생산하기 때문이다. 이런 미생물을 대량으로 배양한다면 셀룰레이스를 싸게 얻을 수 있다. 여기서 한걸음 더 나가 미생물에서 셀룰레이스를 만드는 유전자를 분리한 뒤 식물에 발현시키면 어떨까.

즉 식물 스스로가 활성이 좋은 셀룰레이스 효소를 대량으로 만들게 하자는 뜻이다. 그러면 미생물을 배양하는 셀룰레이스 공장도 지을 필요가 없다. 하지만 식물 세포에 만들어진 셀룰레이스가 식물이 한참 성장할 때 세포벽을 분해하면 오히려 식물이 자라는 데 해를 끼칠 수 있다. 따라서 세포벽과 분리된 공간에서 셀룰레이스를 만들어야 한다.

포항공과대학교 생명과학과 황인환 교수의 연구팀은 식물의 엽록체에서 셀룰레이스 저장소를 찾았다. 엽록체는 광합성을 담당하는 식물 세포의 소기관으로 두 겹의 막으로 싸여 있어 셀룰레

2006년 파리 오토 쇼에 등장한 바이오 에탄올 차량. 2009년 세계에서 생산되는 옥수수의 35% 정도가 바이오 에탄올의 원료로 쓰일 전망이다.

스스로 셀룰레이스 만드는 연료용 식물

식물의 잎, 줄기, 뿌리 같은 모든 부분에서 바이오 에탄올을 얻기 위해서는 세포벽을 이루는 단단한 조직인 셀룰로오스를 분해하는 셀룰레이스를 대량으로 생산해야 한다. 토양 미생물인 아그로박테리아의 유전자를 이용하면 형질이 전환된 연료용 식물을 만들 수 있다.

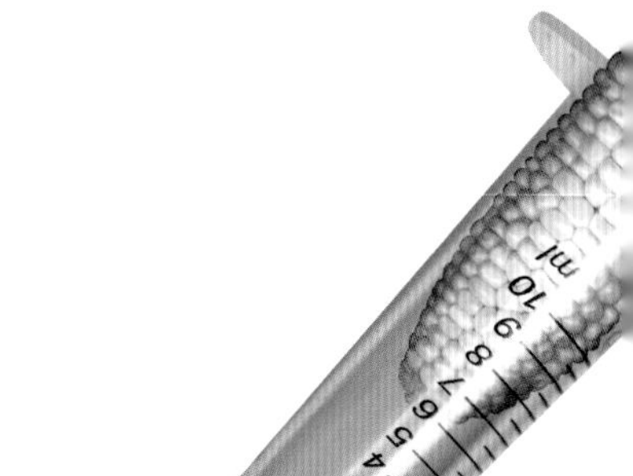

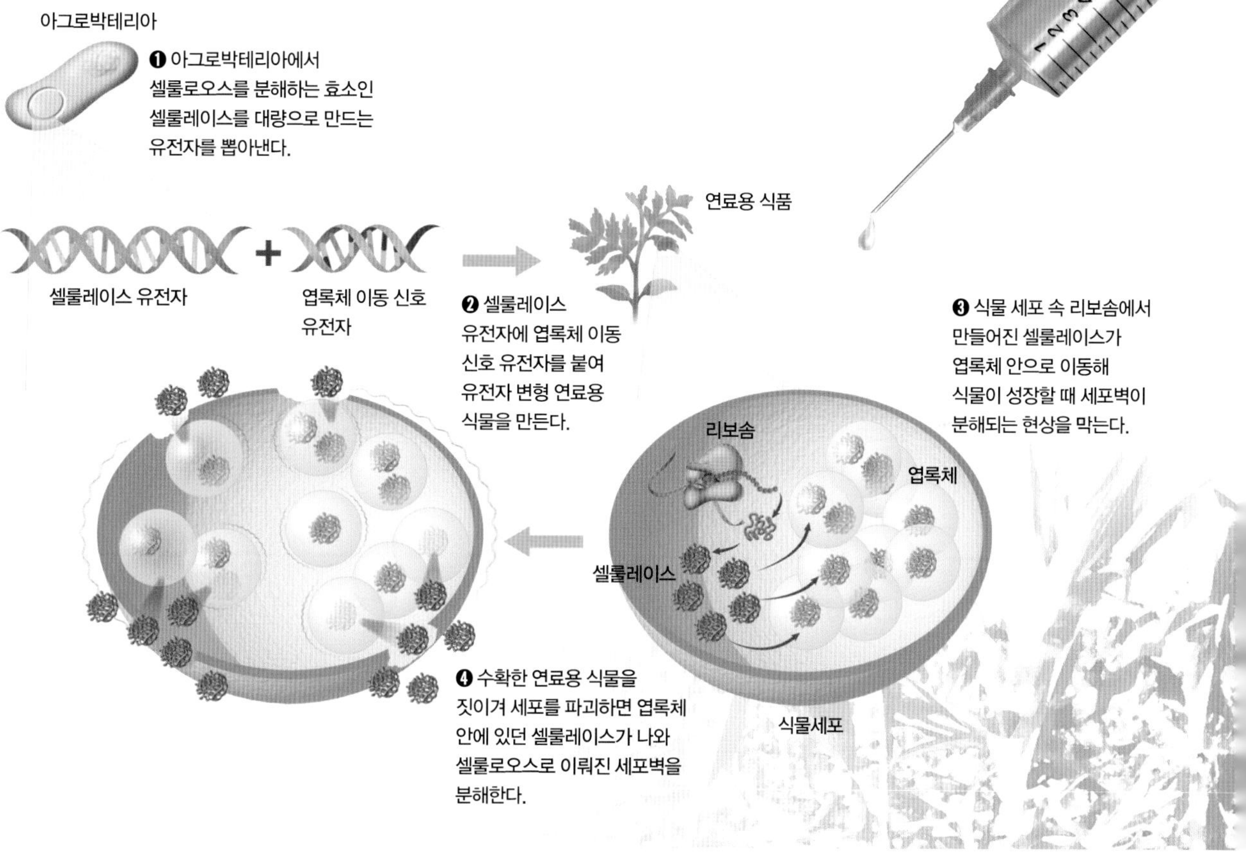

아그로박테리아
❶ 아그로박테리아에서 셀룰로오스를 분해하는 효소인 셀룰레이스를 대량으로 만드는 유전자를 뽑아낸다.
연료용 식품
셀룰레이스 유전자
엽록체 이동 신호 유전자
❷ 셀룰레이스 유전자에 엽록체 이동 신호 유전자를 붙여 유전자 변형 연료용 식물을 만든다.
❸ 식물 세포 속 리보솜에서 만들어진 셀룰레이스가 엽록체 안으로 이동해 식물이 성장할 때 세포벽이 분해되는 현상을 막는다.
리보솜
엽록체
셀룰레이스
❹ 수확한 연료용 식물을 짓이겨 세포를 파괴하면 엽록체 안에 있던 셀룰레이스가 나와 셀룰로오스로 이뤄진 세포벽을 분해한다.
식물세포

이스를 따로 담아두기 좋은 장소다. 연구팀은 유전자 변형 기술로 셀룰레이스를 엽록체 안에서 만든 뒤 식물을 수확할 때 엽록체를 파괴해 그 안에 있던 셀룰레이스가 셀룰로오스를 분해하게 하는 기술을 개발해 특허를 출원했다.

셀룰로오스를 쉽게 분해해 에탄올을 대량으로 뽑아낼 수 있는 '연료용 식물'을 개발했다고 해서 산을 다 넘은 건 아니다. 경작지를 두고 식량용 식물과 '영토 경쟁'을 해야 하기 때문이다. 연료용 식물을 비옥한 땅에서 물과 양분을 많이 줘 길러야 한다면 식량용 식물이 자랄 땅을 빼앗는 셈이 된다. 따라서 척박한 땅에서 물을 많이 주지 않아도 자라는 연료용 식물이 필요하다.

황인환 교수의 연구팀은 겨자과 식물인 애기장대에서 가뭄이나 염분, 추위에 적응하는 데 필요한 ABA 호르몬을 만드는 데 관여하는 'AtBG1' 유전자를 발견해 2006년 9월 생명공학 학술지 ≪셀(Cell)≫에 발표했다. 이 유전자를 과다발현시킨 연료용 식물을 척박한 땅에 심으면 이곳을 바이오 에탄올 '유전'으로 탈바꿈 시킬 수도 있다.

우리나라는 아직까지 바이오 에탄올을 생산하거나 활용한 사례가 거의 없다. 2006년 1월, 가솔린에 에탄올을 6.7%까지 함유할 수 있도록 법규를 개정해 앞으로 바이오 에탄올 사용을 늘릴 수 있는 제도적 기반을 마련한 정도다. 하지만 바이오 에탄올용 식물을 척박한 땅에서 재배할 수 있다면 우리나라도 바이오 에탄올 '산유국'이 될 수 있으리란 전망이다. 동네 주유소에서 가솔린이냐, 바이오 에탄올이냐를 고민하게 될 날도 얼마남지 않았다. ◙

2. 미세조류, CO_2 먹고 바이오 디젤 내놓는다

미세조류에 대한 재발견

"예전에는 호수에 생긴 녹조(미세조류 덩어리)를 어떻게 없애는가 하는 연구를 했습니다. 그런데 이제는 어떻게 하면 녹조가 생길 정도로 미세조류를 잘 자라게 할 수 있을까 하는 연구를 하고 있죠."

한국생명공학연구원 바이오시스템연구본부 오희목 본부장은 최근 불고 있는 미세조류 바이오 연료 열풍이 새삼스럽다. 20년 전 담수 조류 연구를 시작했을 때만 해도 상상하기 어려운 현실이기 때문이다.

지난 세기 화석 연료를 마음껏 써온 인류는 그 대가로 지구 온난화와 환경 파괴를 초래했다. 그나마 화석 연료도 서서히 바닥을 드러내고 있다. 21세기 들어 인류는 대체 에너지를 찾느라 고심하고 있고 그 가운데 친환경적이면서도 고갈되지 않는 이상적인 에너지가 바로 생물체에서 얻는 바이오 연료다.

실제로 콩이나 유채에서 얻는 바이오 디젤, 옥수수나 사탕수수에서 얻은 바이오 에탄올은 이미 아메리카 대륙을 비롯해 세계에서 널리 쓰이고 있다. 연간 바이오 연료 생산량은 2000년 1600만L에서 2010년 1억L로 급증했다. 오늘날 운송용 연료의 2%를 바이오 연료가 차지하고 있다.

그러나 농작물에서 얻은 바이오 연료(이를 '1세대 바이오 연료'라고 부른다)는 결코 친환경적이지 않다. 이들이 광합성으로 이산화탄소를 흡수함에도 불구하고 바이오 연료가 연소되는 과정까지 배출된 총 이산화탄소가 같은 양의 석유를 쓸 때보다 더 많다는 충격적인 사실이 밝혀졌기 때문이다.

게다가 연료용 작물을 재배하기 위해 엄청난 경작지가 필요했고 그 결과 광범위한 삼림이 파괴된 것으로 드러났다. 또 식량을 연료로 쓰는 셈이므로 곡물 가격이 가파르게 상승하는 부작용을 낳았다.

미국 하와이에 있는 시아노텍의 미세조류 농장 전경. 연료용이 아니라 건강 식품용으로 남조류인 스피룰리나를 키우고 있다.

2. 미세조류, CO_2 먹고 바이오 디젤 내놓는다

같은 넓이의 땅에서 콩의 130배 생산

"이런 작물에 비하면 미세조류는 단위 면적당 생산량이 훨씬 많고 농업에 영향을 주지도 않습니다. 또 이산화탄소를 능동적으로 소모할 수 있지요."

오희목 본부장의 말처럼 미세조류의 연료 생산량은 1만m^2당 5만 8700L로 446L에 불과한 콩의 130배에 이른다. 또 비옥한 토지가 아니더라도 물 공급에 문제가 없고 햇빛만 잘 들어오는 땅이라면 '조류 농장(algae farm)'을 운영할 수 있다. 게다가 화력 발전소 같은 대규모 이산화탄소 발생원 옆에 농장을 지으면 이산화탄소를 공기 중에 배출하는 대신 조류에게 공급해 일석이조의 효과를 거둘 수도 있다.

최근 미세조류가 '3세대 바이오 연료'로 각광받고 있는 이유다. 참고로 '2세대 바이오 연료'는 폐목재 같은 셀룰로오스로 이뤄진 바이오매스다. 2세대 바이오 연료 역시 셀룰로오스를 효율적으로 분해할 수 있는 효소가 속속 발견되면서 요즘 한창 연구가 진행되고 있다. 미세조류가 3세대인 이유는 가장 늦게 연구가 시작됐기 때문이다.

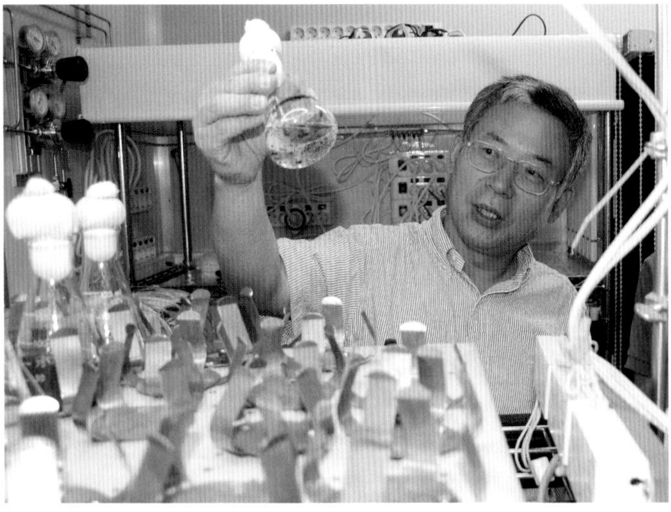

한국생명공학연구원 오희목 본부장이 배양하고 있는 미세조류 가운데 한 종을 꺼내 보이며 설명하고 있다.

"조류 역시 육상 식물과 똑같습니다. 물, 이산화탄소, 햇빛으로 유기물을 만드는 광합성을 하죠. 이때 이산화탄소 농도가 높으면 효율이 좋아집니다."

그렇다면 이렇게 좋은 미세조류 바이오 연료가 왜 아직까지 상용화되지 않고 있을까. 답은 간단하다. 아직까지는 화석 연료에 비해 생산단가가 비싸기 때문이다. 조류를 키워서 수확하고 세포를 깨 기름을 추출한 뒤 화학반응을 통해 바이오 디젤로 바꿔주는 일련의 작업에 드는 비용이 만만치 않다.

"먼저 잘 자라고 세포 안에 기름을 많이 머금고 있는 조류를 찾아야 합니다. 세포벽이 얇아 기름을 쉽게 얻을 수 있으면 더 좋지요"

오희목 본부장과 동료들이 지난 20여 년 동안 우리나라에서 채집한 담수 조류는 총 250종

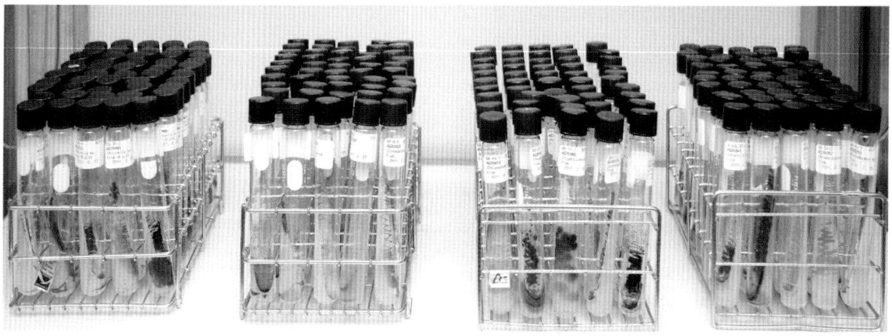

한국생명공학연구원에서 보관 중인 미세조류의 일부. 총 250종 1200주를 확보한 상태다.

(species) 1200주(strain)에 이른다. 하지만 아직 갈 길이 멀다. 이렇게 확보한 조류 가운데 가능성이 있는 걸 고른 뒤 유전공학, 대사공학의 기술을 써서 기능을 강화한 우량 조류를 만들어야 한다.

"수확도 중요합니다. 물에 떠있는 단세포인 미세조류를 원심 분리 같은 방법으로 모으려면 에너지가 많이 들어가거든요."

최근 오희목 본부장팀은 박테리아가 생산하는 생분해성 응집 물질을 사용해 미세조류가 서로 엉키게 해 바닥에 가라앉히는 방법을 개발했다. 그 결과 조류를 수확하는 데 걸리는 시간과 비용을 크게 줄일 수 있게 됐다.

현재는 생산 단가가 디젤의 3~5배 정도 됩니다. 그러나 10년쯤 지나면 상용화되지 않을까요?"

2010년에 출범한 글로벌프론티어 사업 차세대바이오매스연구단의 양지원 단장(카이스트 생명화학공학과 교수)이 조심스럽게 미세조류 바이오디젤의 상업화 시기를 전망했다. 현재 차세대바이오매스연구단에는 생명과학, 화학공학 분야에서 내로라하는 전문가들이 여럿 참여하고 있다.

"미세조류가 잘 자라는 조건에서는 세포 내 지질 함유량이 낮습니다. 그런데 지질 함유량을 높이는 조건을 만들면 미세조류가 잘 자라지 않지요."

양지원 단장은 자연계의 미세조류가 보이는 이런 생태를 얼마나 잘 극복할 수 있느냐가 조류 바이오연료 상용화의 첫 단추라고 강조했다. 그렇다면 왜 이런 현상이 생길까. 단세포 생물인 미세조류는 세포가 분열해 생체량이 늘어난다. 그런데 세포가 분열하려면 탄수화물, 지질, 단백질, 핵산이 적절히 균형을 맞춰야 한다.

출처 : 바이오테크놀로지 어드밴시스(2007)

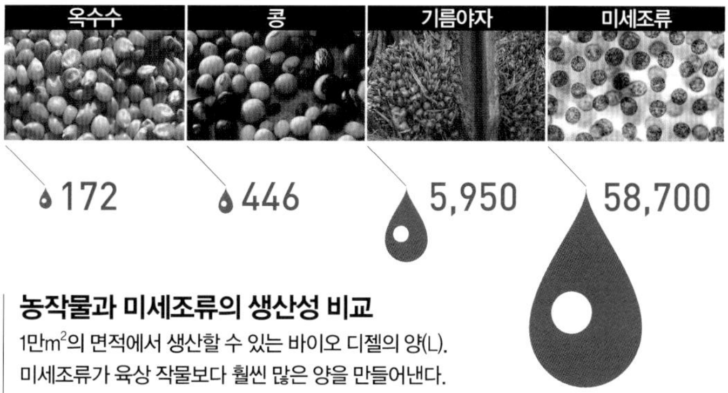

농작물과 미세조류의 생산성 비교

1만m^2의 면적에서 생산할 수 있는 바이오 디젤의 양(L). 미세조류가 육상 작물보다 훨씬 많은 양을 만들어낸다.

그런데 핵산과 단백질의 구성 성분인 질소나 인을 제대로 공급해주지 않으면(즉 영양 스트레스를 주면) 게놈 복제를 제대로 할 수 없기 때문에 세포분열이 억제된다. 그 결과 광합성으로 축적된 유기물이 지방으로 전환돼 세포 내에 쌓이게 된다.

실제로 양지원 단장팀이 나노크로리스(Nanno chloris)라는 해양 미세조류로 실험한 결과에 따르면 배양액에 질소 함량을 3배로 높였을 때 생산량이 2배 늘어나지만 지질함량은 20% 이상에서 15% 수준으로 떨어졌다. 양지원 단장은 "이러한 메커니즘에 대한 정확한 지식과 이해는 향후 미세조류를 활용한 바이오 연료 상용화에 큰 보탬이 될 것"이라고 말했다. 최근 한국생명공학연구원의 정원중 박사팀과 극지연구소 최한구 박사팀이 북극 해양에서 찾아낸 미세조류는 세포 분열 속도가 빠르면서도 지질함량도 높아 관심을 불러일으키고 있다. 다만 북극에서 살다보니 적정 생장 온도가 낮다. 현재 에이스하이텍이라는 바이오 벤처가 이들 조류에서 바이오 연료를 얻기 위한 연구를 진행하고 있다.

미세조류 바이오 연료의 미래가 장밋빛만인 건 아니다. 양지원 단장은 "지난 10여 년 사이 미국에서 많은 바이오 벤처들이 미세조류 바이오 연료 사업에 뛰어들었지만 섣불리 규모를 키워 적자에 허덕이다 문을 닫은 곳도 있다"며 "너무 조급하게 생각하지 말고 차근차근 기술을 축적해야 할 것"이라고 덧붙였다.

2. 미세조류, CO_2 먹고 바이오 디젤 내놓는다

녹색 황금을 캐는 미세조류 농장

이상적인 미세조류의 특징

미세조류가 바이오 연료를 생산하는 이상적인 광합성 세포 공장이 되려면 여러 측면을 만족시켜야 한다. 이런 종을 만들려면 신종 발굴과 함께 유전공학, 대사공학의 기술이 접목돼야 한다.

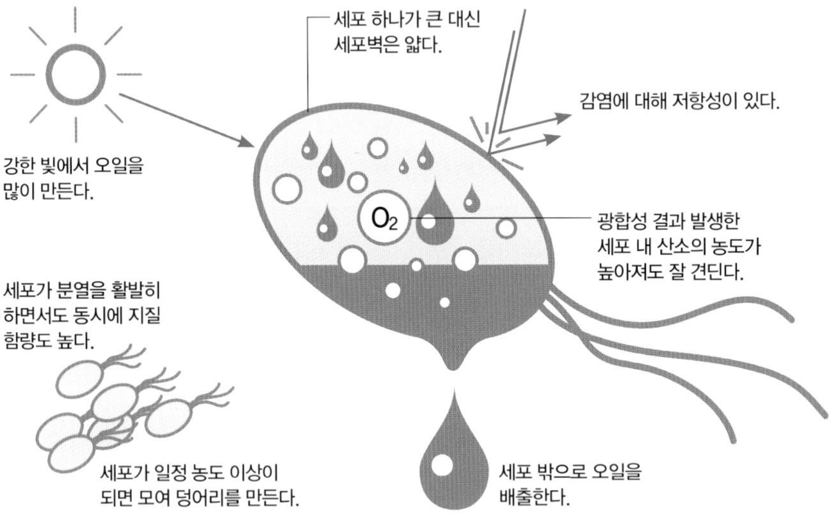
세포 하나가 큰 대신
세포벽은 얇다.
감염에 대해 저항성이 있다.
강한 빛에서 오일을
많이 만든다.
O_2
광합성 결과 발생한
세포 내 산소의 농도가
높아져도 잘 견딘다.
세포가 분열을 활발히
하면서도 동시에 지질
함량도 높다.
세포가 일정 농도 이상이
되면 모여 덩어리를 만든다.
세포 밖으로 오일을
배출한다.

미세조류를 키우는 방법은 크게 두 가지가 있다. 개방형 구조인 수로형 연못과 폐쇄형 구조인 광생물 반응기다. 이 둘은 각각 장단점이 있다. 수로형 연못은 건설비나 운영비가 적게 들지만 노출돼 있기 때문에 다른 생물체에 오염될 가능성이 있고 수확률도 낮다. 반면 광생물 반응기는 오염 가능성이 거의 없고 고농도의 이산화탄소를 넣어줘 생산량을 높일 수 있지만 건설비와 운영비가 많이 든다.

"지금 운영하는 설비는 총 40t급 수로형 연못입니다. 중간의 수차가 돌아가면서 물이 순환돼 미세조류가 가라앉지 않지요."

한국해양연구원 해양생물자원연구부 강도형 박사는 연구원 내에 설치된 소형 수로형 연못 두 곳에서는 미세조류 2종이 각각 배양되고 있다고 했다.

"오른쪽 초록빛 물은 녹조류이고 왼쪽 갈색 물은 규조류입니다(강도형 박사는 특허 때문에 학명을 밝힐 수는 없다고 양해를 구했다). 녹조류는 잘 자라는 반면 규조류는 지질 함량이 높죠."

강도형 박사팀은 지금까지 실험실에서 바이오 연료의 가능성이 있다고 확인된 10가지 미세조류에 대해 배양 규모를 키웠을 때도 유용한 특성이

미세조류, 건강 보조 식품으로도 인기

현재 전 세계에는 100여 개가 넘는 조류 농장(algae farm)이 운영되고 있다. 그 가운데 가장 큰 곳은 미국의 한 건강 식품 회사의 수로형 연못이다. 44만m^2 규모로 축구장 60개에 해당하는 넓이다. 여기서는 남조류를 재배하는데 연료용이 아니고 식용(건강 보조 식품)이다. 아직까지는 연료용으로 상업 생산을 하는 조류 농장은 없다.

대신 건강 보조 식품이나 사료 등 단가가 높은 제품을 생산하고 있다. 예를 들어 등푸른 생선에 풍부하게 들어있다는 오메가-3 기름의 경우 생선에서 추출한 것보다 미세조류에서 얻은 게 훨씬 고급 제품이다. 어차피 생선은 오메가-3 기름을 함유한 미세조류(식물 플랑크톤)를 먹고 몸에 축적한 것이기 때문이다.

건강 보조 식품으로 자리를 잡은 클로렐라 분말도 상용화된 조류 농장에서 얻는데 1960년대부터 주로 일본 회사들이 많이 연구했다. 최근에는 스피룰리나로 불리는 남조류(아스로스피라, Arthrospira)가 각광받고 있다. 스피룰리나는 아미노산 조성이 우수한 단백질이 60%나 되고 다양한 불포화지방과 비타민, 미네랄이 들어 있다. 어스라이즈 뉴트리셔날스라는 회사가 미국 캘리포니아에 만든 세계 최대 규모의 조류 농장도 바로 스피눌리나를 키우고 있다. 이 회사는 도시와 도로에서 멀리 떨어져 공기가 깨끗한 사막에 농장을 짓고 미네랄이 풍부한 콜로라도 강의 물을 끌어들여 식품 등급의 조류를 키우고 있다. 성장을 촉진시키기 위해 고순도의 이산화탄소 기포를 물에 공급해준다. 하루 한 번 수확하는 스피룰리나는 바로 건조해 가루로 만든 뒤 알약 형태로 압축해 병에 담는다. 한편 헤마토코쿠스(Haematococcus)라는 민물 녹조류에서 얻은 물질인 아스타잔틴은 뛰어난 항산화제로 건강 보조 식품의 원료로 쓰이고 있다. 우리나라의 시화호에서 찾아낸 헤마토코쿠스는 건조 중량의 1.5~3%가 아스타잔틴으로 밝혀져 화제가 되기도 했다.

차세대바이오매스연구단 양지원 단장은 "미세조류는 바이오 연료뿐 아니라 건강 보조 식품처럼 고가의 원료를 만들어낼 수도 있다"며 "이런 다양한 가능성을 염두에 두고 연구를 진행할 것"이라고 말했다.

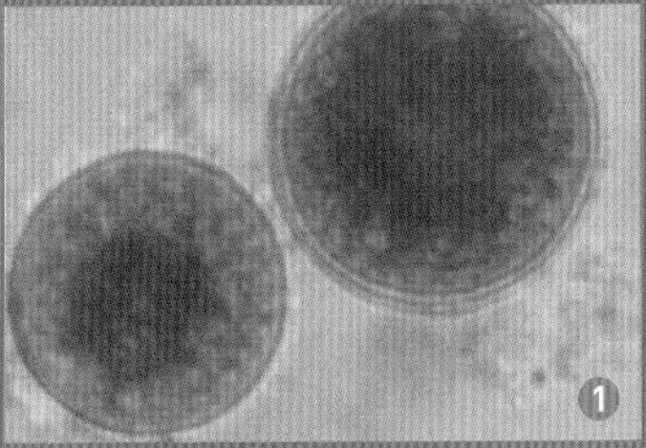

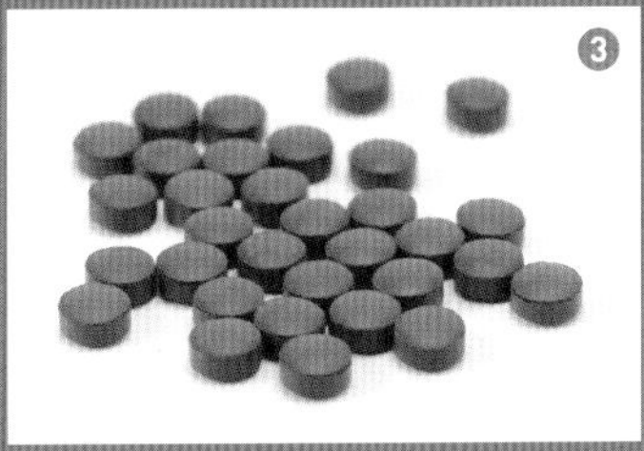

❶ 한국해양연구원 연구진들이 시화호에서 찾아낸 민물 녹조류 헤마토코쿠스. 뛰어난 항산화제인 아스타잔틴을 1.5~3% 함유하고 있다. 세포에 축적된 아스타잔틴 때문에 내부가 붉다.
❷ 남조류인 스피눌리나는 건강 보조 식품으로 인기가 높다. 조류 농장에서 키운 스피눌리나를 수확해 건조시킨 뒤 압축해 알약 형태로 만든다(❸).

유지되는지를 확인하는 실험을 하고 있다.

"실험실에서 소규모로 키웠을 때는 괜찮아 보여도 막상 규모를 키우면 다른 모습을 보이는 경우가 종종 있기 때문에 이런 실증 실험이 꼭 필요합니다."

강도형 박사가 규조류를 키우는 연못은 갈색을 띤다. 가까이에서 보면 녹색 물감을 풀어놓은 듯한 녹조류 연못과는 달리 작은 갈색 덩어리들이 떠 있는 상태다. 배양 조건을 잘 맞추면 단세포인 규조류가 서로 뭉쳐 눈에 보이는 크기의 덩어리를 만드는 것. 수확이 훨씬 쉬워진다.

"미세조류 100t을 생산하는 과정에서 이산화탄소 180t이 회수됩니다. 단순히 연료를 얻는 비용만 따지면 앞으로도 한 동안은 기존 화석연료에 비해 비경제적이겠지만 이런 환경 측면까지 고려한다면 충분히 가능성이 있는 사업입니다."

지구의 대기에 산소가 거의 없던 30억 년 전 바다에 나타나 광합성을 하며 대기 중의 이산화탄소를 소모하고 산소를 내뿜으며 오늘날 지구의 대기를 만들어낸 미세조류. 육상 생물의 토대를 만들어준 미세조류가 오늘날 가장 골치 아픈 육상 생물인 인간이 초래한 각종 문제들을 해결하기 위해 다시 나서고 있다. 미세조류가 '녹색 황금(Green Gold)'으로 불리는 이유다.

스마트한 에너지 생활

1. 똑똑한 전력망 스마트 그리드가 온다

전기료 부담↓ 에너지 효율↑

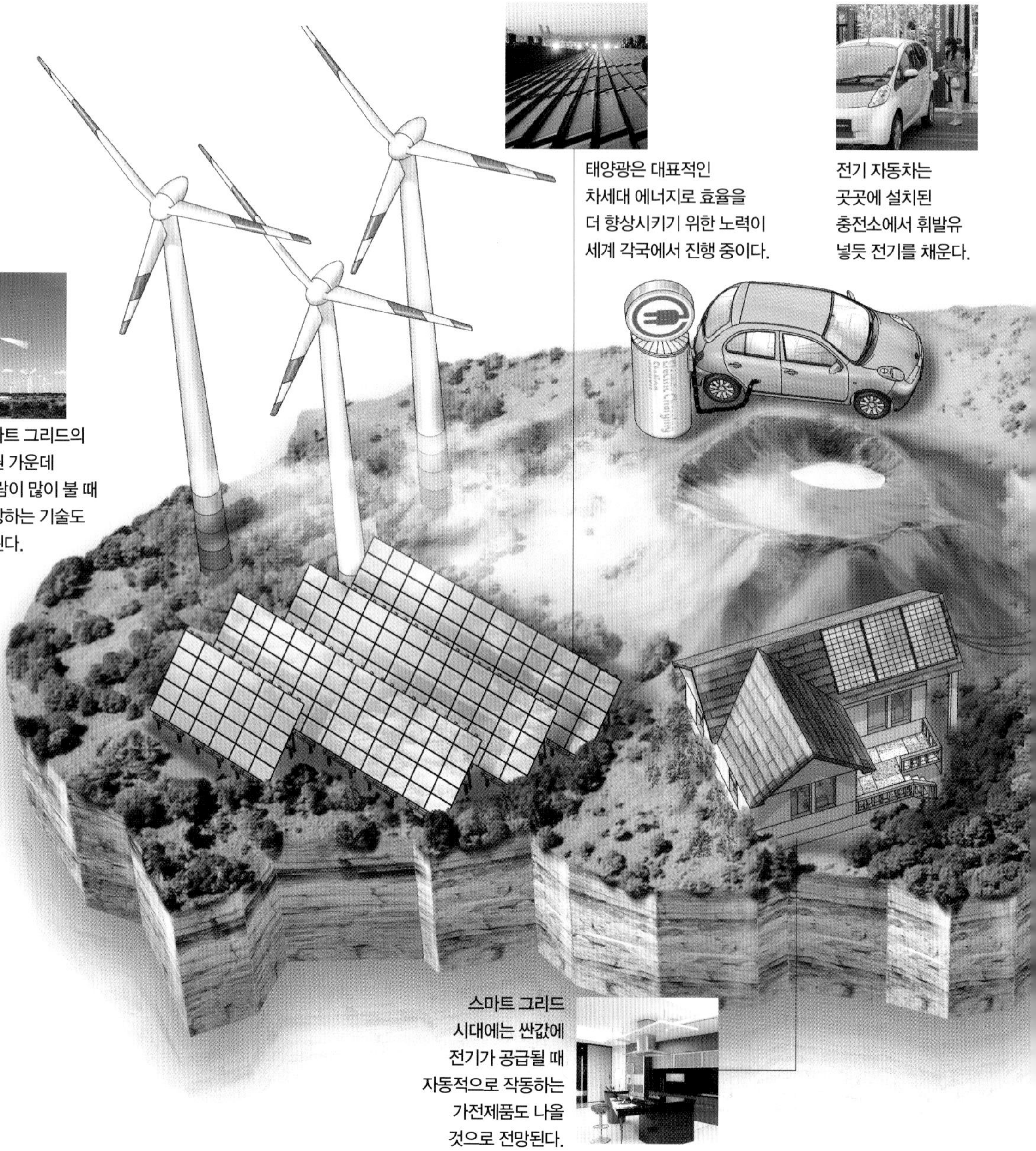

태양광은 대표적인 차세대 에너지로 효율을 더 향상시키기 위한 노력이 세계 각국에서 진행 중이다.

전기 자동차는 곳곳에 설치된 충전소에서 휘발유 넣듯 전기를 채운다.

풍력은 스마트 그리드의 핵심 전력원 가운데 하나다. 바람이 많이 불 때 전력을 저장하는 기술도 함께 구축된다.

스마트 그리드 시대에는 싼값에 전기가 공급될 때 자동적으로 작동하는 가전제품도 나올 것으로 전망된다.

스마트 그리드와 연계된 빌딩은 사무기기에서 소비될 전기를 요금이 가장 쌀 때 공급받은 뒤 저장한다.

2009년 8월 31일 제주 북동부에 있는 구좌읍 일대 6000세대를 대상으로 스마트 그리드 실증 단지가 착공됐다. 가정에 스마트 미터가 설치되는 것은 물론 거리에는 전기 자동차를 위한 충전소가 마련된다. 전력의 상당 부분을 풍력과 태양광 발전에서 얻는다.

스마트 그리드를 문자 그대로 해석하면 '똑똑한 전력망'이다. 핵심은 전력망에 정보 기술(IT)을 합쳐 소비자와 전력 회사가 서로 소통하는 구조를 만든 것이다. 소비자는 요금이 쌀 때 전기를 쓰고, 기업은 새로운 인프라를 구축해 사업 기회를 얻는다. 국가적으로는 전력 수요와 공급을 적절히 조절할 수 있어 대형 발전소를 과도하게 짓거나 운영하지 않아도 된다.

우리나라는 스마트 그리드에서 녹색 성장의 기반을 찾겠다는 전략이다. 광범위한 인터넷망, 좁은 국토, 단일한 송배전 회사라는 조건을 십분 활용하고 이제 막 뜨고 있는 세계 스마트 그리드 시장에서 유리한 고지를 확보하려는 복안이다. 제주 구좌읍의 실증 단지는 그 첫걸음이다.

우리나라 못지않게 미국과 유럽도 적극적인 계획을 밝히고 있다. 1960~1970년대에 구축한 낡은 송배전망을 교체할 기회로 스마트 그리드를 보고 있는 미국은 2009년 6월 39억 달러(4조 7000억 원)를 지원하는 정책을 발표했다. 유럽은 신재생 에너지를 확대하기 위한 인프라로 스마트 그리드를 적극 활용할 방침이다. 풍력, 태양광처럼 자연환경에따라 공급되는 전력량이 달라지는 신재생 에너지를 광범위하게 쓰기 위해서는 전력 수요를 탄력적으로 조정할 수 있는 스마트 그리드가 필수라는 얘기다. 특히 유럽은 인접한 국가 간에 전력을 사고파는 데도 스마트 그리드를 이용할 방침을 세웠다.

스마트 그리드가 주목받는 가장 큰 이유는 수시로 변하는 전기료 때문이다. 실제로 이 점은 소비자가 가장 강하게 느낄 변화로 꼽힌다. 소비자들은 집안에 설치된 스마트 미터를 통해 현 시점에서 전기료가 얼마인지 알 수 있다. 전기료 통보 주기는 15분에서 1시간 정도가 될 것이라는 게 전문가들의 대체적인 전망이다.

소비자들은 시시각각 변하는 전기료를 보면서 절전하고 싶다는 생각을 자연스럽게 한다. 스마트 미터에 뜨는 수치를 통해 '저녁에 세탁기를 쓰면 전기료를 아낄 수 있다'는 사실을 분명히 알 수 있는데도 낮 시간에 전원 버튼을 '과감히' 누를 소비자는 많지 않다는 뜻이다.

소비자가 전력 소비에서 시장 원리를 따지면서 국가는 전력 수요를 조정할 수 있게 된다. 주택 대출이 지나치게 늘면 금리를 올려 부동산 시장 과열을 막듯이 전력 수요가 발전량이 감당할 수 없을 정도로 증가하면 전기료를 비싸게 매겨 수요를 누그러뜨릴 수 있다는 얘기다.

전력망에 자동 복구 기능이 있어 대규모 정전 사태를 막는다.

제주 구좌읍에 구축될 스마트 그리드 단지

제주 구좌읍에 2013년 12월 스마트 그리드 실증 단지가 들어설 예정이다. 6000세대를 대상으로 구축될 실증단지에는 세계 최고 수준의 인프라가 마련된다.

신재생 에너지 확산 기반

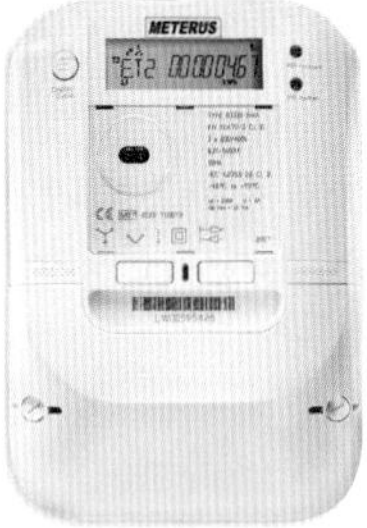

2008년 독일에서 생산된 스마트 미터. 전기료를 수시로 표시해 준다. 스마트 미터는 중장기적으로 수도와 같은 분야에도 활용될 것으로 전망된다.

전력 수요를 조절할 수 있다는 사실은 중요하다. 현재 전력 생산 시스템의 중심은 발전 단가가 낮은 원자력이다. 원자로는 효율과 안전 문제 때문에 수시로 껐다 켤 수 없는 만큼, 반드시 소비될 것으로 예상되는 전력을 생산하는 데 주로 활용된다. 이에 비해 석유와 가스는 여름철 전력 수요가 치솟을 때 잠깐씩 쓴다. 문제는 석유와 가스의 발전 단가가 원자력보다 2배 이상 높다는 점이다. 여름철 전력 수요를 줄일 수 있다면 그만큼 석유와 가스 발전을 통해 날아가는 비용을 아낄 수 있다는 얘기다.

LG경제연구원 홍일선 선임연구원은 2009년 7월 발간한 보고서에서 "기존 전력 시스템이 최대 소비량에 맞춰 발전량을 결정했다면 이제는 실시간으로 전력 소비량을 확인해 수요와 공급이 최적화되도록 조정하는 게 중요해지고 있다"고 지적했다. 또 다른 전문가들 사이에선 "스마트 그리드가 구축되면 기존보다 에너지를 대략 6% 아낄 수 있다"며"이를 한국에 적용하면 연간 1조 8000억 원의 전기료를 절약할 수 있다"라는 분석이 나온다.

비슷한 견해는 해외에서도 제기된다. 외신들은 같은 해 2월 미국 샌프란시스코에서 열린 토론회에 참석한 제너럴 일렉트릭(GE)의 스티브 플루더 부사장의 말을 인용해 "스마트 그리드를 활용하면 미국에서 41GW(기가와트, $1GW=10^9W$)의 전력을 아낄 수 있을 것"이라고 보도했다. 대형 원자력 발전소 1기의 발전량이 보통 1GW인 것으로 감안하면 스마트 그리드의 엄청난 효과를 가늠할 수 있는 대목이다.

스마트 그리드가 주목받는 또 다른 이유는 신재생 에너지를 확산시키는 데 필수적인 인프라이기 때문이다. 스마트 그리드를 활용하면 자연환경에 따라 발전량이 들쑥날쑥한 신재생 에너지의 문제점을 완화할 수 있다. 풍력이나 태양광이 풍부해 발전량이 많을 때는 전기료를 낮췄다가 발전량이 부족해지면 전기료를 올려 공급과 수요가 균형을 맞추도록 하는 것이다.

물론 신재생 에너지는 현재의 발전 방식과 상호 보완해 추진한다는 게 우리나라와 세계 각국 정부의 일반적인 방침이다. 바람이 세게 불면 석탄이나 석유를 적게 태우고 반대로 바람이 약하게 불면 석탄이나 석유를 더 태우는 식으로 연결지어 일정한 발전량을 유지한다는 것이다.

하지만 스마트 그리드가 화석 에너지의 굴레에서 벗어나려는 조짐은 곳곳에서 나타나고 있다. 신재생 에너지로 생산한 전력을 가둘 수 있는 저장 장치가 스마트 그리드의 일환으로 개발되고 있기 때문이다. 대표적인 예가 플라이휠이다. 플라이휠은 마찰이 최소화된 거대한 금속 바퀴다. 바람이나 햇볕이 한창 풍부할 때 생산한 전기로 회전한다. 바람이 안 불거나 햇볕이 가려지더라도 관성 때문에 돌던 힘을 꾸준히 유지해 지속적으로 전기를 만든다.

전기 자동차 시대를 준비하기 위해서도 스마트 그리드가 필요하다는 지적이 나온다. 스마트 그리드를 이용하면 전기 자동차를 충전하려는 수

6%

"스마트 그리드가 구축되면 기존보다 에너지를 대략 6% 아낄 수 있다."

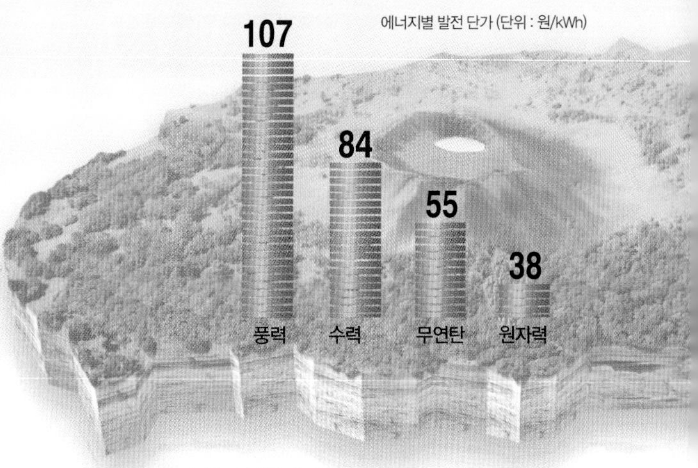

풍력 발전 단가는 신재생 에너지 가운데 가장 낮다. 대단위로 발전기를 운영하는 미국에서는 원자력에 비슷한 수준으로 접근해 있다. 스마트 그리드로 풍력의 쓰임새가 늘어나면 한국에서도 단가가 더 떨어질 가능성이 높다.

출처 : 에너지관리공단

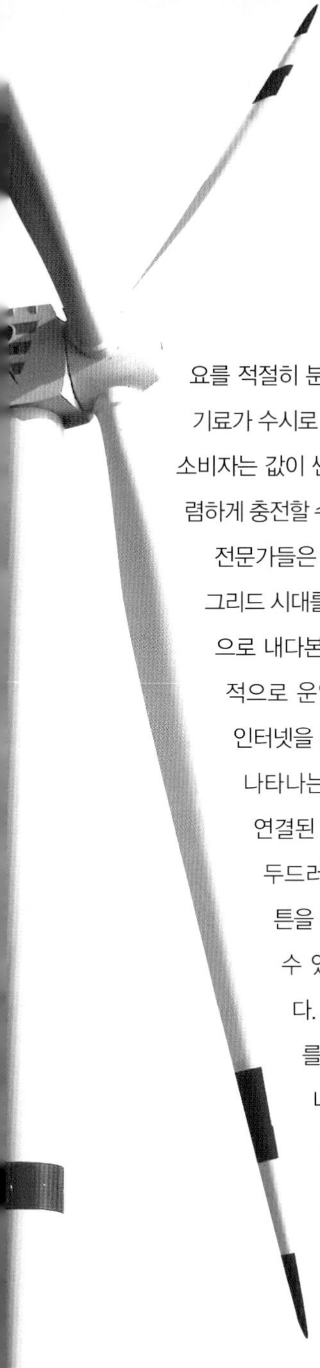

요를 적절히 분산시킬 수 있다. 전기료가 수시로 달라지기 때문이다. 소비자는 값이 싼 시간대를 골라 저렴하게 충전할 수 있는 것이다.

전문가들은 가전제품이 스마트 그리드 시대를 맞아 '정보화'될 것으로 내다본다. 집 안에서 폐쇄적으로 운영되던 가전제품이 인터넷을 통해 외부와 연결돼 나타나는 현상이다. 외부와 연결된 가전제품에서 특히 두드러지는 점은 조작 버튼을 전력 회사가 통제할 수 있을 것이라는 점이다. 소비자의 전력 수요를 유도하는 것이 아니라 강제할 수 있다는 얘기다. 예를 들어 여름철 한낮에 전기료를 비싸게 매겨도 더위에 지친 소비자들이 에어컨을 계속 작동시킨다면 전력 회사는 에어컨을 끄거나 설정 온도를 높이는 비상조치를 취할 수 있다.

물론 이 같은 일은 가전제품을 소유한 소비자들의 동의가 있어야 가능하다. 평소 전기료를 깎아주는 것과 같은 인센티브도 주어질 것으로 예상된다. 하지만 누군가가 내가 쓰는 가전제품의 사용 여부를 결정할 수 있다는 사실은 이 기술이 정착되는 과정에서 논란거리가 될 소지가 높다.

만약 이 같은 특징을 두고 '빅 브라더' 시비가 일면 스마트 그리드는 정착되기도 전에 소비자에게 외면당할 수도 있다. 그럼에도 이미 스마트 그리드는 가전제품 업계의 중요한 테마로 떠오르고 있다. 미국 최대의 가전 회사 월풀은 2009년 5월 스마트 그리드와 연계되는 제품을 2015년까지 내놓겠다고 발표했다. 다른 가전 회사들도 이 같은 대열에 동참할 가능성이 높아 스마트 그리드의 현실화는 더욱 바짝 다가오게 됐다.

문제는 인터넷과 연결되는 스마트 그리드가 구조적으로 해킹에 노출될 수밖에 없다는 점이다. 인터넷이 편리함을 준 반면, 보안 위협도 안긴 셈이다. 실제로 2004년 세계적인 시장 조사 기관인 가트너는 "전력 인프라의 핵심부에 인터넷을 연결하는 건 해커들을 불러들이는 강한 요인이 될 것"이라고 경고했다.

가장 우려되는 점은 기술적 허점이 아니라 사람에 의한 보안 사고다. 전력 회사 직원이 의도적으로 시스템을 파괴하거나 실수로 바이러스에 감염된 전자 메일을 열어 본다면 재앙을 피할 수 없을 것이라는 예측이다.

하지만 이 같은 우려에도 스마트 그리드를 향한 속도는 갈수록 빨라질 것으로 전망된다.

건물에 '내복' 입히고 태양광으로 전기 얻고

2007년 5월 세계 3위의 석유 수출국인 아랍에미리트연합의 수도 아부다비 정부는 220억 달러(약 22조 원)를 들여 아부다비 인근에 신재생 에너지로만 전기를 공급하는 탄소 제로 도시(Zero-Carbon City)를 건설하기 시작했다. 탄소 제로 도시는 이름 그대로 이산화탄소를 거의 배출하지 않는 도시라는 뜻. 이산화탄소 배출량만큼 청정 에너지를 생산해 이산화탄소를 배출하는 효과를 상쇄시키는 도시도 포함된다. 그래서 '탄소 중립 도시'(Carbon-Neutral City)라고도 불린다. 현재 중국과 캐나다, 덴마크 등도 잇달아 탄소 제로 도시 건설 계획을 발표하며 세계 각국이 탄소 제로 도시 건설에 열을 올리고 있다.

아부다비 인근에 들어설 '마스다르(Masdar) 시티'는 세계의 탄소 제로 도시 가운데 규모가 가장 크다. 도시 넓이는 약 7km^2로 여의도(8.35km^2)보다 조금 작다. 주민은 5만 명가량 거주할 수 있다.

마스다르 시티는 박막 태양 전지를 지붕과 벽의 소재로 사용해 건물에 필요한 에너지를 태양에서 얻고, 자연 통풍이 잘 되도록 건물과 길, 녹지를 배치할 계획이다. 대부분의 에너지는 태양광(82%)에서 충당하고, 일부는 쓰레기에서 얻은 재생 에너지(17%)나 풍력 에너지(1%)에서 공급받는다.

대중 교통수단으로는 배터리로 움직이는 무인 전기 자동차가 사용된다. 전기 자동차는 행선지를 입력하면 자동 운전 시스템에 따라 승객을 목적지까지 데려다준다. 전기 자동차는 재생 에너지에서 얻은 전기를 배터리에 저장했다가 필요할 때 사용한다.

시민들의 에너지 사용량을 체크하기 위해 도시 전역에 유비쿼터스 센서도 설치된다. 이 센서는 에너지 사용량을 초과한 시민에게 벌금을 내야 한다고 실시간으로 경고해 에너지 절약을 유도한다. 도시 설계에 참여한 미국 메사추세츠공과대학교의 찰스 쿠니 교수는 "이 도시가 온실가스 배출량을 줄이기 위한 최신 기술을 실험할 수 있는 테스트베드가 될 것"으로 기대했다. 마스다르 시티는 이르면 2012년 완공된다.

중국은 2050년을 목표로 상하이 충밍 섬에 인구 50만 명이 에너지를 자급자족할 수 있는 '동탄 공정'을 추진하고 있다. 캐나다 브리티시컬럼비아주의 빅토리아시는 지난 2005년 9월 '녹색 선창가'(Dockside Green) 프로젝트를 시작해 약 6만m^2에 이르는 선창가 지역을 친환경 지대로 탈바꿈하고 있다. 이 지역에 들어서는 건물은 바이오매스를 이용해 냉난방을 해결한다. 프로젝트 완료 시점은 2015년.

덴마크는 2007년 세계 최초의 수소 도시인 'H2PIA' 건설을 시작했다. H2PIA는 '수소'를 뜻하는

2002년 영국 런던 외곽의 서튼 지구에 건설된 '베드제드'. 세계 최초로 3층짜리 탄소 제로 주택들이 모인 탄소 제로 마을이다. 빨강, 노랑, 파랑 등 지붕 위 알록달록한 닭벼슬 모양의 환풍기는 외부의 신선한 공기를 실내로 끌어들인다.

H_2와 '이상향'을 뜻하는 유토피아(utopia)를 합친 말이다. 건물 유지에 필요한 에너지는 물론 자동차 연료도 수소로 공급받는다. H2PIA 중심부에는 태양 에너지와 풍력을 이용해 수소를 생산하는 연료 전지 센터가 있고, 이 센터에서 자동차의 수소 연료 전지를 충전할 수 있다. 수소는 태양열이나 풍력으로 물을 전기 분해해 얻는다.

국내에서도 탄소 제로 도시를 건설하려는 움직임이 일고 있다. 한밭대학교 건축공학과 윤종호 교수는 "태양열을 주로 사용하는 제로 에너지 시티 건립을 추진하고 있다"고 했다. '제로 에너지 시티'(ZeC)의 목표는 태양열과 풍력 같은 신재생 에너지 사용 비율을 100%까지 높이는 것이다. 윤종호 교수는 "인구 2~3만 명 규모의 혁신도시 후보지를 활용하는 방안을 검토 중"이라고 했다. 이를 위해서는 제로 에너지 시티의 주택과 건물도 탄소 제로를 표방해야 한다. 현재 세계 각국에서도 탄소 제로 도시의 전단계로 '탄소 제로 주택'을 속속 선보이고 있다.

영국의 주택 건설 업체인 바라트는 2008년 5월 3층짜리 탄소 제로 주택을 내놓았다. 지붕에 태양 전지판을 설치해 전기를 공급하고 녹지를 조성해 단열 효과를 높였다. 외장재로는 두께 18cm인 고성능 단열 물질을 사용하고 바닥도 두텁게 만들어 열 낭비를 최소화했다. 영국 정부는 2016년부터 새로 짓는 모든 주택에 탄소 제로를 달성하도록 의무화했다.

일본은 2008년 7월 G8 정상회의 기간에 화석 연료를 사용하지 않고 태양열, 풍력, 지열 같은 신재생 에너지로만 에너지를 충당하는 '탄소 제로 주택'(Zero Emission House)을 공개했다. 이 주택은 4인 가족이 사용할 수 있는 단층 건물로 지붕의 태양 전지판과 건물 옆 소형 풍력 발전기가 15kW의 전력을 생산한다. 이 정도면 일본 주택이 평균적으로 사용하는 전력의 5배에 이른다. 주택 안에도 물을 전혀 쓰지 않는 세탁기와 전력 소모량이 일반 에어컨의 절반인 지능 센서 에어컨 같은 에너지 절약형 가전제품을 갖췄다.

2. 탄소 제로 도시 뜬다

제로 에너지 솔라하우스

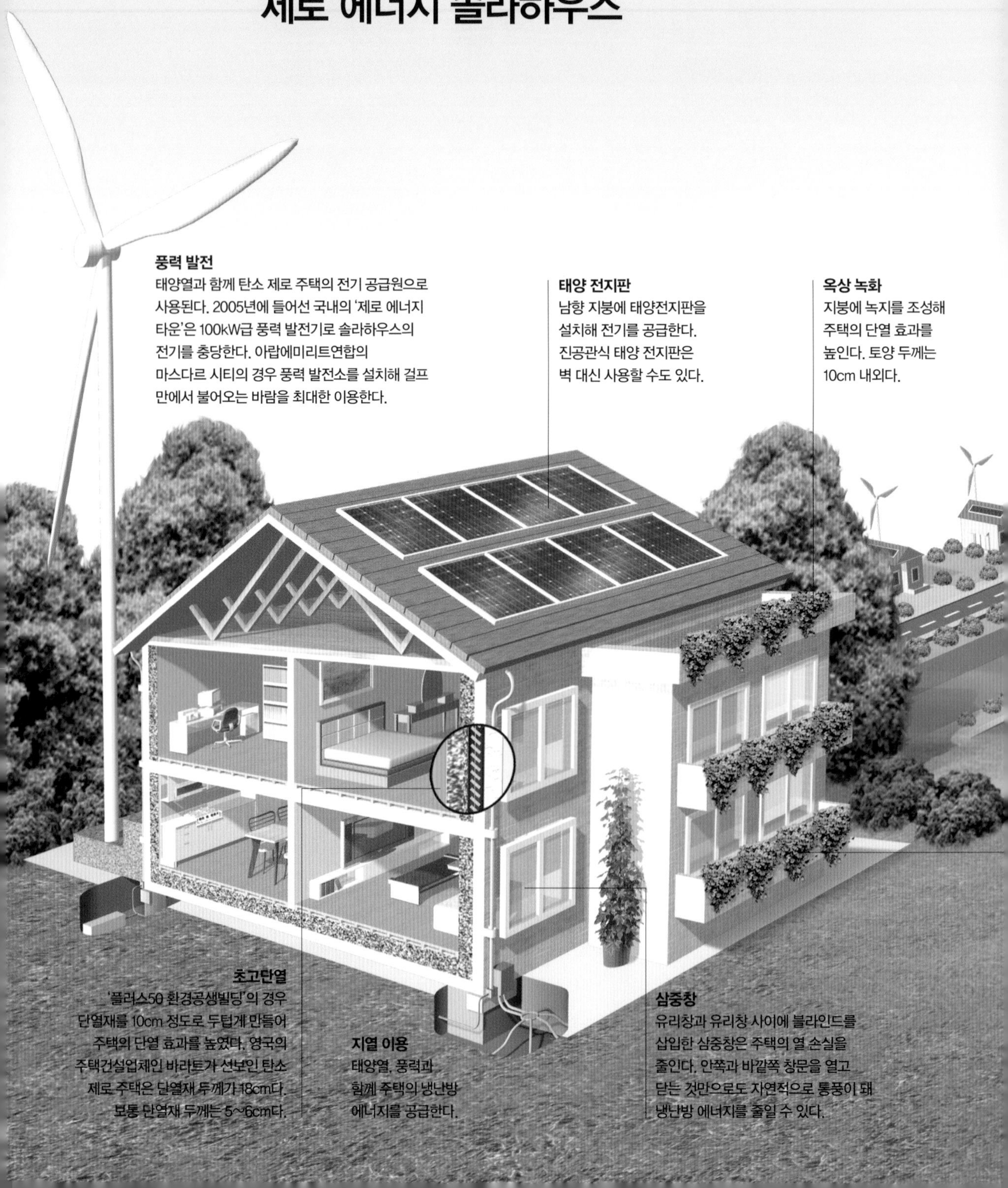

풍력 발전
태양열과 함께 탄소 제로 주택의 전기 공급원으로 사용된다. 2005년에 들어선 국내의 '제로 에너지 타운'은 100kW급 풍력 발전기로 솔라하우스의 전기를 충당한다. 아랍에미리트연합의 마스다르 시티의 경우 풍력 발전소를 설치해 걸프만에서 불어오는 바람을 최대한 이용한다.
태양 전지판
남향 지붕에 태양전지판을 설치해 전기를 공급한다. 진공관식 태양 전지판은 벽 대신 사용할 수도 있다.
옥상 녹화
지붕에 녹지를 조성해 주택의 단열 효과를 높인다. 토양 두께는 10cm 내외다.
초고단열
'플러스50 환경공생빌딩'의 경우 단열재를 10cm 정도로 두텁게 만들어 주택의 단열 효과를 높였다. 영국의 주택건설업체인 바라트가 선보인 탄소 제로 주택은 단열재 두께가 18cm다. 보통 단열재 두께는 5~6cm다.
지열 이용
태양열, 풍력과 함께 주택의 냉난방 에너지를 공급한다.
삼중창
유리창과 유리창 사이에 블라인드를 삽입한 삼중창은 주택의 열 손실을 줄인다. 안쪽과 바깥쪽 창문을 열고 닫는 것만으로도 자연적으로 통풍이 돼 냉난방 에너지를 줄일 수 있다.

국내에는 2005년 대전의 한국에너지기술연구원 내 태양 동산에 건립된 '제로 에너지 타운'이 있다. 제로 에너지 타운은 태양열 단독 주택(제로 에너지 솔라하우스, ZESH) 1동과 아파트 주거용 4동, 연구실 등으로 구성됐다.

이중 ZESH는 전기를 제외한 냉방과 난방, 급탕에 필요한 에너지를 모두 태양열에서 얻는다. 윤종호 교수는 "전기까지 태양열로 공급하는 제로 에너지 솔라하우스를 한 채 더 지을 계획"을 내비쳤다.

한국건설기술연구원이 2008년 2월 완공한 '플러스50 환경 공생 빌딩'도 한국형 탄소 제로 주택의 하나다. '플러스50'이란 말은 에너지 소비를 50% 줄이고 수명은 50년 늘린 데서 딴 것이다. 특히 환경 공생 빌딩은 건물 자체에 내복을 입혀 에너지 사용량을 원천적으로 줄였다.

가령 벽의 단열재를 10cm 두께로 두껍게 만들어 열 낭비를 줄였다. 주택에서 에너지 손실이 가장 큰 창문 바깥에는 덧창을 달았고, 창문은 창과 창 사이에 블라인드를 넣은 이중외피를 적용했다. 일반 마감재 대신 태양열 집열판으로 벽을 만들어 외벽의 활용도도 높였다. 한국건설기술연구원 김현수 박사는 "집이 소모하는 에너지양 자체를 줄여야 현재 신재생 에너지 기술 수준에서 탄소 제로 주택을 만들 수 있다"고 강조했다.

이런 개념을 토대로 김현수 박사는 새로운 형태의 탄소 제로 도시를 구상 중이다. 그는 "탄소 제로 도시는 단순히 화석 에너지를 절감하는 차원이 아니라 생태라는 포괄적인 관점에서 접근해야 한다"며 "경기도 남양주시에 생태 단지를 건설할 계획"이라고 했다. DS

제로 에너지 타운
탄소 제로 주택들이 모인 주거 단지. 2002년 영국 런던 외곽 서튼 지구에 100채 규모로 건설된 '베드제드'는 태양열과 풍력만으로 에너지를 공급받는 제로 에너지 타운이다.
탄소 제로 주택
화석 연료를 사용하지 않고 태양열, 풍력, 지열 같은 신재생 에너지로만 에너지를 충당한다. 국내의 '제로에너지 솔라 하우스' (한국에너지기술연구원)와 '플러스 50 환경 공생 빌딩' (한국건설기술연구원)은 탄소 제로 주택의 전 단계에 해당한다.
벽면 녹화
건물 외벽을 이끼, 담쟁이덩굴 등 살아 있는 식물로 입히는 개념이다. 주택 내부의 온도를 낮출 뿐 아니라 도시 전체의 열섬 효과를 낮추는 효과도 있다.
신재생 에너지 중앙 공급 시스템
태양열, 지열, 바이오매스, 연료 전지처럼 도시에 전기를 공급할 신재생 에너지원을 체계적으로 공급하고 관리한다.
신재생 산업 단지
제로 에너지 타운 인근에 신재생 에너지를 사용하는 산업 단지를 조성해 도시 경제를 활성화시킨다.

[Ⅳ] 또 다른 대안, 신에너지

화석 연료의 고갈은 피할 수 없는 미래의 종착지이다. 돈이 아무리 많아도 석유를 수입하여 사용할 수 없다는 말이다. 대안으로 원자력 에너지, 재생 에너지, 신에너지가 거론되기는 하지만 새로운 에너지원을 찾고자 하는 연구는 계속되고 있다. 신에너지는 기존의 화석 연료, 원자력을 대체할 수 있는 새로운 에너지라는 의미이고, 재생 에너지는 신에너지에서 파생되어 나온 개념이다. 신재생 에너지는 이들을 통칭하는 말이다.

우리나라에서는 연료 전지, 수소 에너지, 석탄 액화 가스화 등을 신에너지로, 태양열, 태양광, 바이오매스, 풍력, 수력, 지열 등을 재생 에너지로 지정하고 있다. 앞 장에서 다룬 재생 에너지와 함께 신에너지는 기존 에너지원에 비해 많은 초기비용이 들어가지만, 환경 오염과 경제 성장이라는 두 마리 토끼를 잡을 수 있다는 장점을 갖고 있다. 따라서 많은 국가가 이 분야에 많은 정책적 지원과 연구 개발을 확대하고 있다.

본 장에서는 우리나라에서도 연구가 활발히 진행되고 있는

수소 에너지, 핵융합 분야를 중심으로 신에너지에 대해 살펴본다.

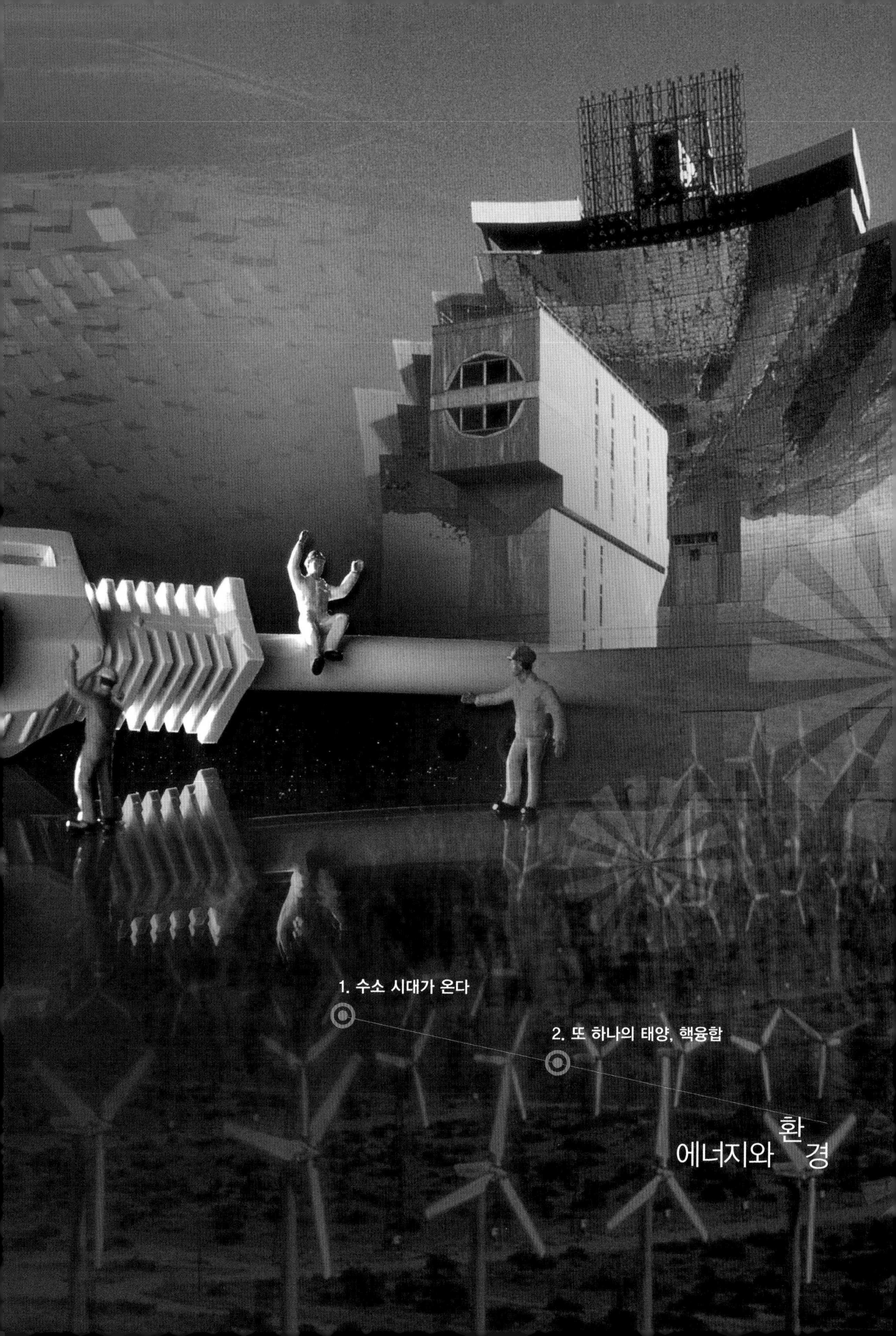

에너지와 환경

수소 시대가 온다

1. 화석 연료를 대체할 최적 후보

환경 위기 구할 미래의 석탄

지금까지 화석 연료는 모든 경제 활동에 없어서는 안 될 가장 중요한 에너지원으로 사용돼 왔다. 정치적 이해관계에서 비롯된 1970~1980년대의 석유 파동은 물론 지난 미국과 이라크의 전쟁을 계기로 화석 연료에 대한 불안이 급증하고 있다. 이에 따라 안정적 수급이 가능한 새로운 에너지원에 대한 관심이 크게 증가하고 있으며, 이 중 석유를 대체할 새로운 에너지 대안으로 '수소'가 주목받고 있다.

많은 전문가들은 오염과 지구 온난화로 인한 기후의 급격한 변화를 방지하기 위해 수소 에너지 시대로 진입하는 것이 필요하다고 말한다. 기존의 화석 연료는 재생이 불가능하며 일산화탄소와 이산화탄소, 황·질소 산화물 등의 각종 오염물질을 대기로 배출하기 때문이다. 산업혁명 이후 화석 연료로부터 대략 2770억t의 탄소가 지구 대기로 배출됐고, 이로 인해 대기 중 이산화탄소의 농도는 280ppm에서 369ppm으로 증가했다. 이산화탄소 농도의 증가는 온실 효과로 인한 지구 지표 온도의 상승을 초래했다. 지난 세기 동안 지표 온도는 0.6℃ 상승했다. 또한 해수면의 수위는 0.1~0.2m 상승했고 북반구에서는 대략 10년마다 강수량이 0.5~1%씩 증가하고 있다.

이와 같은 지구 기후의 이상 현상은 자연적 현상이라고 보기에는 심각한 수준이다. 지난 2001년, 기후 변화에 관한 정부 간 협의체인 IPCC(Intergovernmental Panel on Climate Change)는 '지난 50년 동안 관찰된 지구 온난화 현상은 인간 활동 때문에 발생한다는 새롭고도 강력한 증거가 있다'고 발표하기에 이르렀다. 각국의 정부와 기업은 이 같은 현실을 인식하고 수소 에너지 기술에 대한 투자를 점차 늘려가고 있는 추세다.

1993년 일본은 수소 에너지에 대한 연구 투자

수소는 산소와 결합하면서 물을 만들며, 이때 전기 에너지를 발생시킨다. 이를 이용한 전기 자동차는 현재 세계 곳곳에서 이미 개발돼 운행 중에 있다. 특히 수소 자동차는 오염물질을 배출하지 않기 때문에 많은 자동차 회사들이 앞다퉈 수소 기술 개발에 박차를 가하고 있다.

에 향후 30년 간 20억 달러를 투자하겠다고 발표했고, 벨기에는 지난 1994년 수소를 연료로 사용하는 버스를 최초로 운행했다. 다국적 석유 화학 회사인 로열 더취/쉘(Royal Dutch/Shell)은 1998년 수소 에너지 사업을 전담할 '하이드로젠 팀'(Hydrogen Team)을 발족했다. 그 이듬해 아이슬란드는 세계 최초의 '수소 에너지 국가'를 향후 20년 이내에 건설한다는 장기적이며 야심찬 계획을 발표하기에 이르렀다.

『해저 2만리』로 유명한 프랑스의 소설가 쥘 베른은 1874년 그의 소설 '신비의 섬'에서 물로부터 얻어낸 산소와 수소가 '미래의 석탄'이 될 것으로 예견했다. 소설 속에서 그려지던 꿈 같은 이야기가 실제로 지금 우리 앞에 현실로 다가온 것이다.

수소는 그 자체보다는 주로 물이나 기타 유기물 분자의 구성 성분으로 지구에 존재한다. 대략 지표면의 70% 이상이 수소를 포함한 물질로 구성돼 있다고 알려져 있다. 만약 이런 수소를 마음대로 추출해 사용할 수 있다면 무궁무진한 에너지원이 될 것이라는 점은 쉽게 생각할 수 있다.

수소는 1920년대부터 유럽과 북아메리카 지역에서 상업적으로 생산되기 시작했다. 전 세계적으로 대략 4천억㎥ 정도의 수소가 매년 생산되고 있으며, 이를 원유 생산량으로 환산하면 10%에 상당하는 양이다. 이들 수소의 대부분은 정유 및 화학 산업에 사용된다.

현재 공업적으로 수소를 대량 생산하는 방법 중 하나는 천연가스의 주요 성분인 탄화수소 메테인을 니켈 촉매와 함께 고온·고압 상태에서 반응시키는 방법(SMR, Steam Methane Reforming)이다. 이 공정으로 전 세계 수소 생산량의 절반 가량을 생산하고 있다. 또 다른 상업적 방법은 석탄을 부분 산화시키는 방법이다. 이 공정은 촉매를 사용하는 SMR과 달리 거의 모든 종류의 탄화수소를 연료로 사용할 수 있다는 장점이 있다. 하지만 반응 생성물을 분리하는 후처리 공정이 SMR보다 복잡하고 효율이 떨어지는 단점이 있다.

하지만 천연가스나 석탄은 탄화수소가 주성분이기 때문에 수소를 생산하는 과정에서 온실가스인 이산화탄소를 배출할 수밖에 없다. 더욱이 많은 전문가들은 천연가스를 비롯한 기타 화석 연료들이 2020년을 정점으로 생산량이 감소할 것으로 예상하고 있다. 또한 지속적으로 증가하는 전력 수요를 감당할 만큼 충분한 양의 천연가스가 없다는 점도 문제다. 그렇다면 과연 화석 연료에 의존하지 않고 수소를 생산할 수 있는 방법은 무엇이고, 대체 에너지원으로서 수소의 가능성은 어느 정도일까.

수소 시대가 온다

1. 화석 연료를 대체할 최적 후보

진정한 에너지 혁명의 조건

화석 연료에 의존하지 않고 수소를 만들어내는 가장 유망한 기술은 전기분해법이다. 전기를 이용해 물을 산소와 수소로 분해하는 이 방법은 100여 년 전에 고안된 기술로 현재 여러 나라에서 이용되고 있다. 하지만 문제는 물을 분해할 전기를 어떻게 만드냐에 있다. 기존의 화석 연료를 이용해 전기를 만든다면 또다시 이산화탄소가 배출되고, 이렇게 되면 오염의 악순환은 계속될 수밖에 없다. 진정한 의미의 에너지 혁명은 물 전기분해에 사용되는 전기를 화석 연료가 아닌 재생 가능한 대체 에너지원으로 생산할 때 가능하다.

대체 에너지의 대표 주자는 태양 에너지다. 40분 동안 지구에 도달하는 태양 에너지 양은 1년 동안 우리가 사용하는 에너지 양과 맞먹는다. 태양광을 전기로 전환하는 태양 전지는 이미 시계와 소형 계산기에 사용되고 있고, 1980년대에 미국 모자브 사막에 9기의 태양열 발전소가 설치돼 지역내 가정 및 공장에 354MW의 전력을 공급하고 있다. 로열 더취/쉘에 의하면 2050년에는 태양 및 기타 재생 가능한 에너지원으로부터 생산된 전기가 전체 전기 소비량의 1/3을 차지할 것으로 전망된다.

풍력 에너지도 이미 상당한 가격 경쟁력을 갖추고 있어 1시간당 1kW를 생산하는데 3센트까지 생산비용이 떨어졌다. 유럽풍력조합(European Wind Assosication)은 2020년경 전 세계 에너지 생산량의 10%를 풍력 에너지가 차지할 것으로 전망하고 있다. 이와 더불어 이미 발전 시장의 중요한 부분을 차지하고 있는 수력이나 최근 관심을 모으고 있는 지열 에너지는 발전에 필요한 지

리적인 특성 때문에 제약이 있긴 하지만 관련 기술에 관한 연구가 활발히 진행되고 있다.

아직 상용화 단계에 이르지는 않았지만, 전기 생산 단계를 거치지 않고 태양 에너지를 직접 수소로 전환시키기 위한 연구도 있다. 광촉매와 광합성 박테리아, 열화학 사이클을 이용해 수소를 생산하는 기술 등이 대표적 예다.

수소 에너지의 연구와 개발에는 막대한 자본이 필요하기 때문에 국가의 정책적 지원이 필수적이다. 1960년대 미국의 우주 계획에서 비롯된 연료 전지의 개발과 캐나다 국방성의 재정 지원으로 발라드 파워 시스템에서 연료 전지의 상용화에 성공한 것은 아주 좋은 예다.

이와 더불어 충분한 교육과 홍보를 통해 일반 국민들이 수소 에너지의 필요성과 안전성을 이해하도록 하는 일도 매우 중요하다. 국제수소에너지학회 회장인 네이젯 벨지로글루도 지적했듯이 지난 20년 간의 수소 에너지 운동이 정치적·경제적 관심을 높이기 위한 것이었다면, 다음 단계는 일반 대중으로까지 그 저변을 넓히는 것이어야 한다.

수소 경제로의 진입에 대해 세계 경제가 침체에 빠질 것이라는 일부 우려의 목소리도 있다. 세계 경제의 많은 부분을 차지하고 있는 정유 화학과 정밀 화학, 그리고 수많은 석유 관련 산업이 큰 혼란에 빠져 주가의 폭락이나 불안정한 경제 상태가 될 것이라는 주장이다. 그러나 이보다는 수소 경제의 등장으로 사회 간접 산업이 재구성되고 이로 인해 세계 경제가 큰 도약을 할 것이라는 기대감이 지배적이다.

수소 경제 체제로의 성공적인 진입을 위해서는 좀더 혁신적이며 창의적인 기술 개발도 중요하겠지만, 국가나 이익 집단 간의 양보와 조정, 관련 법규의 제정, 생산·운송 등에 필요한 인프라의 구축에 대한 연구도 충분히 이뤄져야 할 것이다. ☒

자동차 연료에서 핵융합까지 각광받는 미래 에너지 수소

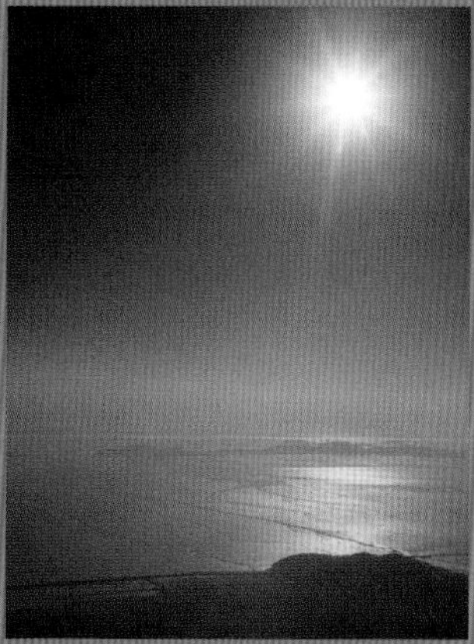

주기율표 중 제1주기의 제일 첫 번째 원소, 원소기호 H, 원자번호 1번, 원자량 1.0079, 녹는점 −259.14℃, 끓는점 −252.9℃. 수소의 신상명세다.

수소가 물질로서 인류에 처음 알려진 것은 영국의 캐번디시에 의해서였다. 그는 1766년 묽은 산과 금속을 반응시키면 수소가 발생한다는 사실을 발견했다. 하지만 당시의 사람들은 이 기체가 수소인지 몰랐다. 수소를 현대적 개념으로 인식한 이는 프랑스의 라부아지에였다. 1783년 그는 뜨거운 철 속에 수증기를 통과시켜 물을 분해하고 수소를 얻는데 성공했다. 또한 수소를 연소시키면 물이 생긴다는 사실도 밝혔다. 이로부터 물을 뜻하는 그리스 어 '히드로'(hydro)와 생성한다는 뜻의 '제나오'(gennao)을 합쳐 '하이드로젠'(hydrogen)이라 명명했다.

수소는 연소하기 쉬운 기체로 공기나 산소와 접촉하면 쉽게 불이 붙는다. 수소–공기 혼합 기체에 불꽃을 튀겨주면 조건에 따라 폭발적인 연소 반응을 보이기도 한다. 특히 폭발이 일어나는 농도범위가 다른 기체보다 커서(4~75%) 폭넓게 폭발을 일으킨다. 이 때문에 적절한 조건으로 통제하면서 수소를 연소시키면 일반 도시가스처럼 에너지원으로 이용할 수 있다.

수소와 산소는 2:1의 부피비로 연소하면서 물을 만들며, 이때 1kg당 2만 8620kcal의 열량을 발생시킨다. 이 열량은 0℃ 물 0.3t을 1백℃로 높일 수 있는 양이다. 또한 수소는 연료전지를 통해 전기에너지를 발생시킬 수 있으며, 핵융합 반응을 통해 수소 폭탄과 같은 엄청난 에너지를 만들어낼 수 있다.

수소의 장점은 연소시 극소량의 질소산화물만을 발생할 뿐 다른 공해물질이 전혀 생기지 않는 청정 에너지라는 점이다. 수소를 직접 연소시켜 에너지를 얻을 수도 있고, 연료전지 등의 연료로서도 사용이 간편하다. 또한 수소는 지구상에 존재하는 거의 무한한 양의 물을 원료로 이용해 만들어낼 수 있으며, 사용 후에는 다시 물로 재순환되기 때문에 고갈될 걱정이 없는 무한 에너지원이다.

수소 시대가 온다

2. 수소 에너지를 만들다

물을 분해하여 수소 제조

수소를 만드는 가장 간단한 방법은 물을 수소와 산소로 분해하는 것이다. 하지만 이 방법에는 큰 어려움이 있다. 물은 화학적으로 매우 안정된 물질이기 때문에 수소로 분해되기 위해서는 막대한 에너지가 필요하다.

물 1몰로부터 1몰의 수소를 만들기 위해서는 68.4kcal(286kJ)의 에너지가 필요하다. 만약 실온과 같은 낮은 온도에서 물을 분해시키려면 68.4kcal에 해당하는 전기와 빛(열) 등의 에너지를 공급해야 한다. 그러나 물을 약 3500℃ 이상으로 가열하면 직접 수소와 산소로 분리할 수 있다.

이 방법은 이상적이지만 현 시점에서 3500℃ 이상의 막대한 열을 제공할 만한 장치를 구하기는 매우 어렵다. 따라서 물 분해 반응을 단계적으로 나눠 비교적 낮은 온도(1500℃ 이하)의 화학 반응들로 구성해 전체적으로 물을 분해하는 폐사이클 반응을 만들 수 있는데, 이 방법이 열화학법에 의한 수소 제조 방법이다.

열화학법을 이용한 수소 제조 방법은 1960년대 말 미국의 펀크 교수에 의해 최초로 제안돼, 1970년대 초 유럽공동체의 부설 연구소인 이탈리아의 이스프라연구소에서 세계 최초로 실질적인 성공사례가 보고됐다.

물을 1500℃ 이하의 온도에서 분해시켜 수소를 생산하는 방법은 물을 화학 물질과 혼합해 여러 단계의 화학 반응으로 나눠 연속적으로 수소를 생산하는 열화학 사이클을 만드는 것이다. 이때 물은 계속 공급되며, 한 번 들어간 화학 물질은 밖으로 배출되는 일 없이 연속적으로 프로세스 안을 순환한다. 따라서 열화학 물 분해법은 폐사이클의 특성을 갖는다.

이탈리아의 이스프라연구소가 세계 최초로 성공했던 사이클 반응을 예로 들어 알아보자. '이스프라 마크I'이라 불리는 이 화학 반응은 사이클 물질로 수은(Hg)과 브롬화수은(HBr)을 사용했다. 이 물질은 사이클 내의 다단계 반응을 거쳐 다시 생성된다. 사이클이 진행되는 동안 물만 계속 공급되면 수소가 생산되는 것이다.

이스프라 마크I은 1000℃ 이하에서 물분해 가능성을 세계 최초로 보여준 것으로 역사적 의의가 크다. 현재는 미국과 독일, 일본을 중심으로 이와 같은 사이클 연구가 계속돼 200가지 이상의 열화학 반응이 개발돼 있다. 1976년 이후 2년마다 '국제수소에너지회의'(World Hydrogen Energy Conference)가 열리고 있어 최근의 연구 동향을 알 수 있다.

열화학 사이클에 공급할 열원으로는 태양열 집

SI 사이클

SI 사이클에서 황과 아이오딘은 반응 과정에서 계속해서 순환하며, 수소가 만들어지는 마지막 반응에는 고온의 열이 필요하다.

$$2H_2O + I_2 + SO_2 \rightarrow 2HI + H_2SO_4$$

$$H_2SO_4 \rightarrow H_2O + SO_2 + \frac{1}{2}O_2$$

$$2HI \rightarrow H_2 + I_2$$

UT-3 사이클의 구성도

각 반응기 안에는 브롬화칼슘($CaBr_2$)과 산화칼슘(CaO), 산화철(Fe_3O_4), 브롬화철($FeBr_2$)이 반응물질로 머문다. 각 화학반응에 필요한 물질은 이전 단계의 반응으로 얻어지며 이 물질은 모두 기체 상태로 사이클 내를 순환한다. 이런 과정을 거치면 결국 수증기가 수소와 산소로 분해된다.

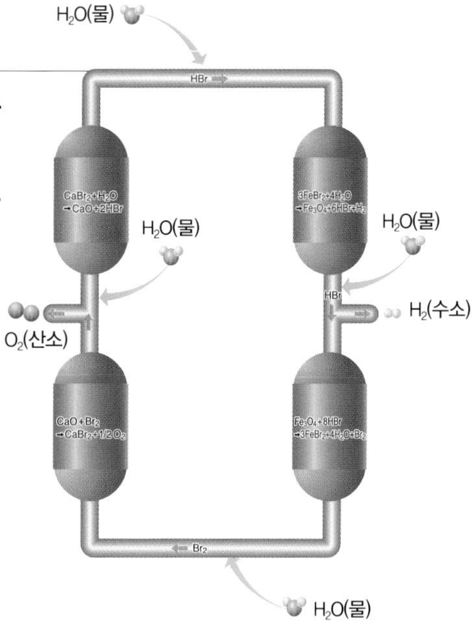

열기에 의해 생성되는 800~1500℃의 열과 원자력의 고온 가스로에서 생성되는 약 1000℃의 열, 그리고 소각로에서 생성되는 약 900℃의 열이 주로 이용되고 있다. 이 중 원자력의 고온가스로에서 생성되는 열원을 이용하는 방법은 글로벌 수소 제조 계획의 일환으로 미국과 일본, 프랑스 등이 공동 연구를 진행하고 있는 등 최근 매우 주목받는 방법이다.

원자력의 고온 가스로는 우라늄 또는 플루토늄 등의 원소가 핵융합 반응을 할 때 나오는 뜨거운 열을 헬륨 가스를 이용해 냉각시킨다. 이때 냉각제인 헬륨 가스는 1000℃ 이상으로 뜨거워진다. 이 열을 열화학 사이클의 열원으로 사용하면 열화학적 방법에 의해 수소를 만들 수 있다. 이같이 원자력 발전소의 열을 이용해 수소를 생산하는 대표적인 방법은 'SI 사이클'과 'UT-3 사이클'이 있다. 두 방법을 차례로 알아보자.

먼저 SI 사이클은 열원으로 고온 가스로의 냉각제인 헬륨 가스의 열을 이용해 수소를 생산하는 방법이다. 크게 세 가지 화학 반응을 이용해 물을 분해한다. 각 사이클에 필요한 화학 물질이 물 이외에 황과 아이오딘을 사용하기 때문에 'SI(Sulfur-Iodine) 프로세스'라 불린다.

이 사이클은 1976년 미국의 제너럴 아토믹사에서 발표했다. 물 이외의 물질은 계속적으로 순환돼 사용되며, 수소를 만드는 흡열 반응에서 고온 가스로의 열을 필요로 한다. 이 사이클은 지난 1997년 10월 일본 원자력연구소가 실험실 규모의 장치를 이용해 시간당 10L의 수소를 48시간에 걸쳐 연속적으로 제조하는 데 성공했다. 현재는 좀 더 많은 양의 수소를 생산하기 위해 반응기 규모를 크게 하는 연구를 진행 중이다. 일본 원자력연구소의 발표에 의하면 2010년 이후에는 SI 사이클을 이용해 시간당 3만L의 수소를 생산할 수 있다.

통상 열화학 사이클은 반응성이 매우 낮고 반응물 분리가 어렵다. 또한 대부분은 실험실 수준으로 열역학과 화학 반응의 이론적 측면에서 연구가 진행되고 있으며 일부 공정만이 실증 단계 수준에 있다.

UT-3 사이클은 도쿄대학교에서 개발한 것(UT-3은 University of Tokyo-3을 뜻함)으로 몇 안되는 실증 단계의 공정이다. UT-3 열화학적 수소 제조 과정은 칼슘(Ca)과 철(Fe), 브롬(Br) 화합물로 이뤄진 4개의 반응으로 구성돼 있다.

UT-3 사이클은 네 개의 반응 용기가 필요한데, 각 반응 용기 속에는 네 종류의 반응 물질이 머물고 있으며, 이동 물질이 모두 기체로 구성돼 시스템의 운전이 간편하다. 1978년 카메야마와 요시다에 의해 제안된 이 공정은 계속적인 개선 노력을 거쳐 최근에도 공정 시뮬레이션과 기체 분자의 움직임을 제어하는 연구 결과들이 발표되고 있다.

수소, 전기분해보다 대량 생산으로

미국과 유럽, 일본 등에서는 태양 에너지 및 기타 대체 전원을 이용한 수소 생산 기술에 대한 장기적인 프로그램을 수행하고 있는데, 각 나라의 환경에 따라 다른 선택을 하고 있다. 미국은 에너지성 산하 수소 프로그램에서 열화학적 수소 생산 기술로서 생물 원료를 이용한 기술 개발에 주력하고 있다. 스위스는 금속산화물의 산화-환원 사이클을 이용해 수소를 제조하는 기술을 개발하고 있다. 한편 일본은 주로 금속산화물을 이용한 2단계의 열화학 사이클 연구와 원자력발전소의 열을 이용한 수소 생산기술을 개발중이다.

국내의 열화학 수소 제조 기술은 1980년대 말까지만 해도 극히 단편적인 기초 연구가 간간히 진행되는 정도였다. 다행히 대체 에너지 관계법이 공표된 이후 대체 에너지에 대한 국가적 관심이 커져 1989년 6월부터 과학기술처(현 교육과학기술부) 특정 과제로 선정돼 비교적 종합적인 수소 관련 연구가 시작됐다. 한국원자력연구원은 1988년 원자력 발전 폐열을 이용한 수소 제조에 관한 연구를 진행했으며, 이후 한국에너지연구원에서 1989년에서 1992년까지 '열화학법에 의한 수소 제조 기술'에 관한 연구를 수행했다. 주요 연구내용은 수소 생산에 적합한 열화학 사이클을 선정하는 것으로 염화구리($CuCl_2$) 또는 황화구리(Cu_2S)를 순환물질로 이용하는 시스템을 제안했다. 이때 열화학 사이클 분석을 위한 컴퓨터 프로그램을 만들었다. 한국에너지기술연구원은 1989년의 연구에서 'KIER-1 사이클'이라는 독자적 열화학 수소 생산 반응을 제안하기도 했다.

특히 한국원자력연구원은 2003년에 '원자력 수소 심포지엄'을 개최하고 미국과 일본, 프랑스 등

❶❷ 열화학 수소 제조법은 1000℃ 이상의 고온에서 이뤄지므로 반응기 재질이 고온에 견딜 수 있어야 하며, 반응 과정은 열 손실이 없도록 설계돼야 한다.

열화학법을 이용하는 방법은 고온의 열원을 필요로 한다. 최근에는 원자력 발전 과정에서 나오는 고온의 열을 이용하는 초고온 가스로 방법이 주목을 받고 있다.

2

이 2014년까지 추진 중인 초고온 가스로(VHTR) 공동 개발에 우리나라도 참여하기로 결정했다. 초고온가스로 역시 고온 가스로와 비슷한 개념으로 헬륨 가스를 1000℃로 가열한 다음 이 가스를 이용해 열교환기에서 물을 900℃로 데우는 것이다. 여기에 황산과 아이오딘을 첨가하면 물을 수소와 산소로 분해할 수 있다. SI 사이클을 이용하므로 아이오딘과 황산은 계속 재사용된다. 이번 공동 연구 참여가 결정됨에 따라 앞으로는 SI 사이클을 좀더 효율적인 반응계로 만들기 위한 관련 국내 연구가 활발해질 것으로 예상된다.

수소 에너지의 실용화는 무엇보다도 값싼 수소 제조 기술이 개발돼야 하며 화석 연료가 아닌 물로부터의 수소를 만드는 방법이 가장 바람직하다. 열화학적 수소 제조법의 경우 기본 가정이 1000℃ 정도의 높은 열원인데, 이는 고온 가스로 또는 초고온 가스로나 태양열 반응기로부터 얻을 수 있으며, 현재 일부 사이클은 상용화 또는 실증 단계에 있다.

그동안 제안된 열화학 사이클의 일반적인 문제점은 1몰의 수소를 얻기 위해 많은 몰 수의 물질이 순환돼야 하는 것이었다. 여러 단계의 반응 과정을 거치는 동안 물질의 감소가 없어야 하며, 에너지 출입 과정에서 에너지 손실이 될 수 있으면 적어야 한다. 특히 순환 물질로서 황과 할로겐, 알칼리 금속과 같은 부식성이 큰 물질이 사용되는 경우는 반응기의 재질도 문제가 되는 경우가 많았다.

이런 문제점을 해결하기 위해 열과 에너지 손실을 최대한 줄일 수 있도록 설계를 하는 등 여러 가지 개선책이 마련돼 왔다. 그러나 기본적으로 사이클이 복잡하지 않아야 하고, 반응 참여 물질도 누출 시 독성이 적어야 한다는 점, 그리고 반응기의 재질이 높은 내구성을 지녀야 한다는 점은 아직도 해결해야할 큰 숙제다.

최근 많이 연구되고 있는 금속 산화물의 산화-환원 반응을 이용한 산화-환원 열화학 사이클은 2단계 정도로 비교적 단순하다. 이 공정은 유독성 물질을 사용하지 않으므로 환경친화적이며 2단계 사이클로 구성돼 공정이 단순하다는 장점이 있다. 그러나 아직은 산화-환원의 온도가 1000℃ 이상으로 다소 높은 편이며, 산화-환원에 필요한 사이클 시간이 20분 이상으로 길다. 또한 상업화 가능성을 입증할 만한 생산 공정이 확립돼 있지 않다.

이런 문제점이 해결된다면 금속 산화물의 산화-환원 기술은 전기분해법에 필적할 만한 수소 생산 기술이 될 것이다. 특히 금속 산화물의 산화-환원 기술은 전기분해법과는 달리 대량 생산을 하면 수소 생산 비용이 매우 절감될 것으로 기대된다.

미국과 일본은 수소 생산 기술에 대해 세계적인 우위를 차지하기 위해 국가적인 지원을 아끼지 않고 있다. 우리나라도 수소 에너지 시스템에 대한 불가피성을 더욱 절실히 느끼고 관련 연구에 박차를 가해야 할 것이다.

2. 수소 에너지를 만들다

미생물로 수소 생산하고, 이산화탄소 줄이고

지금으로부터 100여 년 전 미국의 한 생물학자가 냇가의 이끼류로부터 분리한 미세조류가 수소 가스를 발생시킨다는 사실을 알아냈다. 이후 과학자들은 수소를 만들어내는 미생물에 대한 연구에 몰입해 왔다. 발견 당시에는 21세기의 에너지와 환경 문제를 예견했는지 모르겠지만, 최근 30~40년간 선진국을 비롯해 화석 연료 자원이 빈곤한 나라들은 수소 에너지를 미래의 연료로 인식하기 시작하고 있다.

미생물을 이용해 수소를 만드는 방법은 미생물의 광합성 과정을 이용한다. 녹색 식물에서 일어나는 일반적인 광합성은 태양 에너지를 이용해 이산화탄소와 물을 산소와 탄화수소 화합물(포도당과 탄수화물 등)로 바꾸는 과정이다. 그런데 일부 미생물은 이 과정에서 수소를 만들기도 한다. 즉 미생물을 이용하면 태양광을 직접 이용해 수소를 만들 수 있는 것이다.

또한 이 방법은 공기 중의 이산화탄소를 줄이는 기술이다. 미생물의 광합성 과정을 탄소의 이동 관점에서 보면, 공기 중의 이산화탄소(CO_2)가 형태를 바꿔 광합성 미생물의 체내에 영양분($[CH_2)O]n$)으로 저장되는 과정이다. 즉 이산화탄소의 탄소가 미생물 내의 포도당이나 탄수화물을 구성하는 탄소로 형태를 바꾸는 것이다. 따라서 이 기술을 이용하면 공기 중의 이산화탄소량을 줄일 수 있다.

더욱이 일부 광합성 미생물은 탄소가 주성분인 식품계 폐수를 광합성 재료로 사용할 수 있기 때문에 환경 오염을 획기적으로 줄일 수 있다. 식품계 폐수는 탄화수소 화합물로 구성돼 있는데, 이들은 환경으로 배출됐을 때 쉽게 분해되지 않아 수질오염의 주범 중 하나로 지목돼 왔다. 광합성 미생물은 광합성 원료인 탄소를 공기 중의 이산화탄소 대신 유기물 폐수에 포함돼 있는 탄소로 사용한다. 이럴 경우 환경에 치명적 영향을 끼치는 유기물 폐수를 깨끗이 정화시킬 수 있다.

또한 일부 광합성 미생물은 매우 독특한 현상을 보이기도 한다. 이들은 유기물 폐수내의 탄소를 광합성 과정을 통해 체내에 베타-카로틴과 아스타잔틴, DHA 같은 탄화수소 화합물 형태로 바꿔 보관한다. 베타-카로틴과 아스타잔틴, DHA는 탄소를 주성분으로 하는 화합물로서, 이를 이용하면 고부가 가치의 식품과 의약품을 만들 수 있다. 즉 광합성 미생물을 이용하면 수소는 물론 환경 오염을 방지할 수 있으며 유익한 화합물도 얻을 수 있는 일석삼조의 효과를 거둘 수 있다.

광합성 과정을 통해 수소를 생산하는 미생물에는 조류와 세균이 있다. 조류는 김과 파래, 다시마 등 수중 생활을 하는 단순한 생물을 말한다. 광합성 조류는 표면에 띠는 색깔이 녹색인 녹조류와 남색인 남조류 등으로 나눌 수 있다. 한편 세균은 광합성 세균과 혐기성 세균으로 나뉜다. 광합성 세균은 공기가 있는 조건에서 광합성을 하며 혐기성 세균은 산소가 없는 조건에서 발효를 통해 수소를 만드는 세균을 말한다.

이들 미생물이 수소를 만드는 원리는 다음과

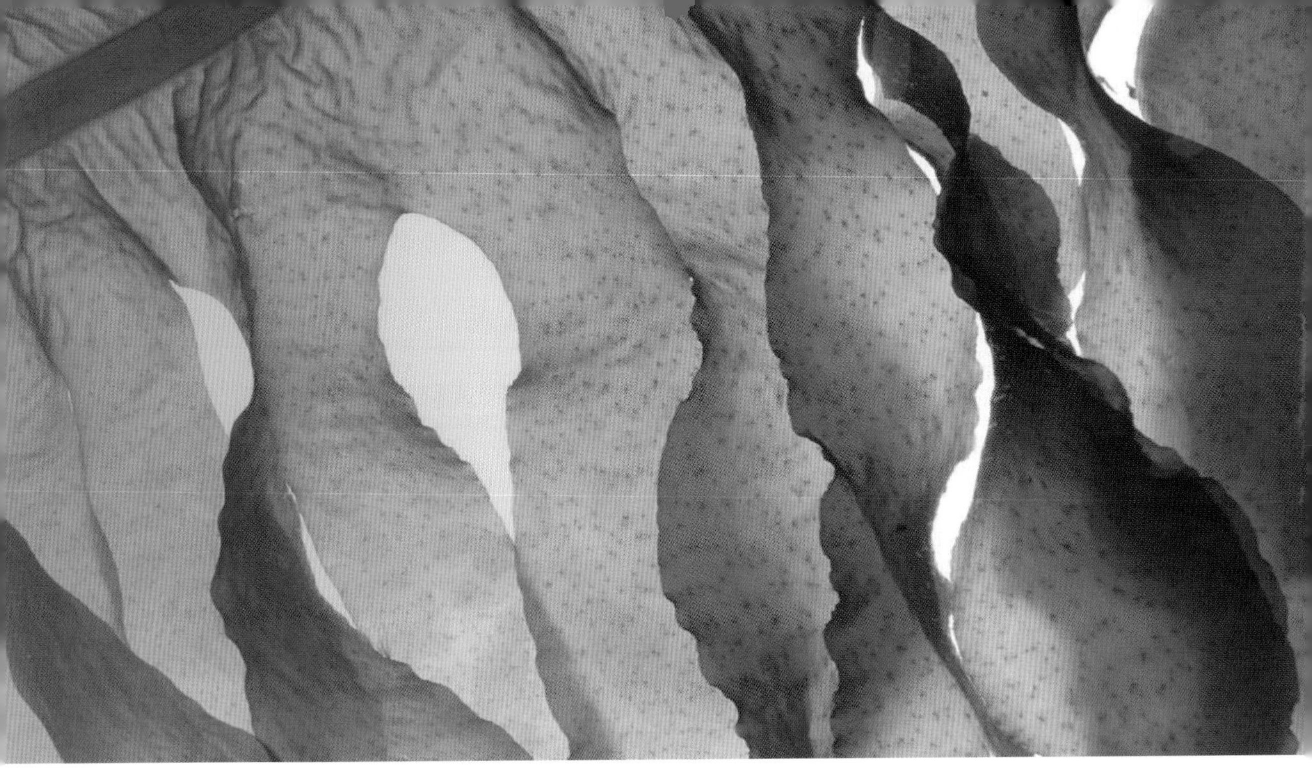

같다. 광합성은 매우 복잡한 화학 반응 단계를 거쳐 일어나는데, 이 과정에서 양성자(H^+)가 발생한다. 이 양성자 2개를 서로 묶어 수소를 만드는 것이다($H^+ + H^+ = H_2$). 수소 생성 미생물은 각각 서로 다른 광합성 과정을 통해 수소를 발생시키지만, 수소 발생에 필요한 양성자(H^+)를 물 또는 유기 물질 중 어디서부터 가져오는가에 따라 크게 세 가지로 나눌 수 있다.

첫 번째는 직접 물을 분해해 수소를 생산하는 방식이다. 광합성은 엽록체라는 특수한 세포에서 일어나는데, 크게 빛이 필요한 명반응과 빛이 필요 없는 암반응의 두단계로 나눠 이뤄진다. 명반응에서는 물을 분해해 산소와 양성자가 발생되며, 암반응에서는 전자 전달계라는 복잡한 과정을 통해 공기 중의 이산화탄소가 고분자 물질인 탄수화물로 바뀐다. 명반응과 암반응은 순차적으로 일어나며 반응의 진행 장소 역시 분리돼 엽록체의 다른 부분에서 일어난다.

이것이 보통 식물의 광합성 과정이지만, 녹조류는 이 두 과정이 분리없이 엽록체의 한 부분에서 동시에 이뤄진다. 또한 녹조류는 일반 광합성과는 달리 특별한 과정이 하나 더 있다. 바로 명반응에서 만들어진 양성자를 수소로 바꾸는 과정이다. 이는 특별한 효소인 '수소 생성 효소'가 있기에 가능한 일이다. 이 효소는 일반 식물에는 없지만 일부 녹조류에는 있다. 이 효소 덕분에 녹조류는 물과 태양 에너지만으로 수소를 만들 수 있는 것이다.

하지만 문제점이 없는 것은 아니다. 녹조류가 수소를 만드는 효율이 너무 낮다는 점이다. 녹조류의 수소 생성 효소는 명반응의 산물인 양성자를 수소로 바꾸는데, 이때 명반응의 또다른 산물인 산소가 이 과정을 방해하는 것이다. 즉 수소 생성 효소는 산소가 얼마 발생되지 않은 광합성 초기에는 수소를 잘 만들다가 명반응이 진행돼 산소 농도가 높아지면 산소의 방해를 받아 곧 작용을 멈춰 버린다. 현재는 이런 저해 작용을 극복하기 위해 명반응에서 발생되는 산소를 제거하는 방법과 산소에 민감하지 않은 수소 생성 효소에 대한 연구가 활발하다.

수소 생성 미생물을 이용한 두 번째 방법은 수소 생성 효소의 산소 민감성을 해결하는 과정에서 개발됐다. 남조류의 일부에서는 수소 합성이 산소 발생과 다른 장소에서 일어난다는 사실이 발견됐다. 즉 남조류는 녹조류와 같이 광합성 명반응을 통해 산소와 양성자를 만들지만, 녹조류와는 달리 같은 장소에서 수소를 만들지 않고 양성자를 다른 곳으로 이동시켜 수소를 만드는 것이다. 과학자들은 남조류의 수소 생성 효소가 녹조류의 그것과는 다른 종류이기 때문에 이같은 일이 가능하다고 밝혀냈다.

수소 시대가 온다

2. 수소 에너지를 만들다

발효와 광합성은 수소 생산의 천연 공장

한국에너지기술연구원의 연구실에서 개발한 혐기성 세균을 이용한 수소 생산 장치(❶)와 광합성 세균을 이용한 수소 생산 설비(❷)의 모습. 혐기성 세균으로는 홍색 비유황 세균을 이용했다.

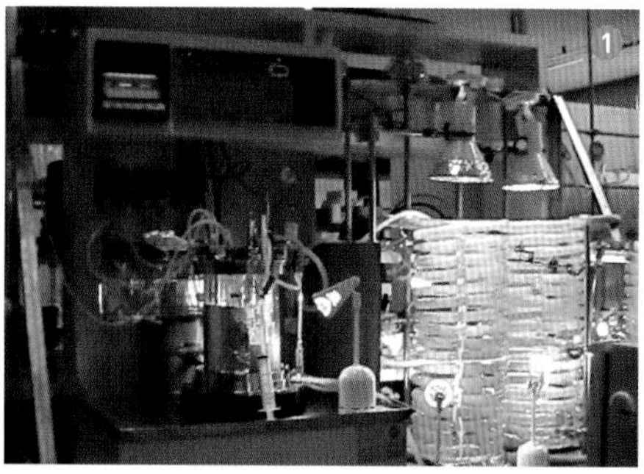

미생물을 이용한 수소 생산 방식의 마지막은 혐기성 세균의 발효 과정을 이용해 유기물로부터 수소를 생산하는 방법이다. 이 방법은 최근 우리나라와 일본을 비롯한 유기성 폐자원이 풍부한 나라에서 집중적으로 연구되는 기술이다.

발효는 고대부터 인류에게 알려져 있던 현상으로, 현재도 과실주와 맥주, 빵, 치즈 등을 만들 때 이용된다. 발효는 미생물이 자신의 효소로 유기물을 분해 또는 변화시켜 각기 특유한 최종산물을 만들어내는 현상이다. 즉 유기물을 형태만 바꿔 또다른 유기물과 이산화탄소로 분해하는 과정이다.

혐기성 세균의 일부 종은 공기가 없는 조건에서 발효 과정을 거쳐 이산화탄소와 유기물은 물론 수소를 발생시킨다. 대표적인 예가 '클로스트리듐'(Clostridium)이라는 미생물인데, 현재는 이들을 이용한 수소 생산 연구가 활발히 진행되고 있다. 예를 들어 클로스트리듐은 1분자의 포도당(C_6)을 발효시켜 2분자의 아세트산(C_3)과 4분자의 수소를 생산한다. 포도당 1분자를 분해할 때 이론적으로 발생하는 수소가 최대 12분자임을 감안하면 그리 큰 효율(33%)이 아님을 알 수 있다. 하지만 여기에는 또다른 매력이 숨어 있다.

포도당을 분해할 때 발생하는 아세트산에 광합성 세균을 적용하면 또다시 수소를 생산할 수 있는 것이다. 포도당 분자에서 시작된 발효는 발생되는 부산물을 계속 이용해 수소를 생산할 수 있다. 따라서 혐기성 세균은 광합성 조류에 비해 수소를 훨씬 효율적으로 생산할 수 있다.

혐기성 세균은 이런 장점 때문에 각종 유기산을 모두 수소 생산의 재료로 사용할 수 있다. 이 때문에 수소를 실질적으로 생산하는 데 매우 유리하다. 예를 들어 혐기성 세균 중에 대표적으로 이용되는 '홍색 비유황 세균'(purple non-sulfur bacteria)은 이론적으로 아세트산과 젖산, 낙산으로부터 각각 4, 6, 7분자의 수소를 생산한다. 또한 유기 물질이 다량 함유돼 있는 식품계 공장 폐수나 하천 찌꺼기, 농수산 시장의 폐기물은 혐기성 세균이 수소를 생산하기 위한 아주 좋은 재료다. 공장 폐수나 하천 찌꺼기 등은 보통 방법으로는 분해가 쉽지 않아 환경 오염의 주범으로 지목돼 왔다. 하지만 혐기성 세균을 이용한 수소 생산 방식은 에너지 생산은 물론 환경도 보호할 수 있는 기술로 국내외에서 좀 더 효율적인 세균의 발견과 수소 생산 방식에 대한 연구가 활발하다.

미생물을 이용한 수소 생산 연구는 20세기 후반 들어 실험실 규모를 벗어나 대규모로 진행되고 있다. 국제에너지기구(IEA)는 1999년부터 2004년까지 '광합성을 이용한 수소 생산 연구'(Annex 15 프로젝트) 2단계를 7개국에서 공동으로 진행했다.

일본은 1991년부터 1999년에 걸쳐 '신에너지 및 산업기술종합기구'(NEDO)가 주관해 '환경친화적 수소 생산 프로젝트'를 29억 엔의 연구비를 들여 추진했다. 현재 일본은 이때 확보한 원천 기술을 바탕으로 2단계 연구를 기획하고 있으며, IEA의 Annex 15 프로젝트에 참가하였다.

미국 또한 에너지성(DOE)의 수소 연구 개발 프로그램을 주축으로 다양한 생물학적 수소 생산 개발을 지원하고 있다. 특히 하와이 호놀룰루의 바다를 접한 연구 시설에 230L 규모의 시험용 광합성 배양 시설을 설치해 수소 생산의 경제성을 평가하고 있다. 또한 미국 하와이 자연에너지연구소의 수소 생산 연구 과정을 통해 설립된 벤처회사 '사이아노텍'은 바다에서 조류를 키워 미국에서 소비되는 베타-카로틴의 30%를 생산하고 있으며, 일부의 조류는 바다 게 사료로 사용해 수산업에 응용하고 있다.

국내 연구는 1990년대 중반부터 지식경제부의 지원으로 시작됐다. 현재는 수소 에너지의 중요성이 부각되며 교육과학기술부에서도 원천 기술 개발로 지원하고 있다. 하지만 선진국에 비하면 아직 미미한 수준이다.

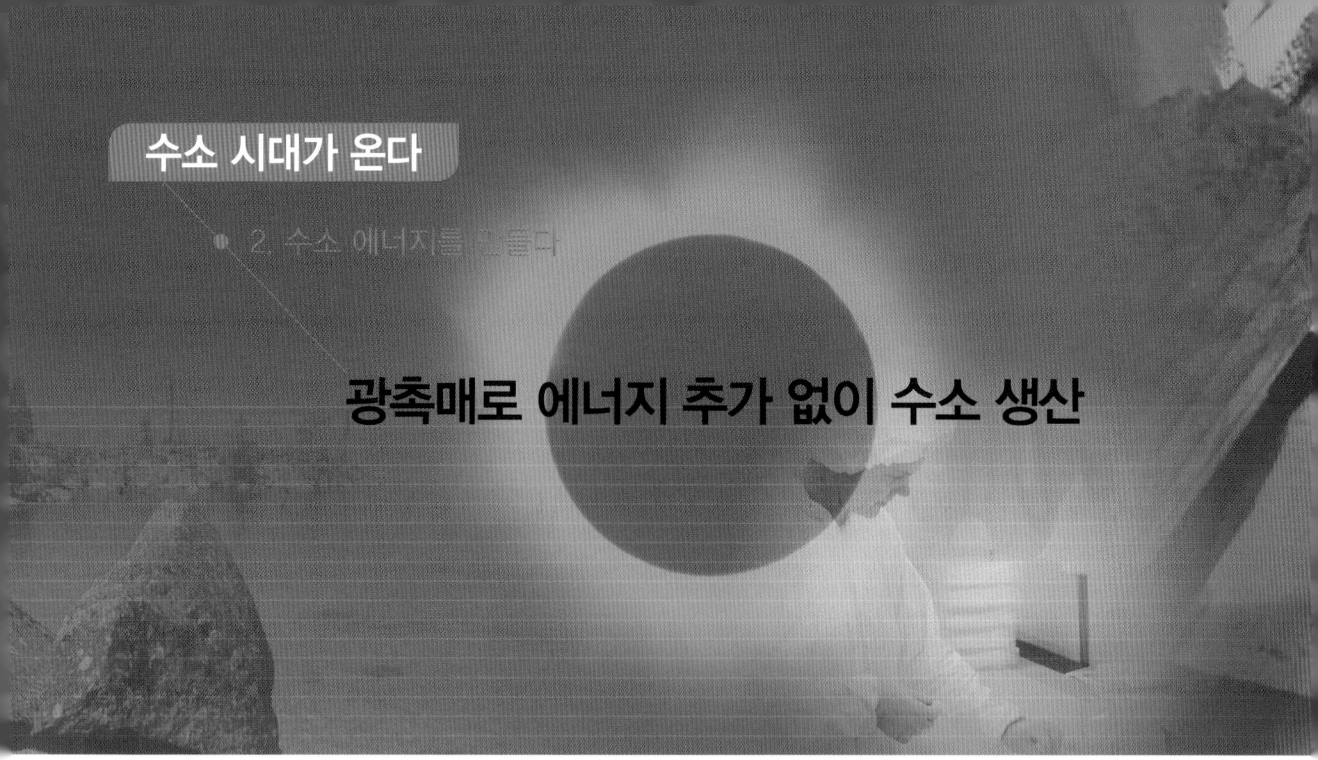

광촉매로 에너지 추가 없이 수소 생산

수소가 화석 연료가 아닌 물로부터 만들어질 때 환경 오염 걱정 없는 청정하고 지속가능한 연료로서 진정한 의미를 지니게 됨은 명백한 사실이다. 이와 더불어 물로부터 수소를 만들기 위한 에너지원으로 태양 에너지를 활용한다면 이것이야말로 진정한 의미의 '무한 에너지'를 확보하는 길일 것이다. 이렇게 태양광과 물을 활용해 수소를 생산하는 기술이 바로 광화학적 수소 제조 기술이다.

광화학적 수소 제조기술은 생물학적, 열화학적 방법과 마찬가지로 화석 연료의 도움 없이 물로부터 수소를 만든다. 물을 다른 에너지의 추가 공급 없이 수소와 산소로 분해한다는 기본적인 아이디어는 세 가지 방법 모두 동일한 것이다. 하지만 세부적으로 적용되는 원리는 조금씩 다르다. 생물학적 방법이 조류의 광합성 과정을, 열화학적 방법이 높은 온도에서 물을 분해하는 다단계 화학반응을 이용한다면, 광화학적 방법은 태양광을 직접 이용한다.

좀 더 정확히 말해 물을 분해하는 데 필요한 에너지를 태양광으로부터 직접 얻는다는 것이다. 물은 산소와 수소로 이뤄져있고, 이를 분리하면 이론적으로는 수소를 무한대로 얻을 수 있다. 하지만 아쉽게도 물은 매우 안정적인 화합물이고 이를 분해하기 위해서는 막대한 에너지를 들여야한다. 이 에너지를 태양광으로부터 가져오겠다는 아이디어다.

표면 온도가 약 6000℃인 태양으로부터 내리쬐는 에너지는 지표면에 도달하는 과정에서 대기 중의 산소와 질소, 오존 등의 기체에 흡수되면서 $1m^2$당 약 1000W의 에너지 밀도로 도달한다. 지구로 날아오는 햇빛을 1시간 동안 100% 모으면 인류가 1년간 쓰고도 남을 정도로 막대하다.

일반적으로 태양광 속의 에너지는 파장이 700~920nm(나노미터, $1nm=10^{-9}m$)인 적외선이 23.5%, 가시광선(400~700nm)이 44.4%, 자외선(315~400nm)이 2.7%를 차지한다. 따라서 태양빛을 이용해 물을 분해하려면 가장 널리 분포하는 가시광선을 이용하는 것이 이상적임을 알 수 있다.

하지만 단순히 태양광을 물에 쪼였다고 해서 산소와 수소를 얻을 수 없다. 물이 직접 흡수하는 태양광의 스펙트럼은 에너지가 높은 100~210nm 영역이기 때문이다(파장이 짧을수록 에너지가 높다). 즉 태양광을 직접 이용해 물을 분해하기는 불가능하다는 말이다. 따라서 지표에 도달하는 태양빛을 흡수해 물을 분해하기 위해서는 이에 필요한 에너지를 공급하는 다른 물질, 즉 광촉매가 반드시 필요하다. 광화학적 수소 제조 기술이란 광촉매를 이용해 물에서 수소를 분리해 내는 방법을 말한다.

광촉매란 용어는 매우 광범위하게 사용되고 있어 만족스럽고 일치된 정의를 찾아보기가 힘들다. 광촉매 용어 자체는 빛이 촉매로 작용하는 것 같은 어감을 주기도 하지만, 사실은 '광반응을 가속시키는 촉매'(catalyst of photoreactions)로 정의할 수 있다. 물론 광촉매가 되기 위해서는 일반적인 촉매가

갖는 조건을 만족시켜야 한다. 즉 광촉매는 반응에 직접 참여하지 않고 소모되지 않아야 하며 기존의 광반응 속도를 가속시켜야 한다.

광촉매 연구는 1970년대 초 일본의 두 연구자에 의해 시작됐다. 도쿄대학교의 혼다와 후지시마 박사는 물을 분해해 수소를 얻는 실험을 하던 중 놀라운 소재를 발견했다. 비커에 물을 가득 채우고 음극에는 백금을, 양극에는 이산화티타늄(TiO_2)란 물질을 설치한 다음, 자외선을 발생시키는 수은 램프를 비췄더니 물이 분해돼 수소와 산소가 발생되는 현상을 발견했다. 이 성과는 1972년 ≪네이처≫에 발표됐으며 곧 전 세계의 과학자로부터 주목을 받았다.

비록 혼다와 후지시마 박사의 실험에서 발생한 수소의 양은 매우 적었지만, 그동안 꿈으로만 여겨졌던 '물+햇빛+광촉매=에너지'를 세계 최초로 성공시킨 논문이었기 때문이다. 각국의 많은 과학자는 이산화티타늄이란 물질에 주목하기 시작했고, 앞다퉈 광촉매를 연구하기 시작했다.

광촉매는 말 그대로 빛에너지에 의해 촉매 작용을 하는 물질이다. 광촉매가 빛을 받으면 (−)전기를 띠는 전자와 (+)전기를 띠는 정공이 만들어진다. 광촉매의 핵심은 바로 이 전자와 정공의 강력한 산화 환원력이다.

물 속의 광촉매가 빛을 받으면 (−)전기를 띠는 전자가 발생돼 물 분자의 산소와 수소 사이의 결합을 끊는다. 안정된 구조를 이루고 있던 물 분자는 순식간에 결합이 깨져 불안정한 산소 이온(O^{2-})과 수소 이온(H^+)으로 분리된다. 이때 정공은 불안정한 산소 이온을 잡아주는 역할을 하며 '방황'하던 수소 이온은 이웃의 수소 이온과 만나 수소 분자($H^+ + H^+ \rightarrow H_2$)를 이룬다.

광촉매의 작동 원리

광촉매가 빛을 받으면 (−)를 띠는 전자와 (+)를 띠는 정공으로 나뉜다. 이때 (−)전자는 물분자를 수소와 산소 이온으로 나누고, (+) 정공은 산소 이온을 잡아주는 역할을 한다. 결국 2개의 수소 이온이 결합해 수소 분자를 만든다.

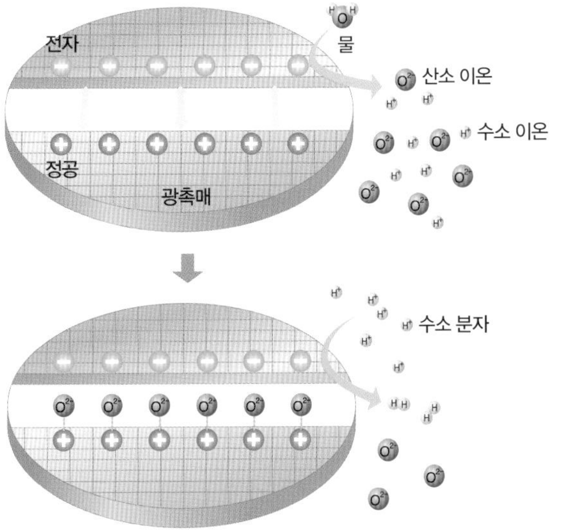

물과 햇빛만으로 꿈의 에너지 개발

지구에서 가장 풍부한 가시광선을 이용할 수 있는 광촉매가 개발된다면 그 어느 기술보다 효율적이고 환경친화적인 수소생산 기술이 될 것이다. 사진은 광촉매를 순수하게 정제하는 모습.

광촉매로는 혼다와 후지시마 박사가 발견한 이산화티타늄이 가장 흔히 쓰인다. 이산화티타늄은 빛에 의해 분해되지 않고 활성도 좋기 때문이다. 하지만 단점이 있다. 광촉매가 활성을 나타내려면 빛에너지를 받아 전자와 정공이 만들어져야 하는데, 이산화티타늄은 이렇게 되기 위한 에너지가 너무 크다.

이산화티타늄을 활성화시키기 위해서는 3.2eV(전자볼트)의 에너지가 필요하다. 여기에 해당되는 태양빛의 파장은 자외선 영역인 300~400nm다. 따라서 이산화티타늄을 이용하기 위해서는 자외선 영역의 햇빛이 필요하다. 하지만 지표에 도달하는 자외선 영역은 최고의 일사 조건에서도 10%이며, 일반적으로 3% 내외라고 알려져 있다. 즉 자외선 영역의 에너지를 이용하는 이산화티타늄 같은 광촉매로는 물 분해 효율이 너무 낮아 상용화하는 데 한계가 있는 것이다.

따라서 많은 과학자들은 가시광선 영역의 에너지를 흡수해 촉매 활성을 띠는 광촉매 개발에 몰두해왔다. 가시광선은 자외선보다 물 분해 능력은 떨어지지만 햇빛의 40~50%를 차지할 정도로 풍부하다.

2001년 12월 일본 쓰쿠바연구소(일본 산업기술종합연구소)의 아라카와 박사팀은 자연햇빛으로 물을 분해할 수 있는 광촉매를 개발했다고 ≪네이처≫에 발표해 세계를 흥분시켰다. 종래의 광촉매는 주로 파장이 짧은 자외선만을 이용해 물을 분해할 수 있었으나, 연구팀이 개발한 것은 400~500nm의 가시광선으로 물을 분해할 수 있는 촉매다. 연구팀은 인듐탄탈레이트라는 물질의 일부를 니켈로 치환한 아주 작은 입자 상태의 광촉매 0.5g을 250mL의 물에 넣어 가시광선을 쪼인 결과 1시간당 0.35mL의 수소를 얻어냈다.

가시광선을 쬔 물에서 이 정도의 수소를 얻은 것은 세계 최초의 성과로, 많은 이들을 흥분시키기에 충분했다. 하지만 이들이 개발한 광촉매는 빛에너지의 몇 %가 물 분해에 쓰이는가를 알아보는 광이용효율이 0.1% 수준으로, 아직 상용화하기에는 무리다. 전문가들은 광이용 효율이 1%는 돼야 실용화가 가능할 것으로 보고 있다.

현재까지 광촉매의 상용화에 가장 근접한 분야는 기존의 자외선 영역 광촉매다. 몇 해 전에는 이산화티타늄과는 다른 성분의, 자외선을 이용하는 새로운 광촉매를 개발해 수소발생 효율을 획기적으로 높인 연구결과가 발표돼 주목받았다.

포항공과대학교 화학공학과 이재성 교수는 지난 1999년 페롭프스카이트(perovskite)라는 새로운 구조의 광촉매를 개발해 자외선을 쬔 결과 수

촉매는 반응 속도를 높이지만 자신은 소진되지 않는 만큼 실용적인 광촉매가 개발된다면 수소를 경제적으로 생산할 수 있을 것이다.

소 발생량을 크게 증가시키는 데 성공했다. 이 결과는 미국의 화학 학술지인 ≪케미컬&엔지니어링 뉴스≫에 게재됐다. 이 교수는 같은 빛에너지에서 수소의 발생효율을 기존 5%에서 23%로 크게 향상시켰다.

하지만 우수한 효율에 비해 페롭프스카이드 광촉매는 제조가 어렵고 재현성에 문제점이 나타나고 있다. 무엇보다 태양광의 대부분인 가시광선을 이용하지 못한다는 약점을 갖고 있다.

현재 광촉매 연구를 가장 앞서서 이끌고 있는 나라는 일본과 미국, 스위스 등으로 이들은 광촉매를 활용해 수소를 생산하기 위한 연구에 열을 올리고 있다. 하지만 국내의 개발 열기도 이들 나라에 못지 않다.

국내에서는 1990년대부터 한국에너지기술연구원과 포항공과대학교, 한국화학연구원 등을 중심으로 광촉매 연구가 활발히 추진돼 그 가능성을 확인한 바 있다. 지난 2000년에는 국책 과제로 한국에너지기술연구원과 한국화학연구원이 공동으로 광촉매를 활용한 고효율 수소 제조 태양광 반응 시스템 개발을 시작했다.

특히 2003년 7월에는 10년 동안 1000억 원의 막대한 연구비를 쓸 수 있는 프론티어연구개발사업단에 한국에너지기술연구원의 고효율 수소 개발 사업단이 선정됐다. 공식 명칭은 '고효율 수소 에너지 제조 저장 이용 기술 개발사업단'이다. 이에 따라 국내의 광촉매 연구는 그 어느 때보다 활기를 띄고 진행 중이다.

앞으로 광촉매 연구 분야는 가시광선 영역을 활용하는 촉매 개발과 반응 효율을 감소시키는 전자-정공의 재결합 방지 기술, 광촉매의 물에서의 안정성 확보 등이 주요 연구 대상이다. 국내의 경우는 새로운 광촉매 제조와 수소 생산의 기본적인 시스템 구성이 진행 중에 있다. 아직까지 세계적인 수준에 도달해 있지는 않으나 점점 높아지고 있는 관심으로 볼 때 빠른 시일 내에 독창적인 시스템이나 반응 형태가 국내 기술로 이뤄질 것으로 예상된다.

전문가들은 우수한 자연 광촉매가 개발되면 에너지 체계는 수소 중심으로 완전히 바뀔 것이며 현 추세대로 연구가 진행된다면 머지 않아 승부가 날 것으로 예측하고 있다. 우수한 광촉매 개발을 위해서는 분자와 원자 수준의 특성 제어 기술과 나노기술 개발에 더욱 많은 투자가 이뤄져야 할 것이다. DS

태양광은 지구에 무한히 존재하는 대표적 청정 에너지다. 광촉매는 이런 무한 에너지를 이용하려는 아이디어다.

1. 핵융합이냐, 우주태양광이냐

화석 연료 이후 궁극적인 에너지는?

석유, 천연가스, 석탄과 같은 화석 연료를 완전 대체할 미래의 청정 에너지는 과연 무엇일까? 풍력, 조력, 태양광, 지열? 아마도 많은 사람들은 이것들이 화석 연료를 대체할 만큼 많은 에너지를 낼 수 있는지가 의심스러울 것이다. 풍력의 경우 전 지구의 낮은 높이에서 부는 바람의 힘을 전부 모은다고 해도 전 세계 에너지 요구량보다 적다고 한다.

국제에너지기구(IEA)의 2003년 통계에 따르면 2001년 전 세계 에너지 소비량의 80%가 화석 연료다. 쓰레기나 나무를 태워 얻은 에너지가 10.9%, 원자력이 6.9%, 그리고 수력이 2.2%를 차지했다. 반면 풍력, 조력, 태양광, 지열과 같은 청정 에너지는 고작 0.5%.

이 가운데에서 화석 연료 다음으로 많이 쓰인 쓰레기나 나무의 연소 에너지가 화석 연료를 대신해줄까? 아마 어느 누구도 그렇게 생각하진 않을 것이다. 그럼 원자력은 어떨까? 폐기물 매립지 선정에 온 나라가 들썩거릴 정도로 반감이 큰 원자력이 화석 연료를 대체하기엔 왠지 꺼림칙하다. 수력 역시 한계가 있다. 어떤 것도 화석 연료와 양자택일할 만하지 않다.

그렇다면 다른 후보는 없을까? 한국기초과학지원연구원 핵융합개발사업단의 한정훈 박사는 "핵융합뿐"이라고 말한다. 그러면서 "내가 핵융합 연구를 해서 이렇게 말하는 건 아니다"고 덧붙였다. 한정훈 박사는 미래 에너지가 갖춰야 할 조건으로 2가지를 들면서 핵융합이 이 조건에 맞다고 말한다. 그 조건은 미래 에너지 소비량을 충족시킬 만큼 생산능력이 높아야 하고 온실가스를 배출하지 않아야 한다는 것이다.

21세기말 세계 인구는 80억~120억 명으로 늘 전망이다. 인구 증가와 함께 중국과 같은 신흥 국가의 발전으로 21세기말 에너지 요구량은 현재보다 적게는 200%에서 많게는 400% 이상 증가할 것이라고 한다. 어마어마한 증가가 예상되는 것이다. 물론 지난 세기에도 에너지 증가율은 매우 높았다. 900%나 증가했는데, 이를 뒷받침해준 것이 화석 연료였다. 21세기에는 핵융합이 그 자리를 대신한다고 한정훈 박사는 말한다.

핵융합은 태양이 무궁무진한 에너지를 만들어내는 방법이다. 수소와 같은 가벼운 원자핵이 서로 융합해 헬륨과 같은 무거운 원자핵을 형성하는 것이다. 이 과정에서 질량이 줄어드는데 아인슈타인의 유명한 법칙 $E=mc^2$에 따라 손실 질량은 막대한 에너지로 바뀐다.

태양은 수십억 년 동안 이런 핵융합을 통해 3.9×10^{26}W(와트, 시간당 에너지)의 비율로 에너지를 만들어내고 있다. 고작 10^{-4}초 만에 현재의 전 세계 연간 소비 에너지량(약 10^{17}Wh)을 뿜어내는 것이다. 핵융합 원료 1g은 석탄 1t으로 얻을 수 있는 에너지와 같다. 만약 태양이 석탄과 산소로만 이뤄져 있다면 1000년밖에 지속되지 못한다. 태양의 핵융합이 지구에서 가능하다면 인류는 물로부터 얻은 수소를 연료로 에너지를 무궁무진하게 생산할 수 있다. 미래 에너지 요구량을 만족시키

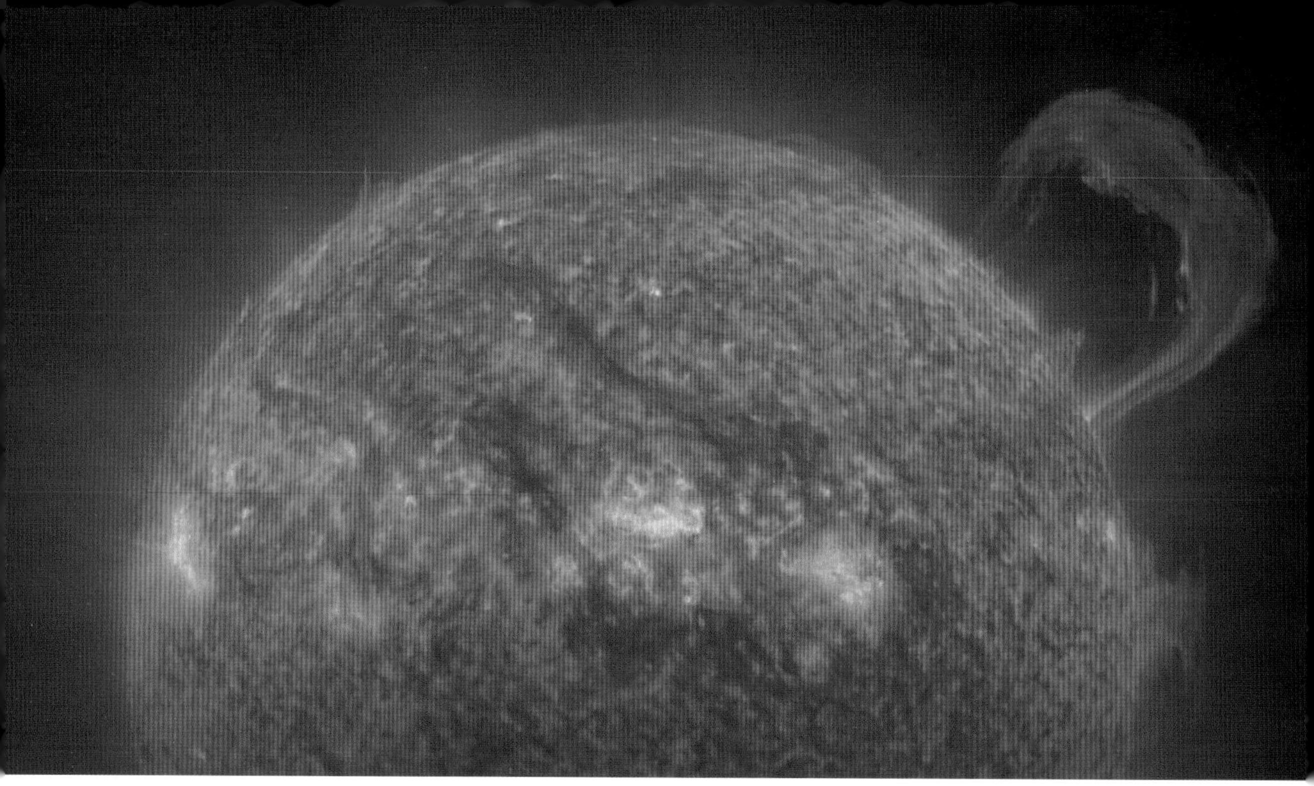

는 데 아무런 문제가 없는 것이다.

게다가 핵융합은 온실가스를 전혀 배출하지 않는다. 핵융합 반응에서 나온 부산물은 헬륨밖에 없기 때문이다. 영국 토니 블레어 총리의 과학 보좌관이었던 데이비드 킹 박사는 한 강연회에서 이렇게 얘기했다고 한다.

"우리 지구는 온실가스의 막대한 배출로 인해 급격한 기후 변화의 위기에 처해 있다. 특히 영국은 기온 상승으로 대서양의 바닷물이 갑자기 들이닥쳐 홍수를 겪을 수 있다. 이를 대비하기 위해 우리는 핵융합의 기술 개발에 적극적으로 나서야 한다. 핵융합은 선택이 아니라 필수다."

킹 박사는 핵융합 개발의 당위성을 화석 연료의 고갈보다는 기후 변화에 더 두고 있는 것이다. 하지만 미래 에너지로서 탁월한 후보감인 핵융합은 발전이 느리게 진행돼 왔다. 핵융합은 20세기 초반에 개념이 처음 등장했고 미국과 구소련이 1950년대 연구하기 시작됐다. 핵분열 방식인, 현재의 원자력이 이미 널리 쓰이고 있는 것과 대조적이다. 지구에서 인공 태양을 만들기란 쉽지 않은 것이다.

그렇다면 핵융합은 언제쯤에나 상용화될까. 한정훈 박사는 "50년 후를 내다보지만 빠르면 30년 안에도 가능하다"고 말한다. 한정훈 박사의 이런 전망은 세계 핵융합 연구의 청사진이다. 1988년 미국, 러시아, 유럽연합, 일본으로 구성된 핵융합의 선진국들이 국제 협력으로 핵융합 에너지 개발을 진행한다는 프로젝트인 ITER를 결성했다.

ITER는 제각각 진행해왔던 핵융합 실험을 총 결산해 대형 국제 열 핵융합 실험로를 만든다. 현재 ITER는 최종 설계를 완성한 뒤 프랑스 카다라쉬에 건설 부지를 선정한 상태이다. 건설 완공에는 10년이 걸리고 건설 후 20년간 운영하고 해체하는 데 5년이 소요될 예정이다.

ITER가 끝나는 35년 후에는 DEMO라는 프로젝트를 진척시킬 계획이다. DEMO는 핵융합로가 실험적인 차원에서 벗어나 전기를 생산하는 단계다. 그리고 50년 후에는 최초의 상업용 핵융합 발전소 PROTO가 건설된다. 현재의 세계 핵융합 연구의 청사진은 이같은 3단계로 이뤄져 있다. 최근 유럽과 미국에서는 ITER와 DEMO를 묶어 진행함으로써 이 기간을 30년으로 단축시키려고 하고 있다.

현재 ITER의 참여국은 미국, 러시아, 유럽연합, 일본, 중국, 인도 그리고 우리나라다. 우리나라는 2003년 6월부터 ITER에 참여하고 있다. 핵융합 연구에서 후발주자인 우리나라가 ITER에 참여할 수 있었던 것은 국내 핵융합 프로젝트인 KSTAR 덕분이다.

KSTAR는 1995년 12월부터 국가핵융합 연구개발 사업차원에서 개발되고 있는 초전도 핵융합 실험로다. 크기가 ITER의 3 분의 1 정도로, ITER처럼 전부 초전도체 전자석을 세계 최초로 사용한다. 세계 유일의 중형급 초전도 핵융합 장치로서 ITER의 축소판인 것이다.

2050의 또 다른 꿈, 우주태양광

만약 핵융합 개발에 차질이 생겨 2050년쯤 상용화가 안 된다면 어떤 일이 벌어질까? 화석 연료가 거의 고갈돼 가는 상황이라 극심한 에너지 위기를 겪을 것이다. 핵융합 외에 달리 방법은 없을까?

한국전기연구원의 정순신 박사는 2050년 상용화 목표인 또 다른 에너지 '우주태양광'을 얘기한다. 우주태양광은 지상의 태양광과 다르지 않다. 다만 지구 궤도나 달과 같은 우주에서 태양 에너지를 얻는다는 차이가 있다. 지구 궤도에 태양 전지판을 단 위성을 띄우거나 달표면에 태양광 발전소를 건설하는 것이다.

우주태양광이 화석 연료를 대신할 만큼 많은 에너지를 제공할 수 있을까? 정순신 박사는 지상태양광과 우주태양광의 면면을 따져보면 가능하다는 답을 얻을 수 있다고 말한다.

만약 2050년쯤 기술이 매우 발전해서 태양 전지 효율이 30%가 되고 초전도 전력 전송이 이뤄져 수송 중 전력 손실이 거의 없다고 하자. 그렇다고 해도 지상에서는 태양 전지판이 한반도 10배 이상의 면적에 깔려야 2050년의 전기 요구량을 충족시킬 수 있다고 한다. 더군다나 날씨 때문에 사막과 같은 곳이 아니면 태양광 시설을 설치할 수 없다. 세계에너지회의가 지원한 최근의 연구 조사에 따르면 2050년에 지상태양광의 최대 기대치는 전기 생산량의 15%를 넘지 못할 것이라고 한다.

반면 우주에서는 태양빛이 지상보다 훨씬 강하고 날씨와 밤낮에 구애받지 않기 때문에 한반도 1.5배 면적의 태양 전지판만으로 2050년의 요구량을 얻을 수 있다. 무엇보다 중요한 점은 우주태양광으로 얻은 전기 에너지를 지구에서 받는 시설이 차지하는 면적은 지상의 태양광 발전 시설에 비해 고작 5%로 남한 정도다.

게다가 이 시설은 전 세계 어디에나 설치가 가능하다. 우주에서 발전한 전기 에너지는 마이크로 전자기파로 변환해 무선으로 지상에 전송되는데, 전자기파는 태양빛과 달리 비가 오건 구름이 끼건 대기가 뿌옇건 간에 전달되는 데 문제가 없기 때문이다.

우주태양광은 1968년 미국 아서디리틀이라는 회사의 물리학자 피터 글레이저 박사가 처음으로 제안했다. 이 제안은 1970년대에 미에너지부(DOE)과 미항공우주국(NASA)에서 검토됐다. 특히 1976~1980년 에너지 파동이 있을 당시 본격적인 연구가 이뤄졌다. 그러다 에너지 파동이 끝나면서 관련 기술이 성숙되지 못했고 경제성이 없다는 이유에서 1980년대에는 연구가 중단됐다.

1990년대 들어서 NASA가 다시 한번 검토를 했고, 그 결과 1998년 11월 차세대 우주태양광 발전소에 대한 청사진을 발표했다. 이 계획에 따르면 2050년대부터 원자력 발전소 10개에 해당하는 10GW(기가와트, 10^9W)급 이상의 거대한 우주태양광 발전소를 상용화한다.

미국이 최근 우주태양광에 적극적으로 돌아선

❶❷❸ 현재까지 가장 성공적인 핵융합로는 JET다. 그동안 핵융합은 낮은 효율성이 문제가 됐다. JET는 유럽연합에서 개발한 것으로 높은 효율성을 가진 핵융합이 가능하다는 것을 보여줬다. (❶)은 핵융합로 내부 모습이고 (❷)는 핵반응시의 내부 모습, 그리고 (❸)은 전체 모습이다.

것은 일본의 영향 때문이다. 미국이 우주태양광 연구에 진전이 이뤄지지 않던 1980년대와 1990년대 초반에 일본에서는 교토대학교 마쓰모토 히로시 교수를 중심으로 핵심적인 기술에 대한 연구가 꾸준히 이뤄졌다. 우주태양광 발전의 핵심 기술인 무선 전송에 대한 가능성을 우주공간에서 직접 실험하면서 상당한 발전을 거뒀던 것이다. 현재 일본도 2050년 상용화 목표로 우주태양광에 대한 발전계획을 갖고 있다. 아쉽지만 우리나라에서는 아직까지 우주태양광 연구가 이뤄진 적이 거의 없다고 정순신 박사는 말한다.

핵융합 대 우주태양광, 과연 어떤 것이 먼저 출현할까. 핵융합은 온도 1억℃ 이상, 물질의 밀도가 $1m^3$ 공간에 1mg 이상, 핵반응 수초 이상이라는 3가지 극한 조건 만들어줘야 한다. 반면 우주태양광은 3억t 이상 우주 물자 수송, 24조 원이라는 천문학적 건설비, 유지보수를 위한 첨단 로봇이 필요하다. 어느 것도 쉽지 않다.

또 하나의 태양, 핵융합

2. 핵융합공학

꿈의 에너지를 만들다

그리스 시대의 철학자 엠페도클레스는 흙, 물, 공기, 불이 자연의 근본 물질이며 이들은 변하지 않고 서로 섞여 다른 물질이 된다고 주장했다. 그 뒤 원자론을 거쳐 지금은 이들보다 훨씬 작은 '쿼크' 입자가 물질을 구성하는 근본물질로 자리 잡았다. 그러나 흙, 물, 공기, 불은 현대 과학에서 물질의 상태를 나타내는 대표적인 물질로 볼 수 있다. 흙, 물, 공기는 고체, 액체, 기체 상태를, 불은 제4의 물질 상태인 플라즈마를 의미한다.

불은 플라즈마의 역할에 중요한 시사점을 주고 있다. 마치 고대의 연금술사에게 화학적 도구인 불이 있었다면 현대에는 화학 반응을 뛰어넘어 핵반응까지 유발할 수 있는 물리화학적 도구인 플라즈마가 있는 것과 같다.

플라즈마는 원자나 분자로 구성된 기체 상태의 물질이 큰 에너지를 받으면 다수의 전자와 이온이 생성돼 만들어진다. 플라즈마를 구성하는 입자 중에서 전자와 이온은 전하를 띠고 있어 일반 기체 입자와는 다른 특성을 보인다. 이것이 현대 과학기술이 플라즈마를 주목하는 이유다.

전하를 띤 입자의 운동은 전기장과 자기장의 영향을 받는데, 특히 전기장을 가하면 전기 에너지가 바로 전자와 이온의 운동 에너지로 바뀌면서 빠르게 플라즈마를 형성한다. 특히 전자는 원자나 이온에 비해 질량이 작아 매우 빠른 속도로 움직이며 주변의 원자나 분자와 충돌해 전자와 이온 쌍을 추가적으로 만들면서 플라즈마를 유지시키거나 증가시킨다.

전기장에 의한 에너지 전달 방식은 시스템 내 모든 입자에 에너지를 공급하는 방법에 비해 입자를 선별적으로 가열할 수 있어 훨씬 효과적이다. 예를 들어 형광등의 양 끝에 있는 전극에 교류전압을 걸면 플라즈마가 형성되는데, 20W 정도의 적은 전력을 공급하는 형광등에 존재하는 전자는 수만℃에 이르는 높은 온도를 갖고 있다. 즉 큰 에너지를 가진 입자가 많이 존재하는 플라즈마 상태에서는 매우 활발한 화학 반응이 일어난다. 특히 빠르게 움직이는 전자는 플라즈마 내 원자와 충돌해 원자 주위를 도는 궤도 전자를 높은 에너지 준위로 이동시키거나 분자를 쪼개며 화학 반응을 크게 증가시킨다.

플라즈마 내 이온이 전기장에 의해 가속되면 보통 상태에서 잘 이뤄지지 않던 반응이 일어난다. 탄소 박막 중 다이아몬드와 비슷한 구조를 가진 유사 다이아몬드 필름(박막)은 매우 높은 온도에서 형성되지만 플라즈마를 이용하면 훨씬 낮은 온도에서 만들 수 있다. 그래서 플라즈마는 수만~수억℃에 이르는 높은 온도의 입자를 쉽게 생성해 고온 초전도체, 나노튜브 같은 신물질을 합성하는 도구로 이용되고 있다.

나노 급에 해당하는 작은 선폭의 가공은 반도체 기억 소자의 생산 공정에서 필수적이다. 이때 가장 중요한 역할을 하는 것이 바로 플라즈마다. 기존의 화학적 식각 방식에서는 모든 방향으로 식각이 일어나 메모리칩 안에 있는 작은 선폭의 배선이 끊어지는 현상이 나타났다. 그러나 플라

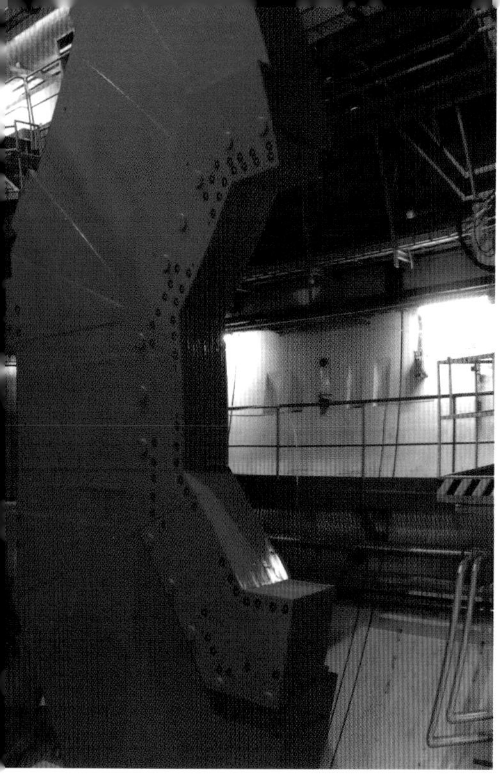

원자핵과 전자가 떨어진 상태를 '플라즈마'라고 한다. 플라즈마는 '제4의 물질 상태'라고 불린다.

즈마 내 이온은 전기장 방향으로 가속돼 이온의 진행 방향으로만 식각이 일어나므로 아무리 작은 선폭이라도 원하는 모양으로 깎아낼 수 있다.

플라즈마 식각 장비는 이런 성질을 이용해 기가바이트 급의 대용량을 가지는 높은 집적도의 반도체 기억 소자 공정에서 없어서는 안 될 도구로서 자리 잡았다. 플라즈마 기술은 현재 경쟁이 치열한 평판 디스플레이 시장의 두 축인 LCD(액정 표시 장치) 방식과 PDP(플라즈마 디스플레이 패널) 방식에서 각각 LCD 제어회로의 미세패턴 식각과 PDP의 방전 셀에 쓰이는 핵심 기술이다. 또한 플라즈마는 높은 반응성을 이용해 재료의 표면 처리, 환경 폐기물의 처리 같은 다양한 분야로 그 응용 범위를 넓히고 있다. '꿈의 에너지'라 불리는 핵융합 에너지를 개발하는 데도 플라즈마가 해답을 줄 것이다.

핵융합 반응은 중수소나 삼중수소처럼 가벼운 원소의 원자핵이 헬륨처럼 무거운 원소가 되는 과정에서 막대한 에너지를 내뿜는다. 이런 반응이 일어나려면 원자핵 간 반발력을 이겨야 하는데, 이런 반응은 수억℃ 이상의 높은 온도에서만 가능하다. 고온의 플라즈마를 반응로에 담아 두는 일은 매우 어렵지만, 전하를 띤 입자로 구성된 플라즈마의 특성을 이용하면 가능하다.

고온의 플라즈마는 자체 중력으로 가두거나, 고출력의 레이저로 사방에서 가열해 안쪽으로 폭발시키거나, 자기장을 이용해 고온의 플라즈마를 반응로의 벽에 닿지 않게 가두면서 핵융합 반응을 일으킬 수 있다. 이 중 자기장을 이용하는 '자기 핵융합 방식'이 가장 유력하다. 자기장 하에서 전하를 띤 플라즈마 입자들은 운동 방향과 수직으로 로렌츠 힘을 받아 자기력선 주위를 원운동하며 자기장으로부터 도망가지 못한다. 자기 핵융합 방식은 이를 이용해 수억℃의 플라즈마를 자기장으로 이뤄진 특수 구조 속에 가둬 핵융합 반응을 일으키는 방식이다.

지구 주위의 자기장은 우주에서 날아온 방사 에너지에 의해 형성된 플라즈마를 가둬 지구 상공에 전리층을 만들고 있다. 자기장을 따라 남북으로 움직이는 플라즈마 입자는 자기장이 센 극지방에서 반사되며 전리층을 형성한다. 이처럼 강한 자기장을 양쪽에 걸어 고온의 플라즈마를 가두는 방식이 '자기 거울' 방식이다.

그러나 자기 거울 방식은 자기장 방향으로 움직이는 고온의 플라즈마 입자를 가두는 데 한계가 있다. 이를 극복하기 위해 자기장 구조를 도넛 형태로 감아 자기장 방향으로 도망가는 플라즈마를 차단하는 다양한 자기 핵융합 방식이 연구되고 있다. 그중 도넛 방향으로 강한 자기장을 걸어주고, 자기장 방향으로 플라즈마 전류를 흘려 안정적으로 플라즈마를 가두는 '토카막 방식'이 러시아에서 제안돼 현재 가장 유력한 가둠 방식으로 자리잡고 있다.

우리나라에서는 1980년대 서울대학교 원자핵공학과에서 SNUT-79라는 토카막 장치를 처음으로 지어 연구를 시작했다. 그 뒤 1995년 국가 핵융합 기본 개발 계획을 수립하고 기초과학지원연구원의 핵융합연구센터를 중심으로 'KSTAR'(Korea Superconducting Tokamak Advanced Research)라는 초전도 토카막을 2007년 8월 완공해 본격적으로 핵융합 연구에 뛰어들었다. 국제적으로도 미국, 러시아, 유럽연합(EU), 일본, 중국, 한국, 인도가 국제 공동 핵융합 연구 장치인 'ITER'를 결성했다. 전 세계적으로 핵융합 발전에 대해 집중적인 투자를 하고 있는 만큼 이 분야에 대한 전문 인력의 수요가 급증할 것으로 기대된다.

차세대 초전도 핵융합 연구 장치 KSTAR

'인공 태양' 차세대 초전도 핵융합 연구 장치(KSTAR)는 과학계에서 종종 골리앗을 이긴 다윗으로 비유된다. 선진국보다 30년이나 뒤늦게 개발을 시작했는데도 어느 곳보다 먼저, 가장 뛰어난 고성능 핵융합 연구 장치를 완성했기 때문이다. KSTAR는 전 세계 핵융합학자들이 가장 실험해보고 싶은 실험 장치로 손꼽힌다.

우리나라는 KSTAR를 설계하고 운용한 기술력을 인정받아 EU, 일본, 미국 등 핵융합 선진국들만 참여한다는 '국제 핵융합 실험로'(ITER) 개발 계획에 참여할 수 있었다. 핵융합 발전에서 파생된 다양한 기술은 신산업으로 이어지고 있다. KSTAR의 성공 신화에는 언제나 남다른 전략으로 돌파구를 찾으려 했던 국내 연구진의 꿈과 의지가 담겨 있다.

1995년 우리나라가 핵융합 연구 장치를 만들겠다고 선언했을 때 세계는 '말도 안 되는 일'이라며 비웃었다. 미국과 유럽은 이미 1930년대부터 핵융합 재료인 중수소와 삼중수소를 발견하며 활발하게 연구해 오고 있었다. 1951년 구소련에서는 '토카막'이라는 도넛 모양의 핵융합 장치를 개발했고, 1982년 미국은 대형 핵융합 장치인 TFTR을 완공했다. 1990년대에는 자기장으로 초고온의 플라스마를 가두는 자기 밀폐 장치에서 들어간 에너지만큼 핵융합 에너지를 생산하는 핵융합 반응을 실험해 상용화 가능성까지 검증했다.

반면 우리나라는 원자력 발전으로 전기를 만들고는 있었지만 핵융합은 불모지나 다름없었다. 선진국들에 비해 우리나라는 늦어도 너무 늦은 듯 보였다. 하지만 우리나라는 핵융합 개발을 포기할 수 없는 이유가 있었다. 바로 핵융합에서 나오는 엄청난 에너지다. 핵융합은 태양이 에너지를 내는 원리와 같다. 가벼운 수소(H) 원자핵들이 융합해 헬륨(He) 원자핵으로 변하면서 줄어든 질량이 막대한 양의 에너지(단위 반응당 17.6MeV)로 바뀐다. 게다가 원료인 중수소는 바닷물에 풍부하게 들어 있다. 바닷물 1L면 석유 300L에 해당하는 에너지를 만들 수 있다. 석유 한 방울 나지 않는 우리나라로서는 탐나는 기술이 아닐 수 없다.

우리의 목표는 분명했다. 선진국들과 다른 방법으로 '퀀텀 점프'를 이루자는 것. 연구진들은 선진국이 하지 않았지만 앞으로 꼭 필요한 것이 무엇인지 찾기 시작했다. 바로 대규모 초전도 전자석이었다. 토카막에서 자기장은 플라스마를 가두

KSTAR의 주장치(토카막) 모습. 핵융합 반응이 일어나는 1억℃의 초고온 플라스마를 가둘 수 있다. 국내 기술로 만든 초전도체 전자석 30개가 달려 있어 KSTAR의 최종 목표 성능은 자기장 세기 3.5테슬라, 플라스마 지속 시간 300초, 플라스마 온도 3억℃다.

2009년 12월 두 번째 실험을 마친 뒤 KSTAR는 외부 장치를 추가 연결하고 내부를 리모델링해 성능을 높였다. 그 결과 지난해 3차 실험에서 초전도 자석을 이용한 핵융합 연구 장치로는 처음으로 중성자를 검출하고 플라스마 에너지 효율이 높은 D형, H-모드를 달성했다.

는 그물과 같은 역할을 한다. 온도를 높일수록 플라스마 입자들의 움직임이 격렬해지는데, 입자들 사이의 반발력이 줄면서 핵융합 반응이 일어날 확률이 높아진다. 하지만 이 움직임을 제대로 제어하지 않으면 입자들이 내부 벽에 부딪치면서 에너지를 잃고 낮은 에너지 상태인 중성 원자로 되돌아간다. 애써 만든 플라스마 상태가 금방 사라지는 것이다.

이를 막기 위해 토카막 안에 자기력을 걸어준다. 플라스마는 자기력선을 따라 벽에 부딪치지 않고 계속해서 이동해 간다. 그전까지는 자기장을 만들기 위해 구리로 된 전자석을 사용했다. 하지만 전류가 많이 흐를수록 구리의 전기 저항 때문에 엄청난 열이 발생했다. 이 열을 식히려면 핵융합에서 나오는 에너지보다 더 많은 에너지를 써야 했다. 핵융합의 상용화를 방해하는 가장 큰 걸림돌이었다.

국내 연구진은 바로 이 점을 돌파구로 삼았다. 만일 구리 전자석 대신 초전도 자석을 사용하면 저항이 0이므로 아무리 전류를 높여도 열이 발생하지 않을 것이다. -268.5℃인 액체 헬륨을 흘리는 냉각 시스템을 가동시키는 데 3000kW 내외의 전력이 필요하지만 이는 상전도 자석을 쓸 때 예상되는 값에 비하면 수백 분의 1에 불과하다.

아이디어는 좋았다. 하지만 세계 어느 곳에서도 초전도체를 사용해 토카막을 만들어본 적이 없었다. 국가핵융합연구소 KSTAR운영사업단 권면 단장은 "초전도 자석에 대한 이해도 부족했던 당시 핵융합에 필요한 대규모의 초전도 자석을 만든다고 하자 논란이 많았다"며 "모든 사활을 초전도 자석을 만드는 데 걸었다고 해도 과언이 아니다"며 당시 상황을 전했다.

1997년 외환 위기를 맞았을 때는 나라도 어려운데 성과가 불확실한 연구에 돈을 많이 쓴다는 이유로 비난을 받기도 했다. 하지만 연구를 멈출 수는 없었다. 더 이상 지구에게 빌려 쓰지 않고 더 이상 지구를 훼손하지 않으려면 핵융합 발전이 꼭 필요하기 때문이다. 성공만이 이 모든 논란을 불식시킬 수 있다고 믿었다. 위기가 있을수록 연구진들은 더더욱 거대한 초전도 자석을 만드는 데 몰두했다.

이런 마음가짐 덕분이었을까. 국내 연구진은 결국 지구 자기장의 7만 배에 이르는 3.5테슬라의 강력한 자기장을 만들어내는 초전도 전자석을 개발하는 데 성공했다. 그리고 2007년 8월, 1995년부터 11년 8개월 동안 총 3090억 원을 투입한 KSTAR를 완공했다. 세계에서 두 번째 초전도 핵융합 연구 장치이자(중국의 EAST가 최초임) 세계 최고 성능의 핵융합 장치였다.

플라스마 성능 2배, 응용 과학도 활발

완공 이후 슈퍼루키 KSTAR는 실험마다 성공 신화를 써내려갔다. KSTAR는 완공 이듬해인 2008년 7월 첫 시도에 플라스마 발생을 성공시켰다. 2010년 10월 3차 실험에서는 초전도 자석을 이용한 핵융합 연구 장치로는 처음으로 중성자를 검출하는 데 성공했다. 중성자 검출은 핵융합 반응이 일어났다는 가장 확실한 물증이다. 중수소 두 개가 핵융합 반응을 일으킬 때 나타나는 중수소의 에너지 크기가 꼭 2.45MeV(100만 전자볼트, 에너지 단위)인데, KSTAR에서 정확히 에너지 크기가 2.45MeV인 중수소가 발견됐다. ≪사이언스≫는 2009년 2월호에 'KSTAR가 한국을 핵융합 연구의 선두 주자로 끌어올렸다'고 표현했다.

최근엔 외부 장치를 추가 설치하고 내부를 리모델링해 성능을 더 높였다. 2010년 말 기체 상태의 중수소를 빠르게 가속해 토카막 안에 투입하는 장치인 중성입자 빔 가열 장치를 달았다. 진공 용기 내부 모든 면에 고순도 탄소 블록을 붙여 고온의 플라스마가 진공 용기에 직접적으로 부딪쳐 성능이 떨어지는 현상을 줄였다. 또 진공 용기 내부에 제어 코일을 설치해 플라스마의 위치와 불안전성을 제어했다. 진공 용기 하단 깊숙이 파인 부분에는 다이버터를 설치해 플라스마를 에너지 효율이 높은 D형 모양으로 만들고 생성되는 불순물을 효과적으로 제거했다. 이렇게 한 덕분에 2010년 11월에는 토카막 안에서 플라스마의 성능이 약 2배로 증가하는 H-모드(High confinement Mode) 현상을 달성했다. 쉽게 말해 보통 핵융합 장치를 운전할 때 기대되는 것보다 두세 배의 에너지를 내는 데 성공한 셈이다. 국가핵융합연구소는 2012년에는 내부 온도를 1억℃ 가까이 높이겠다고 다짐했다. 그리고 2013년부터는 핵융합 에너지 상용화에 필수적인 운전 기술인 플라스마 온도 3억℃, 시간 300초에 도달하기 위한 실험을 수행한다.

핵융합 발전에서 파생된 기술을 다양하게 응용하는 연구도 활발하다. KSTAR를 운영하며 얻은 초전도 자석과 플라스마 기술을 활용해 자기 공명 영상(MRI) 장치, 탄화규소(SiC) 나노 분말, 플라스마를 활용한 선박평형수 정화 장치 등에 관한 원천 기술을 개발하고 있다. 초전도 자석은 MRI의 핵심 부품이다. 국가핵융합연구소는 국내 MRI 영상처리 기술을 가진 국내 벤처기업과 공동 개발을 위한 양해각서를 체결하고 국산 MRI의 개발과 상용화에 뛰어들었다. SiC 나노 분말은 2000℃ 이상의 고온을 견딜 만큼 내구성이 뛰어난 물질로, 비행기나 고속철도의 제동 장치, 군수 분야의 방탄재, 로켓이나 인공위성의 고온내열재 등 여러 첨단 산업에 활용될 수 있다. 국가핵융합연구소는 지난해 6월 국내 벤처기업에 기술을 이전해 SiC 나노 분말의 상용화를 추진하고 있다.

ITER도 KSTAR와 똑같은 니오븀 주석 합금(Nb_3Sn)으로 초전도 전자석을 만든다. 권면 단장은 "ITER가 KSTAR보다 약 20배 크다"며 "같은 크기라고 생각하고 비교하면 똑같은 성능으로 봐도 무방하다"고 말했다. 따라서 KSTAR가 내놓는 모든 연구 결과는

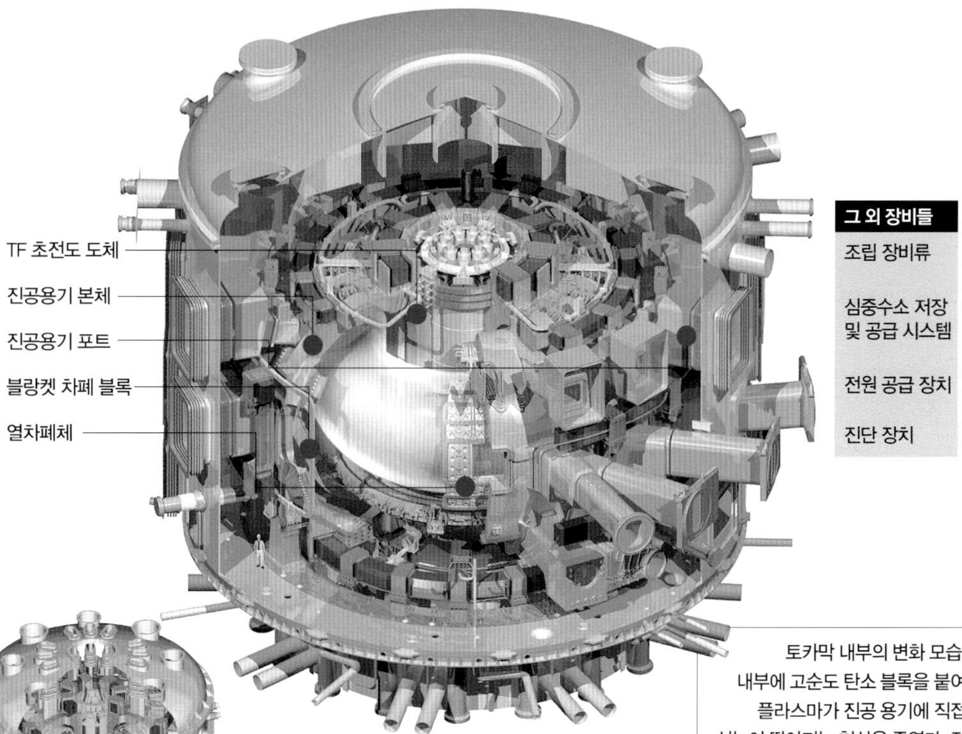

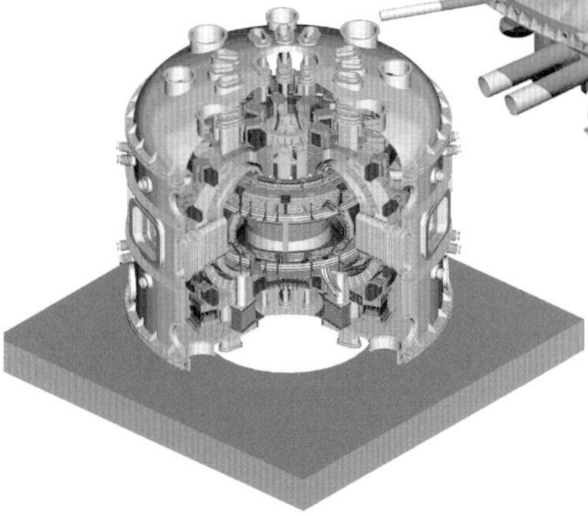

ITER 건설을 위한 우리나라 조달 품목
우리나라는 KSTAR를 제작한 기술력을 인정받아 ITER 전체 건설비의 약 9%에 해당하는 품목 9개를 제작해 조달할 예정이다. 오른쪽 9개는 우리나라가 세계 최고라고 여겨지는 기술들이다.
아래는 KSTAR의 내부모습이다. ITER의 20분의 1 크기로 규모만 다를뿐 기능과 성능이 매우 유사하다.

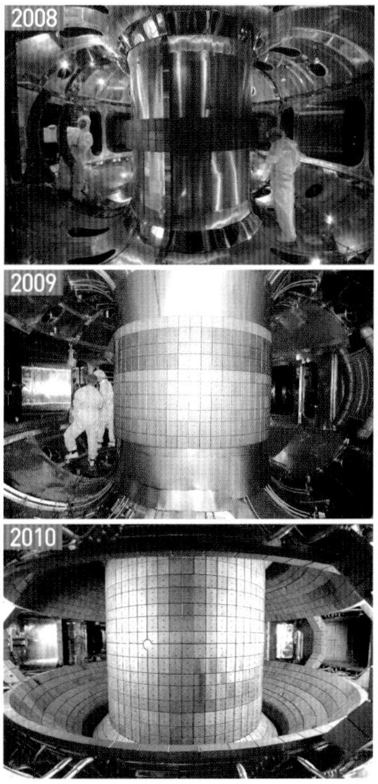

토카막 내부의 변화 모습. 토카막 내부에 고순도 탄소 블록을 붙여 고온의 플라스마가 진공 용기에 직접 부딪쳐 성능이 떨어지는 현상을 줄였다. 진공 용기 하단 깊숙이 파인 부분이 다이버터다. 플라스마 모양을 에너지 효율이 높은 모양으로 만들고 불순물을 제거한다.

ITER를 검증하는 기준으로 활용되고 있다.

국내 연구진들은 ITER가 완성되는 2019년 전까지 설계와 운영 등 각종 노하우를 열심히 쌓아가고 있는 중이다. 권면 단장은 "초전도 자석을 절대온도에 가깝게 냉각시키는 것에서부터 이 온도를 유지하며 여러 현상들을 제어하는 기술까지 한두 번 실험해서는 얻을 수 없는 노하우들이 많다"며 "KSTAR를 가진 것만으로도 ITER 공동 연구에서 한국은 기술적으로 우위에 있는 셈"이라고 말했다.

앞으로 2019년이 되면 ITER가 본격적으로 가동을 시작한다. 핵융합 학계 동향을 살펴보면 2020년대 후반부터는 각 나라별로 시험용 핵융합 발전소가 등장할 것으로 보인다. ITER는 공동 연구의 성격이 강하지만 일단 시험용 발전소를 짓기 시작하면 지적 재산권 확보를 위해 각 나라가 첨예하게 대립하게 된다. 비밀리에 가지고 있던 핵융합 기술이 중요하게 되는 것이다.

우리나라는 KSTAR를 진행하면서 초고진공, 극저온, 초전도 등 첨단 극한 기술 관련 10여 가지의 핵심 기술을 확보했다. 국내외에 200개가 넘는 특허를 취득하는 성과도 거뒀다. 우리나라가 세계에서 처음으로 핵융합 발전소를 짓는 것이 꿈만은 아니다.

그런 의미에서 미래의 무한 핵융합 경쟁을 대비하려면 많은 인력이 필요하다. 권면 단장은 "핵융합은 바로 청소년을 위한 과학"이라고 말한다. 그는 "핵융합 발전소가 본격적으로 건설되고 상용화되는 시기는 21세기 중반이므로 지금부터 학생들이 준비한다면 세계의 주인이 될 수 있다"며 많은 참여를 기대했다.

[V] 청정 기술과 지구공학

에너지와 환경

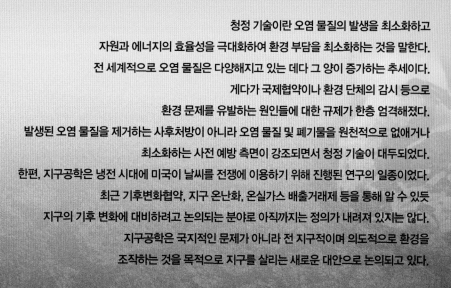

청정 기술이란 오염 물질의 발생을 최소화하고
자원과 에너지의 효율성을 극대화하여 환경 부담을 최소화하는 것을 말한다.
전 세계적으로 오염 물질은 다양해지고 있는 데다 그 양이 증가하는 추세이다.
게다가 국제협약이나 환경 단체의 감시 등으로
환경 문제를 유발하는 원인들에 대한 규제가 한층 엄격해졌다.
발생된 오염 물질을 제거하는 사후처방이 아니라 오염 물질 및 폐기물을 원천적으로 없애거나
최소화하는 사전 예방 측면이 강조되면서 청정 기술이 대두되었다.
한편, 지구공학은 냉전 시대에 미국이 날씨를 전쟁에 이용하기 위해 진행된 연구의 일종이었다.
최근 기후변화협약, 지구 온난화, 온실가스 배출거래제 등을 통해 알 수 있듯
지구의 기후 변화에 대비하려고 논의되는 분야로 아직까지는 정의가 내려져 있지는 않다.
지구공학은 국지적인 문제가 아니라 전 지구적이며 의도적으로 환경을
조작하는 것을 목적으로 지구를 살리는 새로운 대안으로 논의되고 있다.

1. 배출된 이산화탄소 격리 수용시킨다

1000년간 바다 밑 감옥에 이산화탄소를 가두다

폐유전처럼 지하의 넓은 공간에 이산화탄소를 저장할 수 있다.

21세기에는 에너지 사용의 증가로 인한 지속적인 이산화탄소의 배출과 대기 중 이산화탄소 농도의 증가가 예상되고 있다. 에너지의 생산과 사용, 그리고 배출되는 이산화탄소에 대해 철저하고 체계적인 관리가 이뤄지지 않는다면, 1997년 연간 7.4GTC(기가탄소톤)에 달했던 이산화탄소의 배출량은 2100년에는 연간 26GTC에 이를 것으로 예상된다.

이산화탄소의 증가가 기후에 어떤 영향을 미칠지는 아직 확실히 예측할 수 없다. 하지만 많은 과학자들은 공통적으로 매우 심각할 수준의 온난화 문제가 초래될 것이라는데 이의를 달지 않고 있다. 이런 지구 온난화 가스의 배출을 절반 이상 수준으로 감소시키고자 다소 일반적이고 추상적이라 할 수 있는 두 가지 방안이 제시됐다.

첫 번째는 에너지의 무의미한 소모를 줄이고, 최대한 효율적으로 사용하자는 것이다. 두 번째는 재활용 에너지나 원자력, 또는 탄소를 적게 함유하는 천연가스 등의 대체 에너지원을 사용하는 것이다. 이 두 방안은 지속적으로 관심을 갖고 범세계적으로 풀어나가야 될 과제다.

그러나 지구 전체 온난화 가스의 균형을 맞추고 안정화를 이루는데는 매우 제한적일 수밖에 없다는 현실적인 문제점을 그대로 안고 있다. 에너지를 절감한다거나 새로운 청정 에너지원의 개발만으로는 대기권에 존재하는 엄청난 양의 이산화탄소를 직접 줄이는 데 한계가 있기 때문이다.

결국 온난화 문제를 극복할 확실하고 구체적인 타개책으로 이산화탄소를 격리해 대규모로 저장시키는 기술(carbon sequestration)이 적극적인 방법으로 제시되고 있고, 여러 선진국에서 중장기적 로드맵을 만들어 심혈을 기울이고 있다. 이 기술은 전체 에너지계에서 방출되는 이산화탄소를 분리하고 완전히 격리시켜 저장하는 것을 의미하는데, 단기간에 탄소 사이클(carbon cycle system)의 균형을 맞춰줄 수 있는 유일한 방법으로 주목받고 있다.

자연의 이산화탄소 순환계는 장기적으로는 평형 상태에 있지만 단기적으로는 매우 유동적이다. 이산화탄소를 방출하는 자연 작용(natural process)이 가속되면 그에 따라 이산화탄소를 분리·저장시킬 수 있는 작용 또한 가속되는 메커니즘을 갖고 있다. 그러나 산업화를 통해 엄청난 이산화탄소가 방출되면서 분리·저장하는 자연의 메커니즘은 그 속도를 따라가지 못해 대기 중 이산화탄소는 급격히 늘고 있다.

미국, 일본, 캐나다 등 선진국을 중심으로 이산화탄소를 효율적이고 경제적으로 격리하고 저장시킬 수 있는 기초 및 응용 단계의 연구가 국가 주도 체제로 매우 활발히 수행되고 있다. 미국 부시 대통령은 "이산화탄소의 격리·저장 기술의 발달은 유해 가스 배출을 상당히 줄이게 될 것"이라며 이 분야에 거는 큰 기대를 표현한 바 있다. 특히 국제에너지기구(IEA)의 '온실가스 연구·개발 프로그램'(Greenhouse Gas R&D Program)에서는 이산화탄소를 안정적으로 저장할 수 있는 잠재적 처리장소로 지중과 해양을 모두 가능한 현실적인 대안으로 제시했다. 지하 공간이나 해저는 둘 다 잠재적으로 무한한 저장 용량을 가지고 있으며, 저장 과정이 순수 자연현상처럼 이뤄지므로 친환경적 방법이라 할 수 있다.

특히 해양 격리 저장이 IEA의 경제성 및 기술성에 대한 예비 검토 결과, 가장 현실성이 있다는 판단에 따라 많은 연구 투자가 이에 집중되고 있는 상황이다. 지중 저장의 경우에는 주변의 환경과 생태계에 매우 복잡하고 다양한 피해가 예상된다. 더욱이 우리나라의 경우 지하 폐가스전이나 폐유전이 존재하지 않아 지질학적으로 마땅한 지중 저장 장소를 찾기 어렵다. 이 때문에 주변 해양이나 해저 환경을 이용하는 쪽이 훨씬 유리할 것으로 판단된다.

이산화탄소 저장 방법

배출원에서 회수 기술을 통해 모은 이산화탄소는 땅속이나 심해로 격리시킬 수 있다. 땅속에 저장할 경우는 폐유전이나 폐석탄층, 대수층을 이용한다. 해양의 경우 온도가 낮고 압력이 높은 심해에 이산화탄소를 저장하면 오랫동안 격리시킬 수 있다.

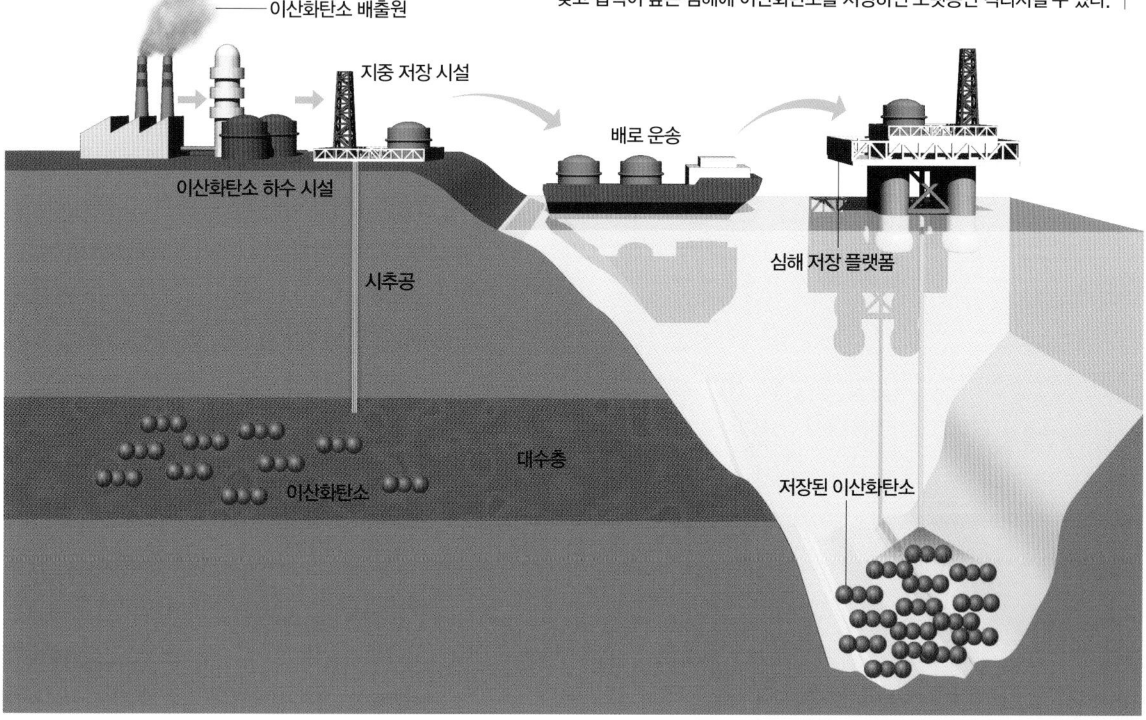

천연가스를 뽑기 위해 해양에 떠있는 플랫폼. 이산화탄소를 배로 수송해 천연가스층에 저장하면 천연가스 개발에 따라 해저 지층이 붕괴되는 현상을 막을 수 있다.

이산화탄소를 잡는 청정 기술

1. 배출된 이산화탄소 격리 수용시킨다

무한한 용량의 천연 저장고

이산화탄소를 지중에 저장할 경우 폐유전이나 폐석탄층을 이용하거나, 대수층을 활용하는 방법이 있다. 폐유전이나 폐석탄층에 이산화탄소를 저장하는 경우에 오랜 기간 동안 대기와의 접촉이 차단될 것으로 기대된다. 현재 미국 노스다코다의 한 천연가스 공장에서 방출되는 이산화탄소를 매일 5천t씩 파이프라인을 통해 320km 떨어진 캐나다 서스캐처원주의 한 유전으로 옮겨 지하 1.6km 깊이의 폐유정에 저장하는 실험이 진행 중이다. 그러나 지중 저장의 경우 만약 외부로 누출되는 사고가 발생하면 그 피해는 상상하기조차 어렵다.

최근 주목받고 있는 해양을 대상으로 격리 저장하는 기술에 대해 자세히 살펴보자. 해양 저장의 구상은 발전소나 공장의 배출가스에서 이산화탄소를 채집해 전용선으로 바다로 옮긴 다음 파이프를 통해 깊은 바다 밑으로 이송하는 개념이다. 다양한 종류의 배출원으로부터 나온 이산화탄소는 일반적으로 흡수법, 흡착법, 막분리, 또는 하이브리드형의 회수기술을 사용하면 대량으로 모을 수 있다.

해양은 육지에서 방출되는 이산화탄소를 흡수하는 자연적인 기능을 수행하고 있다. 이산화탄소의 용해에 의한 물리적 용해 펌프(solubility pump)와 바다 생물의 이산화탄소 흡수에 의한 생물학적 흡수 펌프(biological pump)가 이산화탄소를 흡수하는 두 가지 메커니즘이다. 이 두 메커니즘으로 바다가 이산화탄소를 흡수하는 속도는 연간 2GTC 정도다. 그러나 산림의 황폐화와 화석 연료 사용의 급증으로 늘어나는 이산

이산화탄소를 분석하는 데 사용되는 슈퍼 컴퓨터.
이산화탄소 문제를 해결하기 위해서 엄청난 기술과 비용이 필요하므로 국가 간 공동 연구가 진행돼야 한다.

화탄소를 감당할 수 없는 수준이다.

대기로부터 해양으로 이산화탄소가 흡수되는 속도와 마찬가지로 심해로 흡수된 이산화탄소가 다시 대기 중으로 방출되는 속도 또한 매우 느리다. 다시 말해 지면에 흡수된 이산화탄소는 8년 정도 지난 후에 다시 대기로 방출되는 반면, 심해로 흡수된 이산화탄소가 다시 대기 중으로 방출되기까지는 1000년이라는 긴 기간이 요구되는 것이다. 심해 조건에서는 해수의 온도가 낮고 압력은 상당히 높아 이산화탄소의 용해력이 좋고 안정적으로 분산돼 지상으로 되돌아갈 확률이 매우 작기 때문이다.

이렇게 해양이 이산화탄소를 흡수하고 1000년이라는 긴 시간 동안 저장해주는 자연 작용으로부터 해양 격리의 개념이 출발했다. 즉 이산화탄소를 심해에 직접 주입해줌으로써 대기 중 이산화탄소가 바다로 흡수되는 자연 작용의 속도를 증가시켜주는 것이 해양 저장의 핵심인 것이다.

심해수에 이산화탄소를 투입하면 작은 이산화탄소 입자들이 떠오르지만, 떠오르는 거리가 길어지면서 차츰 바닷물 속에 녹게 된다. 즉 바닷물 속에 투입된 이산화탄소는 부상거리 90~120m 이내에서 모두 용해된다. 이런 이산화탄소의 깊은 바닷물 속 저장은 농축된 이산화탄소 액체를 변온층, 즉 수심 1000m 이상의 심해에 주입하는 것을 기본 방법으로 하고 있다. 머지않은 장래에 이를 바탕으로 한 기술이 상용화될 것으로 기대되고 있다.

또 하나의 방법을 살펴보자. 이산화탄소는 해저에 주입되는 저온·고압 상태에서 해수와 반응해 얼음 형태의 하이드레이트라는 고체 물질로 바뀐다. 수심 1000m 이상의 심해는 1℃ 전후의 저온과 100기압 이상의 고압 상태가 유지된다. 이런 조건에 이산화탄소와 같은 저분자량의 가스가 용해되는 경우 주변의 물 분자들이 수소 결합을 통해 격자 모양을 형성한다. 이 격자 구조 내로 이산화탄소 분자가 포획되면서 안정한 고체 결정체를 이루게 된다. 이 결정체를 '이산화탄소 하이드레이트'라고 부르는데, 외관상 얼음과 비슷하지만 결정 구조는 확연히 다른 모습을 보인다.

이산화탄소 하이드레이트는 해양 저장에서 중요한 역할을 수행한다. 수심 3000m 이하의 깊이에 주입된 액상의 이산화탄소는 밀도가 해수보다 낮기 때문에 부력에 의해 수면 위로 떠오를 수 있다. 이때 하이드레이트가 이산화탄소 액체 표면에 생성되면 그 밀도가 해수보다 커져 해저 퇴적층까지 가라앉게 해주는 역할을 수행한다.

즉 해저 골짜기에 액체 이산화탄소를 저장하고, 이렇게 저장된 이산화탄소가 주변으로 흘러나가지 못하도록 그 위에 이산화탄소 하이드레이트 덮개를 만들어준다. 쉽게 생각해 추운 겨울날 한강이 상당한 두께로 얼게 되고 그 밑으로는 얼지 않은 물이 존재하는 것과 같다. 여기서 이산화탄소 하이드레이트가 한강 표면의 얼음에, 액체 이산화탄소는 얼음 표면 밑의 물에 해당된다. 이런 현상을 이용함으로써 엄청난 양의 이산화탄소를 해저 골짜기에 저장하는 것이 가능하다.

또하나의 가능한 방법은 깊은 바다의 밑바닥에 존재하는 천연가스 하이드레이트층에 이산화탄소를 저장하는 것이다. 천연가스 하이드레이트층은 다량의 메테인 가스를 지니고 있는 심해저의 퇴적층을 지칭하며, 차세대 미래 에너지원으로서 전 세계가 주목하며 개발을 서두르고 있다.

천연가스 하이드레이트 매장량은 세계적으로 1650조m^3로 추정될 정도로 막대한 양이며, 이는 석탄과 석유 매장량의 2배가 넘는다. 이런 천연가스 하이드레이트 퇴적층에 지상에서 온난화를 일으키는 이산화탄소를 채우고 대신 해저 천연가스를 빼내 지상에서 에너지원으로 활용하는 과정을 동시에 수행해 이산화탄소 저장과 천연가스 개발이라는 일거양득의 효과를 낼 수 있다.

더욱이 퇴적층에서 천연가스 개발을 통해 뽑아 사용하면 해저 지층이 붕괴되는 현상을 막을 수 있다. 천연가스 하이드레이트층으로의 이산화탄소 저장은 새로운 이산화탄소 하이드레이트 생성을 통해 붕괴를 방지하는 지질학적 생태환경적 이점을 지니는 것이다. 물론 이산화탄소를 대량으로 심해에 저장하는 경우에는 주변 생태계에 미치는 영향 평가와 국가 간 폐기 장소 협의 등 갈등 요소들을 심도있게 검토하는 일이 필요하다.

2. 이산화탄소를 가두려면

지구 온난화 막는 기술

2009년 10월 10일, 덴마크 코펜하겐에서 세계적 투자가 조지 소로스가 기자 회견을 가졌다. 그는 앞으로 자신의 재산 중 10억 달러(약 1조 1500억 원) 이상을 기후 변화에 대처하기 위한 청정 에너지를 개발하는 기술에 투자하겠다고 발표했다.

소로스가 기자 회견 장소로 코펜하겐을 선택한 건 의미심장한 일이었다. 2009년 12월 7일 코펜하겐에서 2012년 종료되는 교토의정서를 대체할 새로운 기후변화 협약을 정하는 유엔 기후변화협약(UNFCCC) 당사국 총회가 열렸기 때문이다. 이 자리에서 각 국가들이 앞으로 이산화탄소 배출량을 얼마나 줄일지를 결정했다.

하지만 정치적 결정으로 이산화탄소 저감 문제가 해결될까. 현재 산업에 쓰이는 에너지의 85% 이상은 석유나 석탄과 같은 화석 연료로부터 얻고 있다. 아직까지 석유나 석탄보다 값싸고 쉽게 구할 수 있는 에너지원은 없다.

그렇다면 달리 뾰족한 수가 없을까. 소로스가 거금을 투자하겠다는 이유도 바로 이 때문이다. 기자회견 때 그는 "과학에 대한 전문적인 지식이 없다"면서 "대신 내가 할 수 있는 한 가지는 돈을 투자하는 것"이라고 말했다. 소로스는 자신의 돈으로 기후 변화를 극복할 과학 기술을 얻고자 하는 것이다. 이런 그가 기자 회견 전부터 이미 투자를 해오던 기술이 있다. 탄소 포획 저장(Carbon Capture & Storage, CCS)이라는 기술이다. 세계적 갑부가 선택한 CCS 기술은 과연 어떤 것일까.

이산화탄소는 대기 중으로 날아가 온실 효과를 일으켜 지구의 기온을 높인다. 만약 이 골칫덩이 이산화탄소만 대기 중으로 날아가지 못하게 붙잡아 수천 년 동안 땅속에 가둘 수 있다면 어떨까. 지구 온난화 문제를 상당 부분 해결할 수 있을 것이다. 그걸 가능하게 하는 기술이 바로 CCS 기술이다.

화력 발전소는 인류가
내뿜는 이산화탄소 총량에서
4 분의 1을 쏟아낸다.

CCS 기술에 기대를 거는 건 소로스뿐이 아니다. 국제에너지기구(IEA)는 2050년이면 CCS기술로 이산화탄소 배출량을 20% 가량 줄일 수 있을 것으로 전망했다. 영국 에딘버그대학교 지구과학부 스코틀랜드 탄소저장연구소에 따르면 현재 전 세계에서 43개의 CCS 프로젝트가 진행 중이다. 이런 추세를 반영해 2009년 9월 25일자 과학저널 ≪사이언스≫도 CCS를 특집으로 다뤘다.

연구자들은 이산화탄소가 막대하게 배출되는 곳에 주목했다. 바로 화력 발전소다. 전 세계 5000여 곳의 화력 발전소는 가장 싸고 풍부한 에너지원인 석탄을 태워 전기를 생산하는데, 인류가 내뿜는 이산화탄소 총량에서 4분의 1을 차지한다. 발전소에서 나오는 이산화탄소만 붙잡아도 대성공인 셈이다. 최근 CCS 기술을 도입한 화력 발전소가 각광을 받고 있는 이유가 이 때문이다.

2008년 9월 독일에서 세계 최초로 CCS 기술을 도입한 화력 발전소가 가동에 들어갔다. 얼마 뒤 프랑스에서도 CCS 기술을 도입한 발전소가 등장했다. 현재 전 세계적으로 가동 중이거나 계획 중인 CCS 발전소는 무려 30개가 넘는다.

하지만 당장 CCS 기술을 도입한 발전소가 이산화탄소의 배출량을 줄일 것으로 기대하기 힘들다. 아직까지 소규모에 실험적인 수준이기 때문이다. 과학저널 ≪사이언스≫는 CCS 기술을 도입한 발전소가 상업화되려면 최소 2020년까지 기다려야 할 것으로 내다봤다.

우리나라의 CCS 기술 수준은 걸음마 단계다. 2009년 10월 우리 정부는 2013년까지 5년 동안 CCS 기술을 연구 개발하는 데 약 1000억 원을 지원하고 2015년부터 이를 바탕으로 CCS 기술을 도입한 발전소를 건설할 계획이라고 밝혔다.

CCS 기술을 도입한 발전소는 어떻게 이산화탄소를 포획할까. 가장 보편적인 방법은 석탄을 태운 뒤 나온 연기에서 아민이라는 유기 화학 물질을 이용해 이산화탄소를 붙잡는 것이다. 1930년대에 개발된 이 방법은 가장 간단할 뿐 아니라 기존의 석탄 화력 발전소에 적용하기에 적합하다.

가장 복잡한 방법이지만, 석탄을 태우지 않고 이산화탄소를 포획하는 방법도 있다. 여기에서는 애초에 석탄을 여러 가지 가스 형태로 바꾼다. 그런 다음 이 가스에서 이산화탄소는 따로 포획하고 수소만을 뽑아 터빈을 돌려 전기를 생산한다. 이 기술은 미국과 중국의 발전소에 적용될 예정이다.

석탄을 태우는 중에도 이산화탄소를 붙잡을 수 있다. 그러려면 공기 대신 순수한 산소로만 연소시켜야 한다. 문제는 순수한 산소를 생산하는 데 드는 비용이 너무 비싸다는 점이다. 아직까지 이 방법은 연구초기 단계에 머물러 있다.

2. 이산화탄소를 가두려면

석유 매장지로 되돌아간다

전 세계 5000여 기의 화력 발전소는 석탄과 석유를 태워 전기를 생산한다. 최근 화력 발전소에서 배출하는 이산화탄소를 줄이기 위해 CCS 기술을 도입하고 있다.

CCS 기술 도입한 발전소

이산화탄소는 온실 효과를 일으켜 지구의 기온을 높인다. 이산화탄소를 붙잡아 수천 년 동안 땅속에 가둘 수 있다면 지구 온난화 문제를 상당 부분 해결할 수 있다. 최근 CCS 기술을 도입한 화력 발전소가 주목받고 있다.

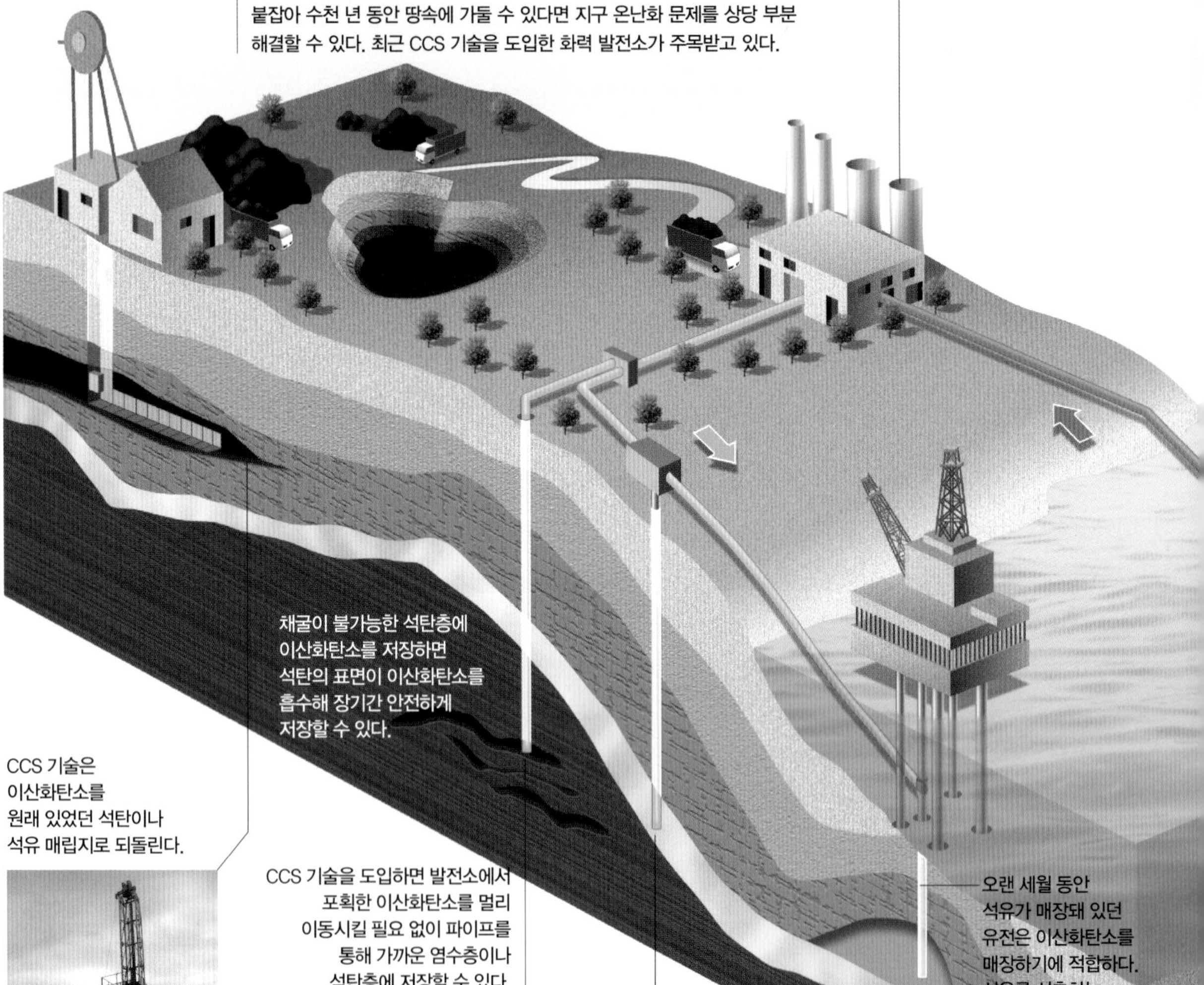

채굴이 불가능한 석탄층에 이산화탄소를 저장하면 석탄의 표면이 이산화탄소를 흡수해 장기간 안전하게 저장할 수 있다.

CCS 기술은 이산화탄소를 원래 있었던 석탄이나 석유 매립지로 되돌린다.

CCS 기술을 도입하면 발전소에서 포획한 이산화탄소를 멀리 이동시킬 필요 없이 파이프를 통해 가까운 염수층이나 석탄층에 저장할 수 있다.

염수층은 미네랄 성분이 너무 많아 화학 오염 물질을 저장하는 용도 외에는 별다른 가치가 없다. 염수층은 유전이나 석탄층과 달리 광범위하게 분포해 있다.

오랜 세월 동안 석유가 매장돼 있던 유전은 이산화탄소를 매장하기에 적합하다. 석유를 시추하는 동시에 이산화탄소를 집어넣을 수도 있다.

발전소에서 포획한 이산화탄소는 어디에 가둘 수 있을까. 가장 쉽게 생각할 수 있는 저장소는 석유나 천연가스 매장지다. 연구자들은 석유나 천연가스 매장지가 오랜 세월 동안 석유나 천연가스를 가둬둔 만큼 이산화탄소를 안전하게 저장할 수 있다고 생각한다.

최근 북해의 한 유전이 천연 이산화탄소를 1억 년 동안이나 안전하게 저장하고 있었던 것으로 밝혀졌다. 이 방법은 이산화탄소를 집어넣을 때 부가적으로 석유나 가스를 쉽게 뽑아낼 수 있다는 점이 장점이다.

한 예로 미국 텍사스 주 유전에는 매년 이산화탄소 3000만t이 매장되고 있다. 염수층은 석유 매장지와 달리 지층에 광범위하게 분포한다. 지난 한 세기 동안 발생한 이산화탄소 전체를 저장할 수 있을 정도로 넓다. 그러니 CCS 기술을 도입한 발전소에서 포획한 이산화탄소를 멀리 이동시킬 필요 없이 가까운 염수층에 저장할 수 있다.

또 퇴적 분지는 공극(빈 공간)이 많은 사암층에 점토가 굳어진 셰일층이 덮고 있는 지형인데, 이산화탄소를 사암층에 주입해 셰일층이 가둬두는 게 가능하다. 다만 유전에 비해 상대적으로 정보가 부족하고 시추 시설이 없어 매장하는 데 드는 비용이 만만치 않다. 마지막 후보지는 채굴성이 떨어지는 석탄층이다. 이산화탄소는 석탄의 표면에 흡수돼 장기간 안전하게 저장할 수 있다. 2009년 10월 말 서울대학교 지구환경과학부 김준모 교수가 '지질과학 연합 학술 발표회'에서 발표한 바에 따르면 경상분지를 비롯한 우리나라 육상 퇴적 분지에도 약 11억t 규모의 이산화탄소를 매장할 수 있다.

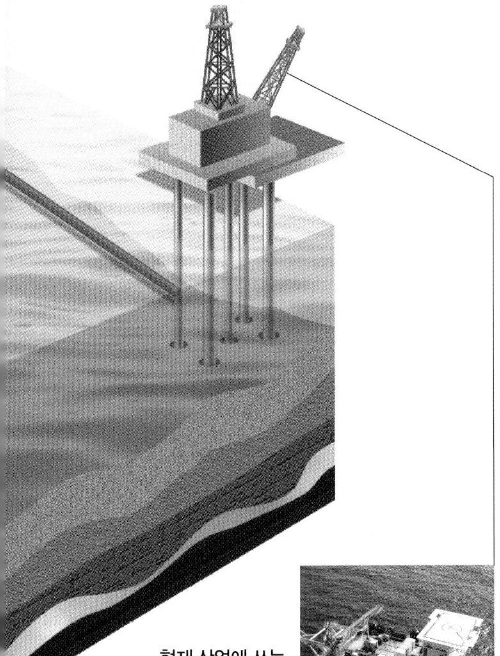

현재 산업에 쓰는 에너지의 85% 이상은 석유나 석탄 같은 화석 연료에서 얻고 있다. 사진은 해저 유전에서 석유를 시추하는 모습.

혹시라도 매장된 이산화탄소가 유출되면 어떻게 될까. CCS 기술을 반대하는 이들은 1986년 아프리카 카메룬의 니오스 호수에서 일어난 끔찍한 재앙을 떠올린다. 이 호수는 화산 분출로 생겨났는데, 당시 매장돼 있던 120만t 가량의 이산화탄소가 폭발하며 밖으로 뿜어져 나와 평온하던 인근 마을을 덮쳤다. 이 일로 무려 1700여 명의 사람이 목숨을 잃었다.

만약 이산화탄소 매장지에 지진이라도 일어나면 비슷한 폭발이 일어날 수 있다. 게다가 최근 CCS의 이산화탄소 매장이 지진과 화산폭발을 불러올 수 있다는 주장이 지질학자들에 의해 제기되기도 했다.

만일 대기 중 이산화탄소가 돌이킬 수 없는 기후 변화를 불러올 정도로 늘어난다면 어떻게 해야 할까. 대기 중의 이산화탄소를 포획하면 되지 않을까.

미국 컬럼비아대학교 지구물리학과 클라우스 랙커 교수는 이산화탄소를 포획하는 인공나무인 '에어 스크러버'를 연구하고 있다. 에어 스크러버는 이산화탄소와 반응하는 화학 물질을 넣은 인공 구조물로 나무처럼 공기 중의 이산화탄소를 흡수한다. 예를 들어 이산화탄소를 탄산염(CO_3^{2-}) 형태로 붙잡는 수산화기(OH^-)를 포함한 화학 물질을 이용한다. 재밌는 사실은 랙커 교수가 딸에게서 에어 스크러버에 대한 아이디어를 얻었다는 점이다. 1999년 당시 고등학생이던 딸이 학교 과학경시대회 프로젝트에 제출하기 위해 에어 스크러버를 고안했고 이에 대해 아버지에게 조언을 구한 것. 랙커 교수는 그 뒤부터 에어 스크러버를 연구하고 있다.

에어 스크러버는 CCS 기술을 도입한 발전소와 달리 아무 데서나 이산화탄소를 포획할 수 있는 게 장점이다. 이산화탄소는 배출량이 지역마다 다르지만 대기 중 농도는 어디나 비슷하기 때문이다. 그래서 이산화탄소 매장지에 위에 에어 스크러버를 설치하면 포획한 이산화탄소를 저장하기 위해 장거리를 이동시킬 필요가 없다. 하지만 드넓은 대기에 퍼져 있는 이산화탄소를 붙잡는 건 만만찮은 일이다. 2005년 유엔 산하 '정부 간 기후변화위원회(IPCC)'는 에어 스크러버가 소모하는 에너지가 너무 많아 비현실적이라는 결론을 내렸다. 만약 에어 스크러버 기술을 상용화할 수 있을 정도로 에너지 소모량을 줄인다면 그 파장은 대단할 것으로 전망된다. ◪

녹색 화학

1. 지구촌을 구할 녹색 해결사

21세기의 화학, 녹색 옷으로 갈아입다

'2011년 세계 화학의 해'는 퀴리 부인의 노벨화학상(1911년) 수상 100주년을 기념해 선정됐다.

1991년 미국 환경보호국(EPA)에 근무하던 화학자 폴 아나스타스 박사(당시 28세)는 화학이 환경 오염의 주범에서 벗어나 더 안전하고 더 깨끗하고 더 에너지 효율적인 방향으로 패러다임을 전환해야 한다며 '녹색 화학(green chemistry)'이란 용어를 만들었다. 그 뒤 화학계는 녹색 화학을 향한 치열한 자기 변신을 시도했다. 그 결과 미국의 연간 위험물 발생량은 1991년 2억 7800만t에서 2009년 3500만t으로 급감했다. 1998년 출시된 발기치료제 비아그라를 만드는 제약회사 화이자는 반응 공정을 개선해 비아그라 1kg을 만들 때 나오는 폐기물을 105kg에서 8kg까지 줄이는 데 성공했다. 한국화학연구원은 촉매를 이용해 이산화탄소 발생량을 20%나 줄인 나프타 분해 공정을 개발했다.

최근 화학은 에너지 절감을 넘어 에너지를 만드는 과제를 떠안았다. 인류가 쓰는 에너지의 1만 배나 되는 태양 에너지를 포획하는 태양 전지의 효율을 높이는 연구에서 식물에서 영감을 얻은 인공 광합성 시스템 개발까지 발걸음이 분주하다. 과연 화학은 환경과 에너지 위기에 빠져 있는 지구를 구하는 '녹색 해결사'가 될 수 있을까.

2011년은 유엔이 선포한 '세계 화학의 해'다. 이 결정의 배후에는 국제순수·응용화학연맹(IUPAC) 밑에 뭉친 세계 화학자들의 요망이 있기도 했지만, 유엔이 인류와 지구의 미래를 위해 그 중요성을 인정했기 때문이다.

지난 20세기는 화학의 세기였다. 화학자가 합성한 아스피린은 20세기 들어 널리 시판된 뒤 지금 이 순간에도 수많은 사람들의 고통을 덜어주고 있다. 이어 개발된 페니실린을 비롯한 여러 항생제는 셀 수 없는 생명을 구해주었다. 비료와 농약의 발명은 농업 혁명을 이룩해 인류의 굶주림 해결에 앞장섰으며, 20세기 후반에는 석유 화학 시대를 활짝 열었다. 합성 수지와 합성 섬유, 합성 고무는 우리 생활 패턴을 완전히 바꾸며 고분자(플라스틱) 시대를 열었다.

화학의 합성 능력은 새로운 기능 소재 및 재료의 개발을 가능하게 해 20세기 후반에는 전자·정보 시대의 도래에 촉매가 됐다. 화학 지식과 기술은 생명과학의 발전에도 밑거름 노릇을 하고 있다. 바야흐로 화학은 현대 과학 기술의 중심을 차지하면서 그 영역을 확대해 나가고 있다.

그러나 지난 세기 후반부터 화학에 대한 대중의 이미지는 악화 일로를 밟아왔다. 특히 미군이 베트남 전쟁(1960~1975년)에 사용한 화학 무기와 고엽제가 화학에 대한 부정적 이미지를 전 세계에 급속도로 확산시키는 데 결정적인 계기가 됐다. 화학제품에 의한 자연과 생태계 파괴도 주목을 받기 시작했다. 또한 1984년 인도 보팔에서 있었던 화학 공장 폭발에 의한 수많은 희생은 화학제품 생산 공정의 안전성에 커다란 의문을 품게 했다.

여기에 일부 기업의 부도덕한 이윤 추구와 안전에 대한 무지가 화학에 대한 부정적 이미지를

악화시키는 데 일조했다. 물론 대중 매체가 진실을 왜곡한 경우도 있었지만 이런 사건들은 일반인들에게 큰 충격을 안겨줬다.

그러나 세계 화학계가 무책임한 무대응 전략을 유지하지는 않았다. 캐나다의 화학생산협회가 1985년에 시작해 지금은 세계의 많은 화학업체로 확산된 '책임 보호 운동(Responsible Care)'은 화학을 통한 건강과 안전, 환경보호에 앞장서고 있다. 이제 화학도 '녹색'이 아니면 설 자리가 없다.

현재 이 운동은 국제화학연합이사회(ICCA)가 이끌고 있으며 세계 53개국이 회원국으로 참여하고 있다. 우리나라도 정회원국이다. ICCA는 2006년 두바이에서 유엔이 개최한 국제화학경영회의에서 '책임 보호' 글로벌 헌장을 채택하기도 했다.

현재 전 세계 화학제품의 생산량이 4000조 원에 육박하고 있으며 2000만 명이 넘는 인력이 직간접적으로 화학 산업에 종사하고 있음을 생각할 때 ICCA의 '책임 보호 운동'은 지구의 경제, 사회, 환경 보호에 참으로 중요하다.

우리 인류가 21세기에 해결해야 할 과제들 가운데 가장 시급한 환경, 에너지, 보건 및 농업의 문제들은 화학적 지식과 기술의 도움 없이는 해결이 불가능하다. 전 세계 화학계는 친환경적이며 에너지 절약 또는 한걸음 더 나아가 에너지 생산형으로 화학에게 '녹색 옷'을 입혀가고 있다.

예전에는 폐기물이었던 바이오매스로부터 화학제품, 바이오 알코올과 바이오 디젤 같은 바이오 연료를 생산하고 있다. 화학 생산 공정에서는 이산화탄소 같은 온실가스 생성을 최소화하는 데 진력하고 있다. 화학자들의 재료와 배터리 연구에 힘입어 태양 에너지 사용 효율이 눈부시게 높아지고 있다. 또 촉매 화학의 발전이 저에너지 화학 기술의 등장을 촉진하고 있다.

미국의 9.11 테러사건이 그 필요성을 부각시킨, 미량 독성 물질을 검출하고 확인하는 화학 분석 기술의 빠른 발전은 개인 보호 및 국가 안보에 큰 공헌을 하고 있을 뿐 아니라 환경 지킴이 기술을 제공하고 있다.

식물의 광합성에 관한 화학적 이해가 크게 진전되고 있어 인공광합성의 날이 다가오고 있다. 햇빛과 물, 이산화탄소로 탄수화물을 대량 생산할 수 있는 날이 머지않아 보인다.

한편 '화학생물학(Chemical Biology)'의 등장은 새로운 생명과학 지식과 특히 의약학 기술 발전에 동력을 제공할 뿐 아니라 화학제품의 안전성을 한 단계 더 높여 줄 것으로 예상된다.

우리 자신을 포함해 모든 생명체는 물론 우리 주위 모든 물체 중 원소와 화합물이 아닌 것이 하나도 없음을 인지한다면 인류와 이 지구, 또 우주를 건강하게 보존하기 위해서도 화학의 건전한 발전이 절대적으로 필요함에 공감하게 된다. ⊠

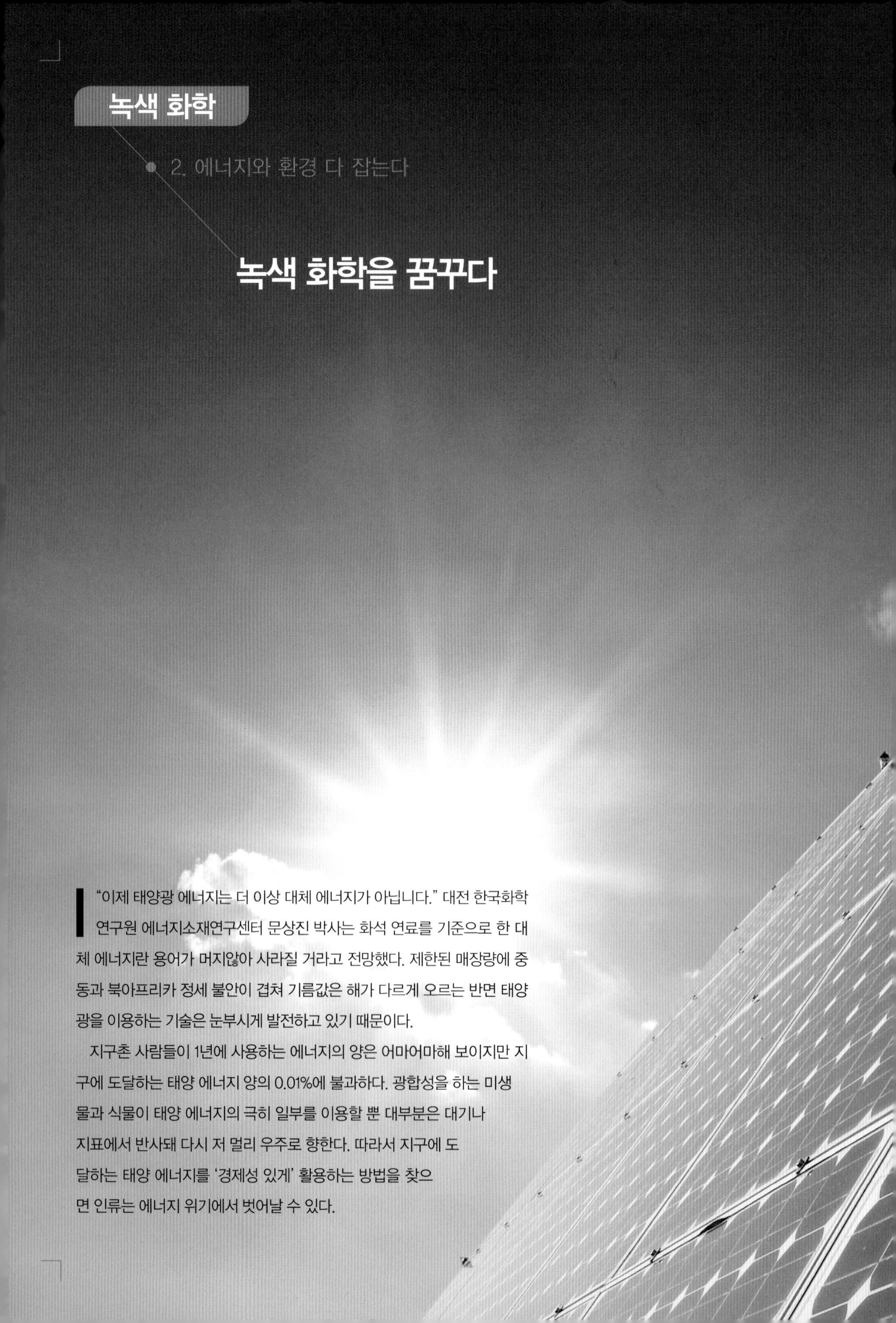

녹색 화학을 꿈꾸다

"이제 태양광 에너지는 더 이상 대체 에너지가 아닙니다." 대전 한국화학연구원 에너지소재연구센터 문상진 박사는 화석 연료를 기준으로 한 대체 에너지란 용어가 머지않아 사라질 거라고 전망했다. 제한된 매장량에 중동과 북아프리카 정세 불안이 겹쳐 기름값은 해가 다르게 오르는 반면 태양광을 이용하는 기술은 눈부시게 발전하고 있기 때문이다.

지구촌 사람들이 1년에 사용하는 에너지의 양은 어마어마해 보이지만 지구에 도달하는 태양 에너지 양의 0.01%에 불과하다. 광합성을 하는 미생물과 식물이 태양 에너지의 극히 일부를 이용할 뿐 대부분은 대기나 지표에서 반사돼 다시 저 멀리 우주로 향한다. 따라서 지구에 도달하는 태양 에너지를 '경제성 있게' 활용하는 방법을 찾으면 인류는 에너지 위기에서 벗어날 수 있다.

2. 에너지와 환경 다 잡는다

석유 수준에 다가가는 경제성

"2010년 세계 최초로 6세대 다결정 실리콘 잉곳을 양산하는 시스템을 개발하는 데 성공했습니다. 같은 해 5월 상용화가 시작되면 실리콘 웨이퍼의 단가가 더 떨어지겠죠."

실리콘 잉곳(ingot)이란 실리콘 결정으로 이뤄진 덩어리로 가로세로 길이가 같고 납작한 6면체다. 6세대란 이 잉곳을 가로세로 6등분한다는 뜻으로 전부 36개의 '벽돌'이 나온다. 이 벽돌을 두께 200μm(마이크로미터, 100만분의 1m)로 썰어낸 게 실리콘 웨이퍼다.

"실리콘 웨이퍼 타입 태양 전지의 작동 원리는 광반도체와 똑같다고 보면 됩니다. 빛을 받으면 전자가 높은 에너지 상태가 돼 한쪽 전극으로 이동하면서 전압이 생깁니다."

현재 실리콘 웨이퍼 타입은 전체 태양 전지의 80% 이상을 차지하고 있다. 에너지 효율이 15% 정도로 높고 오랫동안 쓸 수 있기 때문이다. 2~3

한국화학연구원이 세계 최초로 양산화에 성공한 6세대 실리콘 잉곳. 36개의 벽돌로 자른 상태다.

가로세로 15.6cm인 벽돌을 두께 0.2mm로 썰어내 웨이퍼를 만든다. 이 웨이퍼를 가공해 태양 전지를 만든다.

다양한 태양 전지

빛에너지를 전기 에너지로 바꾸는 태양 전지는 여러 타입이 있는데 그 가운데 3가지를 소개한다.

❶ 결정 실리콘 태양 전지

도핑으로 P형 반도체가 된 실리콘이 빛을 흡수해 전자와 정공이 분리되면 전자는 N형 반도체를 거쳐 음극으로 이동하고 정공은 양극으로 이동한다. 에너지 변환 효율이 15%로 높고 수명이 길지만 두께가 두꺼워 재료비가 많이 든다.

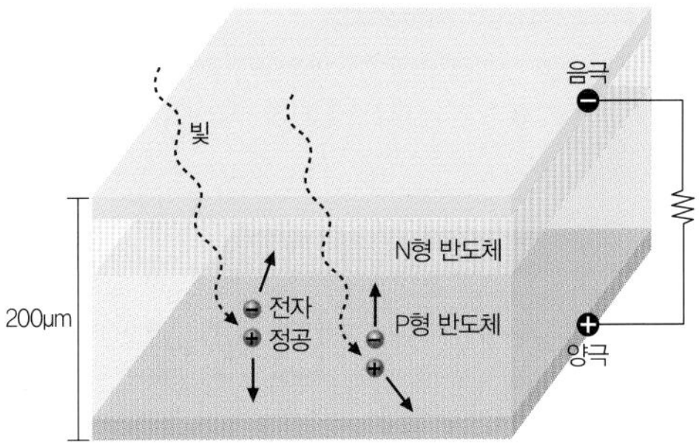

❷ 박막형 유기 태양 전지

P3HT같은 유기분자가 빛을 흡수해 전자와 정공이 분리되면 전자는 PCBM 같은 전자 수용체를 거쳐 음극으로 이동하고 정공은 양극으로 이동한다. 에너지 변환 효율이 5%로 낮고 수명이 짧지만 재료비가 싸다.

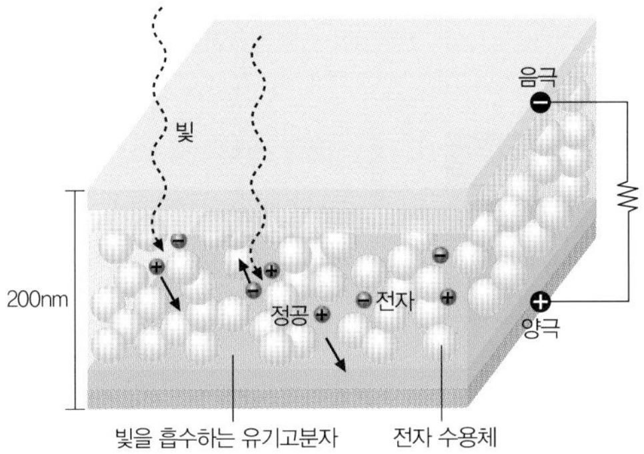

❸ 무기·유기이종접합형 태양 전지

이산화티탄 표면에 분포한 무기 반도체 나노 입자가 빛을 흡수해 전자와 정공을 만든다. 무기 태양 전지의 고효율과 유기 태양 전지의 저비용의 장점을 살린 신개념 태양 전지다. 아직은 초기 연구 단계다.

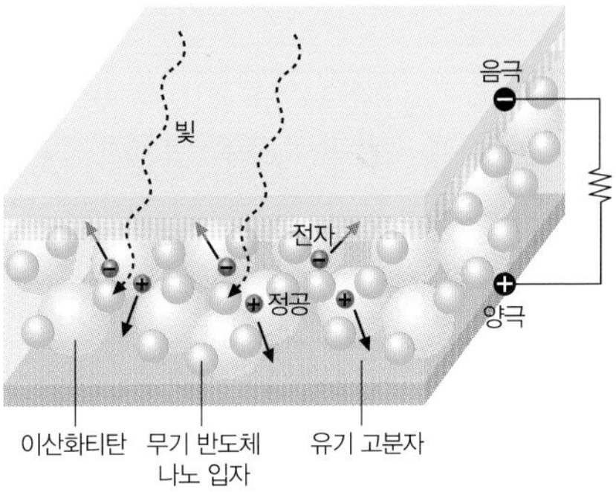

년 전만해도 1W의 전력을 생산하는 비용이 3.5달러 수준이었지만 현재는 1.8달러까지 떨어졌다. 물론 1달러 수준인 석유보다는 여전히 높지만 제조비용이 더 떨어지고 유가가 더 오르면 역전될 수도 있다.

문상진 박사팀은 실리콘 같은 무기 태양 전지뿐 아니라 유기 태양 전지도 연구하고 있다. 유기 태양 전지는 에너지 전환 효율이 낮고 내구성도 떨어지지만 만들기가 쉽고 비용도 훨씬 덜 든다는 장점이 있다. 유기 태양 전지는 말 그대로 유기 반도체 분자가 빛을 흡수한다. 이렇게 유기 분자에서 에너지가 높아진 전자는 풀러렌(빈 바구니 모양 구조의 탄소 분자)처럼 전자를 잘 끌어당기는 분자로 이동하면서 전압을 만든다.

문상진 박사는 “유기 태양 전지는 휘어지는 필름 형태로 만들 수 있기 때문에 텐트나 가방 등 일상용품에 붙여 소규모 전력을 생산할 수 있다”고 설명했다.

한국화학연구원 소자나노재료연구센터 석상일 박사는 새로운 개념의 태양 전지를 개발하고 있다. ‘나노 구조 무기·유기 이종 접합형 태양 전지’가 그것으로 무기 태양 전지의 고효율과 유기 태양 전지의 저비용이라는 장점만을 살린다는 계획이다. 연구자들은 빛을 흡수해 전자와 정공을 만드는 무기 반도체인 황화안티몬(Sb_2S_3)을 나노 입자 형태로 만들어 치약 같은 상태인 이산화티탄 표면에 발랐다.

여기에 정공을 전달하는 P3HT라는 유기 고분자층을 만들어 붙인 뒤 햇빛을 쪼여주자 황화안티몬에서 생성된 전자는 이산화티탄 쪽으로 흐르고, 동시에 정공은 P3HT쪽으로 흘러 태양 전지가 작동한다.

석상일 박사는 “나노입자의 순도가 높지 않아도 작동하는 데 별영향이 없다”며 “아직은 시스템이 최적화되지 않아 효율이 낮은 편이지만 가능성이 확인된 만큼 미래는 밝다”고 말했다.

녹색 화학

2. 에너지와 환경 다 잡는다

인공 광합성 꿈꾼다

한국화학연구원 문상진 박사(왼쪽)와 연구원이 유기 태양 전지에 쓰이는 유기 분자의 합성 과정에 대해 논의하고 있다.

"태양 에너지를 이용해 유용한 화합물을 만들면서 온실기체인 이산화탄소도 줄일 수 있는 방법이 바로 광합성이죠."

서강대학교 화학과 강영수 교수는 인공 광합성 연구에 전념하고 있다. 강영수 교수는 2010년에 문을 연 '인공 광합성연구센터'의 부소장을 맡고 있다. 인공 광합성이란 자연의 광합성과 비슷하게 햇빛을 이용해 물, 이산화탄소로부터 유기 화합물을 만드는 과정이다. 둘의 가장 큰 차이점은 식물은 포도당을 만드는 반면 인공 광합성은 메탄올이나 일산화탄소처럼 간단한 화합물을 생산한다는 데 있다.

"인공 광합성은 크게 3단계로 이뤄지는데 매 단계에서 충분한 효율성이 확보돼야 상용화될 수 있습니다."

인공 광합성은 빛에너지로 물 분자를 쪼개 전자와 양성자(수소 이온)를 얻는 1단계, 전자와 양성자를 옮기는 운반체를 만드는 2단계, 운반된 전자와 양성자에 이산화탄소를 반응시켜 화합물을 얻는 3단계로 이뤄진다. 그런데 자연이 수십 억 년에 걸쳐 최적화한 광합성 방법을 모방하기만 하면 문제는 쉽게 풀리는 게 아닐까.

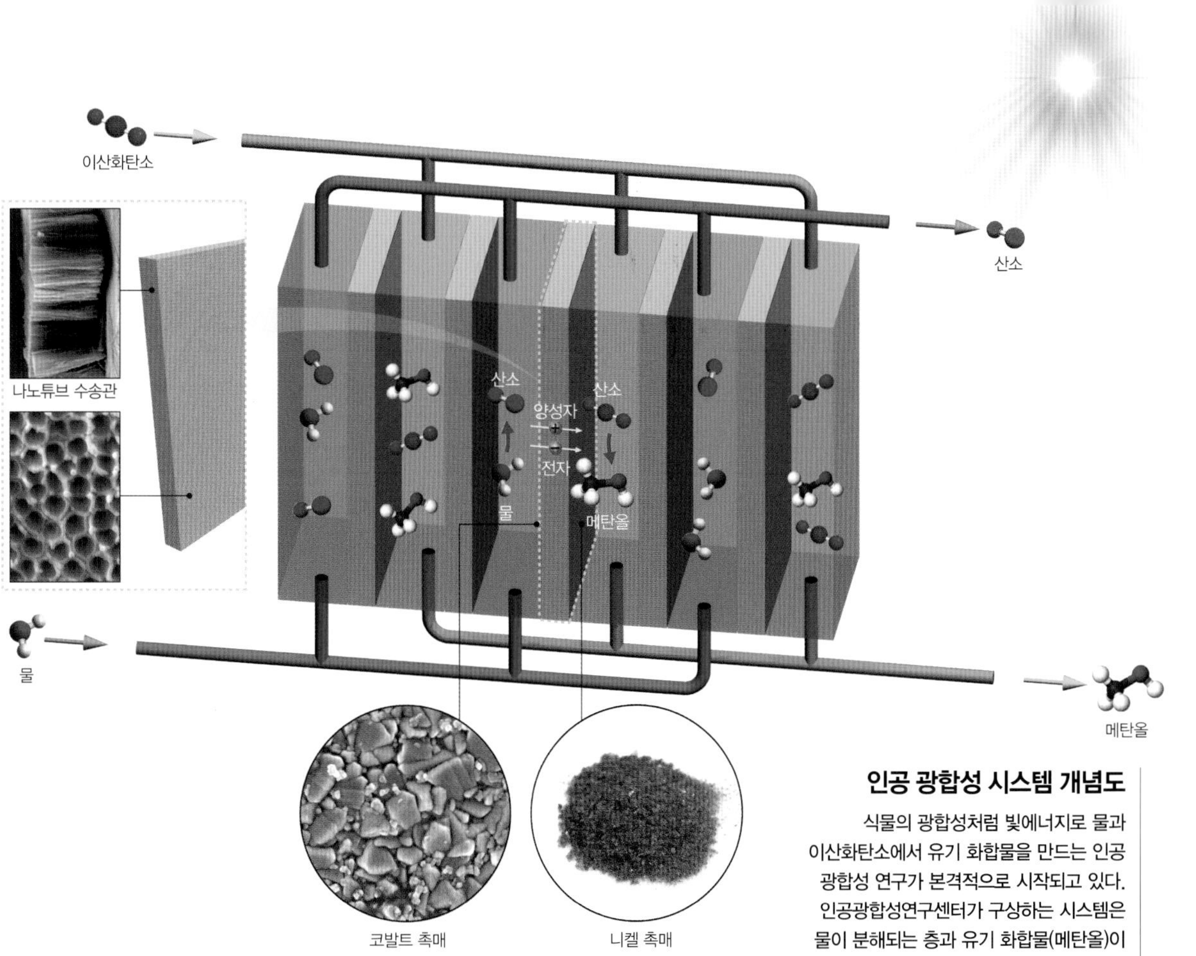

인공 광합성 시스템 개념도

식물의 광합성처럼 빛에너지로 물과 이산화탄소에서 유기 화합물을 만드는 인공 광합성 연구가 본격적으로 시작되고 있다. 인공광합성연구센터가 구상하는 시스템은 물이 분해되는 층과 유기 화합물(메탄올)이 만들어지는 층이 전자와 양성자를 수송하는 막을 사이에 두고 교대로 배열된 구조다.

"물론 그런 연구를 하기도 합니다. 하지만 식물의 광합성은 세포 안에서 일어나는 아주 복잡한 반응이기 때문에 이를 재현하기 어렵죠."

1단계 연구에 참여하고 있는 경북대학교 에너지공학부 박현웅 교수의 설명이다. 식물은 엽록소라는 분자의 전자가 빛에너지를 흡수해 에너지가 높아진 뒤 주변 분자로 이동한다. 엽록소의 전자가 부족해져(이를 '정공'이라고 부른다) 물 분자를 분해해 전자를 빼앗는다. 이 과정에서 산소와 양성자가 함께 만들어진다. 엽록체에서 이런 반응이 일어나는 부분이 '광반응계 II'다.

박현웅 교수팀은 철산화물처럼 빛을 흡수하는 산화물 반도체에 물 분자를 분해하는 반응이 쉽게 일어나게 하는 촉매를 붙인 시스템을 만들어 광반응계 II 의 역할을 재현하고 있다. 현재 산화물 반도체와 촉매의 구조를 바꿔가며 최적의 효율을 보이는 조성을 찾고 있다.

강영수 교수팀은 1단계에서 만들어진 양성자와 전자를 3단계 반응이 일어나는 장소로 옮기는 시스템을 연구하고 있다. 식물에서는 생체분자인 NADP+가 NADPH로 환원돼 이동하면서 이 역할을 하지만 인공 광합성에서는 나노 튜브 수송관을 통해 전자와 양성자를 따로 이동시키는 방법을 연구하고 있다. 강 교수는 "인공 광합성 효율을 끌어올리려면 집적된 형태의 시스템을 만들어야 하기 때문에 나노 기술이 필요하다"고 설명했다.

한편 서강대학교 화학과 신운섭 교수팀은 이렇게 얻은 전자와 양성자에 이산화탄소를 더해 유기 화합물을 만드는 3단계 연구를 진행하고 있다. 포름산과 일산화탄소를 만드는 데 성공했고 현재 메탄올을 만드는 반응을 실험하고 있다. 여기서도 관건은 역시 촉매다. 촉매의 종류와 구조에 따라 만들어지는 화합물의 종류와 효율이 결정되기 때문이다. 연구팀은 니켈 화합물과 구리 화합물에 기반한 촉매를 개발하고 있다.

신운섭 교수는 "태양 에너지에서 유기 화합물을 만드는 데까지 효율이 1%만 돼도 상용화가 가능하다"며 "현재는 0.1%도 안 되는 수준이지만 이제 막 시작한 분야이므로 미래는 밝다"고 말했다.

새로운 촉매로 이산화탄소를 줄인다

한국화학연구원 박용기 박사가 공처럼 생긴 제올라이트 촉매의 현미경 이미지를 설명하고 있다.

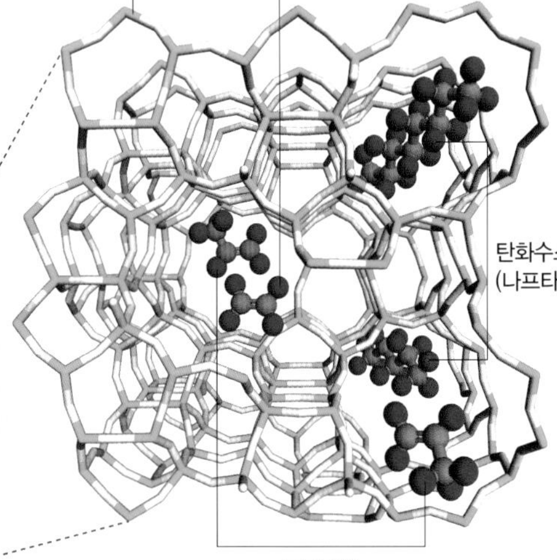

촉매 나프타 분해 메커니즘

탄소 5~7개로 이뤄진 탄화수소 분자의 혼합물인 나프타를 분해해 플라스틱 원료인 에틸렌(탄소 2개)과 프로필렌(탄소 3개)을 얻는다. 다공성 물질인 제올라이트는 표면에 달라붙은 나프타가 쉽게 분해될 수 있게 도와주는 촉매다.

한국화학연구원에 있는 촉매 나프타분해공정 파일럿플랜트. 10m가 넘는 규모이지만 상용플랜트에 비하면 '초소형'이다.

한편 대전 한국화학연구원 그린(녹색)화학연구단 박용기 박사는 파일럿 플랜트를 갖추고 제올라이트 촉매를 이용한 새로운 나프타 분해 공정을 개발하였다. 파일럿 플랜트란 실험실에서 성공한 반응을 대형 플랜트로 상용화하기 전에 중간 단계로 규모를 키운 설비다. 파일럿 플랜트를 거치지 않고 곧바로 상용 플랜트를 만들었다가 반응이 재현되지 않으면 엄청난 손해를 보기 때문이다.

나프타란 원유에서 정제한, 탄소 5~7개로 이뤄진 탄화수소 분자 혼합물로 이를 분해해 플라스틱 원료인 에틸렌(탄소 2개)과 프로필렌(탄소 3개)을 얻는다. 그렇다면 나프타를 어떻게 분해할까. 생각보다 단순하다. 1000℃에 가까운 뜨거운 통 속에 나프타를 넣어주면 '열 받은' 분자가 쪼개진다. 이를 '열분해' 공정이라고 부른다. 이런 식으로 만들다보니 에틸렌이나 프로필렌 100t을 얻는데 석유 40t이 소모된다. 따라서 발생하는 이산화탄소의 양도 엄청나다.

그런데 제올라이트 촉매를 이용하여 낮은 온도인 650℃에서 나프타가 일어나는 공정을 진행하면 이산화탄소 발생량이 20% 줄어든다. 제올라이트는 규소나 알루미늄 산화물이 다공성 구조를 이루고 있는 물질로 표면적이 매우 넓다(제올라이트 10g의 표면적은 축구장 넓이다). 따라서 기화된 나프타 분자가 제올라이트 촉매를 통과할 때 표면에서 분해 반응이 일어난다.

박용기 박사는 "실험실에서 이런 반응이 일어나게 하는 건 그렇게 어렵지 않다"며 "문제는 이런 공정의 규모를 키웠을 때 나타나는 예기치 못한 상황을 해결하는 것"이라고 설명했다. 실제로 초기에는 제올라이트 촉매가 반응을 반복하면서 파괴되거나 활성이 떨어져 반응 효율이 낮았다. 박용기 박사팀은 제올라이트의 성분과 구조를 바꿔가며 최적의 조합을 찾았다. 그 결과 650℃에서 장시간 버틸 수 있을 정도로 안정하면서도 활성을 유지하는 촉매를 개발했다. 같은 연구단의 전기원 박사팀은 메테인과 이산화탄소로 메탄올을 만드는 야심찬 프로젝트를 진행하고 있다. 메탄올은 휘발유 첨가제나 바이오 디젤을 만들 때 들어가는 원료로 산업계의 수요가 꾸준히 늘고 있다. 현재는 천연가스(메테인)와 물을 섞어 반응시켜 메탄올을 만들고 있다.

전기원 박사팀이 설계한 반응은 메테인과 물에 이산화탄소를 추가로 섞어 메탄올을 만드는 방법이다. 이 방법을 쓰면 메테인 3분자와 이산화탄소 1분자에서 메탄올 4분자를 얻을 수 있다. 기존 방법은 메테인 4분자에서 메탄올 4분자를 얻는다. 이산화탄소가 원료로 들어가니 연료가 연소될 때 나오는 이산화탄소가 줄어드는 셈이다.

이 반응은 두 단계로 이뤄지는데 1단계에서는 메테인, 물, 이산화탄소를 반응시켜 일산화탄소와 수소를 얻고 2단계에서는 일산화탄소와 수소를 반응시켜 메탄올을 얻는다. 전기원 박사는 "각 단계의 반응에서 촉매가 중요한데 1단계에서는 수십 나노미터 크기로 만든 니켈과 마그네슘 촉매를, 2단계에서는 구리와 아연 촉매를 쓰고 있다"며 "현재 우리나라에서 사용하는 메탄올을 이 공정으로 만든다면 연간 20만t의 이산화탄소 감소 효과가 있다"고 설명했다.

지구공학의 아이디어

왜 지구공학인가

지식이 놀랍고 멋진 것은 진실로 한계가 없기 때문이다. 아이디어, 발명, 발견이 고갈된다는 것은 심지어 이론적으로도 불가능하다. 낙관주의의 가장 큰 근거는 여기에 있다.

과학저술가 매트 리들리는 저서 『이성적 낙관주의』에서 인류는 집단 지능이 있기 때문에 어둡지 않은 미래, 근사한 21세기를 열어갈 것이라고 말했다. 현재 인류에게 가장 큰 위협은 멈추지 않고 뜨거워지는 지구다. 기후 전문가들은 2050년까지 이산화탄소 배출량이 1990년 수준의 절반으로 내려가지 않으면 이번 세기에 평균 기온이 2℃ 오를 것이라고 예측하고 있다.

영국 환경운동가 마크 라이너스는 『6도의 악몽』에서 지구 기온이 2℃ 상승할 때 초거대 가뭄이 발생하고 농업은 붕괴되며 북극곰이 사라진다고 예측했다. 최근 인간의 지성은 지구가 온난해지는 속도를 늦추려고 갖가지 방안을 짜내고 있다. 이름 하여 '지구공학(geoengineering)'이다. 지구를 덥게 만드는 이산화탄소를 흡수하거나 지구의 에너지원인 태양열을 막아 지구를 식히는 방법이다. 그 중에는 화산재 효과를 모방하기 위해 성층권에 황산 입자를 뿌리는 과감한 방법도 있다. 언뜻 보면 지구를 더 오염시킬 것 같고 황당해 보이지만 엄연히 노벨상을 수상한 과학자가 낸 아이디어다. 기후공학을 지지하는 학자들은 우리가 더 이상 손을 쓸 수 없을 때를 대비하기 위해 지구공학을 연구할 필요가 있다고 주장한다.

과연 지구공학은 우리가 쓸 수 밖에 없는 대안일까. '병보다 위험한 치료법'이 되지 않기 위해서는 어떻게 사용해야 할까. ⊠

지구공학의 아이디어

2. 지구를 살리는 13가지 방법

LAND 땅에서

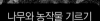

1
사막에 반사판 설치하기
효과 모든 사막의 반사도가 완벽히 높아지면 충분한 효과가 있다. 하지만 사막의 면적은 전체 지각 면적의 10%나 된다.
비용 제작과 설치뿐 아니라 유지하는 데 비용이 많이 든다.
시간 효과가 매우 빠르다.
안전 사막 생태계에 영향을 준다. 효과가 국지적이고 날씨와 강우 패턴에 변화가 온다.
2
나무와 농작물 기르기
효과 제한적으로 탄소 제거 효과가 있다.
비용 저렴하다.
시간 금방 실행할 수 있고 이산화탄소 감소 효과도 빠르게 나타나지만 즉시 온도가 내려가지는 않는다.
안전 땅 이용에 제한이 생기는 것 외에는 특별한 위험한 부작용이 없다.

지구공학을 실행한다면 미래 모습은 어떻게 펼쳐질까. 지금까지 논문으로 발표된 지구공학 아이디어들을 땅과 바다, 하늘 및 우주로 나눠 정리해 봤다. 영국 학술원이 2009년 발간한 보고서 〈과학, 정책 그리고 불확실성〉에 근거해 효과, 비용, 시간, 안전 점수를 매겼다. 가장 실현 가능성 높은 아이디어는 무엇인지 살펴보자.

지구 온난화로 가열되고 있는 지구를 식힐 수 있는 방법은 크게 두 가지다. 이산화탄소를 흡수해 온실효과를 줄이거나 들어오는 햇빛을 반사시켜 열 공급을 차단하는 것이다. 땅은 자연환경이 다양할 뿐 아니라 인공물을 설치하기 쉬워 두 가지 지구공학 방법을 적절히 섞어 활용할 수 있다.

육지 생태계는 연간 3억t의 탄소를 흡수하며 대기보다 3배 많은 탄소를 저장하고 있다. 또는 사막처럼 잘 활용하지 않는 지역에 햇빛 반사 장치를 설치하면 에너지를 우주로 되돌려 보낼 수 있다.

CO₂ Capture
CO₂ Capture
암석의 풍화 작용
3
효과 탄소 저장 능력이 매우 높다.
비용 암석을 캐내기 위해 땅을 파고 이를 옮기는 과정이 필요하다. 이 과정에서 상당한 에너지가 필요하다.
시간 전 지구적으로 온도를 낮추기엔 시간이 많이 필요하다. 환경에 미치는 영향과 효과를 구체적으로 연구할 필요가 있다.
안전 심각한 부작용은 거의 없다. 하지만 토양의 산도와 식물에는 영향을 미칠 수 있다.
지붕 하얗게 칠하기
4
효과 적용할 수 있는 면적이 넓지 않다.
비용 페인트를 칠하는 재료비와 노동력, 유지비가 많이 들어간다.
시간 전 지구적으로 색을 변화시키는 데는 수십 년이 걸리지만 일단 실행하면 효과가 빠르게 나타난다.
안전 환경에 미치는 부작용이 가장 적다. 다만 효과가 매우 국지적이고 균일하지 않다.
에어캡쳐
5
효과 기술적으로 가능하고 설치 규모에 따라 얼마든지 큰 효과를 얻을 수 있다. 추가로 탄소 저장 장치가 필요하다.
비용 건설비 등 잠재적으로 비용이 크게 들어갈 수 있다.
시간 냉각 효과가 나타나는 데 시간이 오래 걸린다. 연구 개발이 더 필요하다.
안전 부작용이 매우 적다.

❶ 사막에 반사판 설치하기

2007년 유엔 산하 '정부 간 기후변화위원회(IPCC)'가 발표한 4차 보고에 따르면 대기 중 이산화탄소 농도가 1990년 수준보다 2배를 넘으면 지구에는 m²당 4W의 에너지가 남는다. 남는 에너지는 지구를 데우는 데 쓰인다. 이 남는 에너지를 소멸하려면 현재 지구에 들어오는 햇빛의 약 1.8%를 우주로 되돌려보내야 한다.

사막은 지구 표면에서 약 2%의 면적을 차지한다. 알비아 개스킬은 2004년에 쓴 『전 지구 알베도 향상 프로젝트』에서 "폴리에틸렌 알루미늄으로 반사판을 만들어 사막의 알베도(햇빛을 반사시키는 비율)를 0.36에서 0.8로 올리면 전 지구적으로 냉각 효과가 −2.75W/m²로 나타날 것"이라고 말했다. 하지만 그렇게 되면 사막을 다른 용도로 사용할 수 없고, 사막 생태계가 변한다. 국지적인 복사력의 변화가 넓은 범위의 대기 순환 변화로 이어질 수도 있다.

❷ 나무와 농작물 기르기

매년 숲은 대기에 있는 것보다 2배가 넘는 막대한 양의 탄소를 가져간다. 땅을 개간한다며 숲을 파괴하면 거대한 탄소 저장고를 잃게될 뿐 아니라 막대한 양의 탄소를 대기로 방출하는 꼴이 된다. 열대림이 파괴될 때 연간 1.5억t의 탄소가 방출한다. 이는 전체 탄소 배출량의 16%로 거대 수목림의 파괴는 가장 심각한 배출원 중 하나로 꼽힌다. 따라서 신규 조림과 재조림뿐 아니라 산림을 파괴하지 않는 방법도 탄소를 묶어두는 데 도움이 된다. 이제껏 이런 방법은 특별한 기술이 필요 없어 지구공학으로 여겨지지 않았지만, 즉시 실행할 수 있고 좋은 부산물이 많아 지구공학에도 유익한 방법으로 손꼽힌다.

한편 햇빛을 대기로 더 많이 반사시키는 다양한 농작물을 기른다면, 지구의 평균 기온을 낮출 수 있는 물리학적 방법으로 활용할 수도 있다. 미국 리버사이드대학교 앤디 리그웰 교수는 이런 가설에 알맞은 작물을 재배한다면 유럽과 북미는 물론, 북아시아 일부 지역의 여름 기온을 1℃ 정도 낮추고 가뭄을 예방하는 데 큰 도움이 될 것이라고 지구기후모델로 밝혀냈다. 식물은 잎이 번들거리는 정도와 배열 방식, 잔털의 정도에 따라 반사 능력이 다르다. 가능하다면 반사가 잘되게 작물의 유전자를 변형시킬 수도 있다.

❸ 암석의 풍화 작용

지구 진화 초기에 원시 대기 속에는 지금보다 훨씬 많은 이산화탄소가 있었다. 그런 대기가 현재처럼 된 것은 이산화탄소가 탄산염의 형태로 바닷속에 침전됐기 때문이다. 대륙에서도 암석의 화학적 풍화 작용으로 공기 중의 이산화탄소를 흡수한다. 이산화탄소가 녹은 빗방울이 암석 위에 떨어지면 중탄산 이온(HCO_3^-)을 만든다. 중탄산 이온은 바다에서 칼슘 이온과 반응해 석회암을 만든다. 하지만 이런 과정이 일어나는 데는 수천 년의 시간이 필요하다. 연간 암석에 흡수되는 탄소량은 1억t 정도. 화석 연료가 내뿜는 양에 비하면 턱없이 부족하다.

❹ 지붕 하얗게 칠하기

지구의 평균 반사도는 0.15다. m^2당 118W의 에너지가 들어올 때 30W가 되돌아 나간다. 목표대로 $4W/m^2$를 낮추려면 알베도를 0.15에서 0.17로 늘려야 한다. 알베도 0.02가 별것 아닌 것 같지만 지구 표면의 대부분이 바다로 덮여 있고 모든 지각 표면에서 알베도를 높일 수 없다는 점을 감안한다면 달성하기가 쉽지 않다. 알베도를 높일 수 있는 지역은 최대 1.0까지 올려야 효과를 볼 수 있다. 미국 로렌스 버클리 연구소의 하셈 아크바리 박사는 건물의 지붕과 도로의 반사율을 높이면 도시의 알베도가 0.1이 오른다고 2009년 발표했다.

❺ 에어캡쳐

에어캡쳐(air capture)는 일반 대기에서 이산화탄소를 흡수하는 장치다. 이 장치는 다른 탄소 포집 및 저장(CCS) 기술과 다르다. CCS는 석탄 화력 발전소에서 발생하는 이산화탄소를 포집한 뒤, 지하에 영구 보존한다. 이에 반해 에어캡쳐같은 공기 포집 장치는 어디에 있든지, 공기 중에 존재하는 이산화탄소를 포집할 수 있다. 따라서 에어캡쳐는 자동차나 비행기와 같은 운송 수단의 이산화탄소를 흡수할 수 있는 유일한 방법으로 손꼽힌다.

하지만 농도가 0.4%에 불과한 이산화탄소를 대기 중에서 바로 흡수하기란 쉬운 일이 아니다. 농도가 낮아 열역학적으로 어렵고 흡수한 공기를 이동시키려면 비용이 많이 들기 때문이다. 그럼에도 불구하고 캐나다 캘거리대학교 기후 변화 과학자인 데이비드 키이스 교수팀은 공기에서 직접 이산화탄소를 포집하는 연구에 몰두해 상업화에 가까운 기술을 선보이고 있다. 연구팀은 100kWh 미만의 전기를 사용해 공기 중에서 직접 이산화탄소 1t을 제거했다.

바다에 철 뿌리기

효과 실현 가능성은 있으나 효과는 미지수다. 표면층에서는 해양 산성화를 일으키지 않으나 심해는 피해가 있을 수 있다.

비용 많은 양의 영양분을 뿌리느라 비용을 절약하기 힘들다.

시간 전 세계 기온을 낮추기에는 효과가 느리다.

안전 바람직하지 않은 생태학적 부작용이 일어날 수 있다. 부영양화로 인해 산소가 부족해지거나 독성 물질이 발생할 수 있다. 심해 산성화가 우려된다.

바닷속 풍화 작용

효과 탄소 저장 능력은 매우 높지만 해양 산성화를 악화시키거나 반대 과정을 일으키는 데 직접적으로 작용한다.

비용 암석을 캐내기 위해 땅을 파고 이를 옮기는 과정이 필요하다. 빠른 효과를 내려면 전기분해 하거나 하소법(calcination)을 해야 하는데, 많은 에너지가 들어간다.

시간 전 지구적으로 온도를 낮추기엔 시간이 오래 걸린다. 인프라 구조를 건설해야 한다. 환경에 미치는 영향과 효과를 구체적으로 연구할 필요가 있다.

안전 바다 산성화를 악화시키지 않는다. 하지만 해양 생물에게는 어떠한 식의 영향이 미칠 수 있다.

지구 표면적의 약 70%를 차지하는 바다는 땅과 대기가 비견될 수 없을 만큼 많은 탄소를 흡수하고 있다. 해양 메커니즘을 충분히 이해하고 잘 활용한다면 더 많은 이산화탄소를 흡수할 수 있다. 바다에 철 뿌리기와 풍화 작용, 해양펌프는 이산화탄소를 흡수하는 방법, 해양 분무기와 빛나는 바다는 태양열을 반사하는 방법이다.

SEA 바다에서

8 해양 분무기 (점수 미정)

효과 설치하는 분무기의 수가 많을수록 효과가 좋다. 알베도가 낮은 바다에 설치해 효과가 좋다.

비용 배를 만들고 유지하는 데 비용이 든다.

시간 햇빛을 반사시키는 효과는 금방 나타난다.

안전 대기로 올라간 염분 입자는 강수로 내리거나 대기 중에 흩어지므로 별다른 환경문제는 일으키지 않을 것으로 예상된다.

9 빛나는 바다 (점수 미정)

효과 넓은 면적에 기포를 만들어 넣을 수 없는 게 문제다. 전 바다에 실행하기는 불가능하다.

비용 기포를 만드는 장치에 따라 다르다.

시간 추후 연구가 필요하다.

안전 해양 생태계를 오염시키는 문제는 나타나지 않을 것으로 보인다.

10 해양 펌프 (점수 미정)

효과 영양분이 풍부한 해양 심층수는 식물 플랑크톤 재배를 돕는다.

비용 파이프 설치 비용만 들어간다.

시간 지구 온도는 낮추기까지 시간이 오래 걸린다.

안전 인위적인 해류 변경으로 인해 또 다른 생태학적 문제를 일으킬 수 있다. 심해에 있는 이산화탄소가 오히려 공기 중으로 뿜어져 나올 수도 있다.

❻ 바다에 철 뿌리기

바다에는 엄청난 양의 탄소가 저장돼 있다. 대기 속 탄소의 양은 약 7500억t. 하지만 바다에 들어 있는 양은 자그마치 35조t이다. 특히 탄소를 가장 많이 묶어두는 주인공은 해양 식물이다. 조류를 비롯한 식물 플랑크톤은 광합성을 통해 이산화탄소를 유기물의 형태로 저장한다. 이 유기물은 중력에 의해 해수 표면에서 심해로 떨어지며 상위 포식자의 먹이로 쓰인다. 이 과정에서 일부는 호흡을 통해 다시 방출되지만 대부분은 배설물이나 생물 잔해의 형태로 바다 밑바닥에 가라앉는다. 완벽한 탄소 저장고인 셈이다.

이런 기능을 더 활성화 시키기 위해 해양 식물의 성장을 돕는 영양분을 인위적으로 공급하자는 주장이 있다. 해양 식물의 조직을 구성하는 원소는 질소와 인, 철이다. 이 중 철은 바다에 미량으로 존재한다. 식물 조직은 철 원자 1개마다 탄소 원자 10만 개가 반응해 만들어진다. 바다에 철을 충분히 공급한다면 해양 식물이 성장하는 과정에서 엄청난 양의 탄소를 저장할 수 있다.

❼ 바닷속 풍화 작용

땅 위에서처럼 이산화탄소를 광물로 만들어 저장하는 과정은 바닷속에서도 일어난다. 바닷물에 녹은 이산화탄소 분자 2개는 칼슘 이온과 결합해 석회암이 된다. 이런 과정을 풍화 작용이라고 한다. 탄산염도 탄소 분자 1개와 결합하는데 규산염 광물보다 물에 더 잘 녹는다는 이점이 있다. 풍화 작용이 이산화탄소를 흡수하는 효과가 뛰어나다는 데는 의심할 여지가 없다. 또 바닷속의 풍화 작용은 이산화탄소를 직접 바다에 주입하는 방법에 비해 산성도(pH) 변화가 적기 때문에 생물학적으로 해가 적다. 또 석회석은 바다의 pH를 조절해 바다가 산성이 되는 것을 방지한다. 또 용해된 석회석은 바닷속에서는 이산화탄소를 품고 있지만 대기 중에서는 방출시킨다.

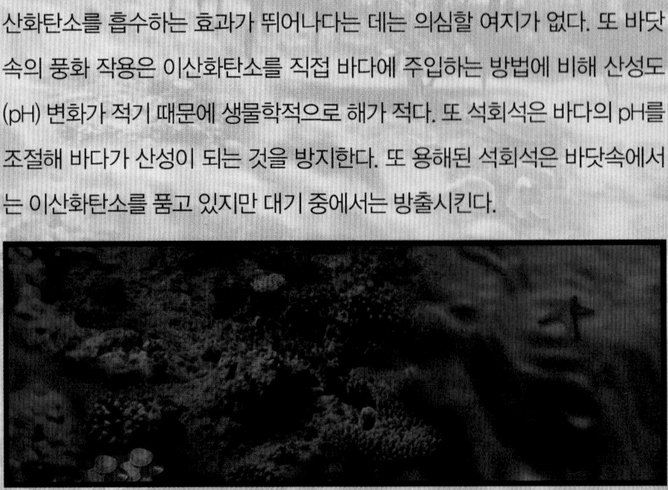

❽ 해양 분무기

소금 입자는 구름 입자를 만드는 데 유용하다. 물과 잘 결합하는 성질 때문에 수증기와 엉겨 구름 입자로 성장하기 때문이다. 따라서 일부 지구공학자들은 바닷물을 분무기처럼 하늘 위에 뿌려서 구름을 만들자고 제안한다. 구름은 햇빛을 반사시키는 훌륭한 장치가 될 것이다. 문제가 발생하면 곧바로 분무 장치를 꺼 버리면 그만이다. 대기로 올라간 염분 입자들은 강수로 내리거나 대기 중에 흩어질 것이기 때문에 별다른 환경 문제를 일으키지 않는다.

마음대로 수증기량도 조절할 수 있다. 해염 입자는 현재도 바다 위에서 많이 만들어지고 있지만 발생 시기가 다르고 해역마다 정도도 다르다. 과학자들은 해염 입자로 구름을 만들면 목표치에 맞게 냉각 효과를 얻을 수 있다고 설명한다.

❾ 빛나는 바다

하버드대학교 러셀 세이츠 교수는 해양 표면을 빛나게 만드는 자연물을 고안했다. 바로 거대한 양의 미세기포(microbubble). 연구팀은 미세기포를 해수 표면에 주입해 햇빛을 막는 거울로 쓰자고 제안한다. 기포는 배를 이용하거나 물속에 압축 공기를 넣는 펌프를 이용해 만든다. 이 기포는 자연 발생하는 기포보다 훨씬 작아 지름이 2μm(1μm=100만 분의 1m)정도다. 연구팀이 컴퓨터로 시뮬레이션한 결과에 따르면 미세기포로 물의 알베도를 2배로 증가시켰더니 지구의 온도가 3℃ 이상 떨어졌다. 더불어 기포는 강과 호수에서 증발을 줄여 수자원도 보호했다. 하지만 넓은 면적에 기포를 만들어 넣을 수 없다는 게 문제다. 연구팀은 최대 1km^2 면적까지 주입하는 것은 가능하나, 그 이상은 기술적으로 어렵다고 보고 있다. 전 세계 해양에 주입하려면 1000개의 풍력 발전기가 있어야 한다. 기포를 오랫동안 유지할 수도 없다. 기포는 물에서 반사 작용을 하기 전에 떠올라 터질지도 모른다.

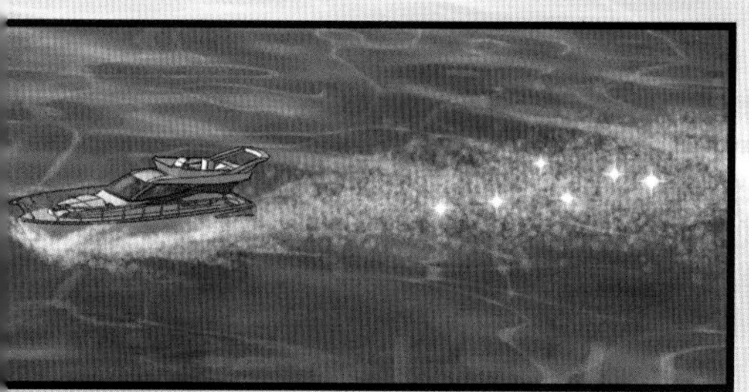

❿ 해양 펌프

'가이아 가설'로 유명한 영국 과학자 제임스 러브록은 아예 물리적인 방법으로 심해수를 표면으로 끌어올리자고 제안한다. 영양분이 풍부한 심해수를 표면층으로 끌어올리면 표면에 서식하는 녹조류에 영양을 공급해 광합성을 촉진하고 이산화탄소를 흡수한다는 주장이다. 그는 영국 과학박물관장 크리스 래플리와 함께 길이 100~200m, 지름이 10m인 대형 파이프 수천 개를 고안했다. 바닷속에 수직으로 띄운 파이프는 너울의 움직임에 따라 움직인다. 파이프 끝에 달린 밸브는 파이프가 하강할 때 열려 심층수를 들어오게 하고 상승하는 동안에는 닫혀 심층수를 표면으로 옮긴다. 연구팀은 이 밸브가 별도의 외부 전력 없이도 작동할 수 있다고 밝혔다.

실제로 미국의 민간 기업 앳모션(Atmocean)은 이와 비슷한 파이프를 제작해 실험 시스템을 구축했다. 2007년에는 200m 깊이 심층수를 끌어올리는 실험을 했다. 이 회사는 1억 3400만 개의 펌프를 설치하면 매년 인간이 배출하는 이산화탄소의 3 분의 1을 제거할 수 있다고 계산했다.

반대로 이산화탄소가 녹은 밀도 높은 물을 물리적인 힘으로 바다 깊숙이 끌어 내리는 방법도 있다. 심해로 흡수된 이산화탄소가 다시 대기 중으로 방출되는 데는 1000년이라는 긴 시간이 걸린다. 심해는 온도가 낮고 압력이 높아 이산화탄소가 안정적으로 녹아 있다. 이렇게 물리적인 방법으로 해양 순환을 변화시키면 빠르게 탄소를 격리시킬 수 있다. 하지만 인위적으로 심층수를 표면으로 끌어올리는 방법은 예상치 못한 부작용을 낳을 수 있다.

2007년에는 200m 깊이 심층수를 끌어올리는 실험을 했다. 이 회사는 1억 3400만 개의 펌프를 설치하면 매년 인간이 배출하는 이산화탄소의 3 분의 1을 제거할 수 있다고 계산했다. 반대로 이산화탄소가 녹은 밀도 높은 물을 물리적인 힘으로 바다 깊숙이 끌어 내리는 방법도 있다. 심해로 흡수된 이산화탄소가 다시 대기 중으로 방출되는 데는 1000년이라는 긴 시간이 걸린다. 심해는 온도가 낮고 압력이 높아 이산화탄소가 안정적으로 녹아 있다. 이렇게 물리적인 방법으로 해양 순환을 변화시키면 빠르게 탄소를 격리시킬 수 있다. 하지만 인위적으로 심층수를 표면으로 끌어올리는 방법은 예상치 못한 부작용을 낳을 수 있다. 미국 우즈홀해양연구소(WHOI)의 해양화학 스콧 도니 박사는 "심해수에는 다량의 탄소가 무기물 형태로 저장돼 있다"며 "이 같은 심해 바닷물을 표면으로 가져올 경우 오히려 이산화탄소를 공기 중으로 뿜어내는 결과를 가져올 것"이라고 지적했다. 또 어느 지역에서 바닷물이 솟아 오르면 다른 지역은 하강하게 마련이다. 국지적으로는 탄소 감소 효과가 있을지 몰라도 전체적으로는 균형을 이룰 것이므로 효과는 아직 미지수다.

성층권에 황산 입자 뿌리기

효과 현실 가능성과 잠재 가능성이 매우 높다. 전 세계 온도를 낮추는 데 효과가 좋다.

비용 사용되는 재료의 양이 많지 않아도 가능하다. 다른 방법에 비해 값이 상당히 저렴하다.

시간 기술적으로는 수년 내에 사용될 수 있다. 일단 뿌리면 1년 내에 즉시 온도가 내려간다.

안전 물 순환이 변하는 등 지역적으로 부차적인 효과가 나타난다. 성층권 오존에 좋지 않은 영향을 미칠 가능성이 있다. 대류권 상공에 떠 있는 고도가 높은 구름을 강화시킬 위험이 있다(온실 효과를 가져옴). 생물의 생산성에 영향을 끼칠 수 있다.

구름 반사도 높이기

효과 구름 응결핵을 그렇게 많이 만들어낼 수 있을까, 효과와 실용가능성이 불확실하다. 활용할 수 있는 지역이 제한적이다. 바다를 산성화시킬 위험은 없다.

비용 매우 불확실하다. 낮은 고도에 에어로졸이 떠 있는 기간은 매우 짧아서 자꾸 쏴줘야 하지만 쏘아 올리는 비용이 많이 드는 것은 아니다.

시간 일단 시작하면 1년 안에 기온 하강 효과가 나타난다. 하지만 장비를 비롯해 기술이 더 개발돼야 한다.

안전 효과가 균질하게 나타나지 않는다. 날씨 패턴이나 해류를 변경시킬 수 있다. 해양 염분으로 구름응결핵을 만드는 게 아니면 바다 오염 위험이 있다.

하늘은 기후학자들이 가장 먼저 지구공학에 대한 아이디어를 얻은 곳이다. 1991년 필리핀의 피나투보 화산이 폭발했을 때 하늘 가득 덮은 황산 입자가 햇빛을 반사해 지구의 온도를 낮춘 적이 있다.

이후 연구자들은 화산을 모방해 지구 온난화를 해결할 수 있는 방안을 찾기 시작했다. 인공 구름과 태양 반사 장치도 마찬가지. 하늘과 우주에 적용하는 지구공학 아이디어는 모두 태양열을 반사시키는 방법이다. 하지만 이런 방법은 위급한 상황에 지구의 온도를 낮출 수 있는 비상책일 뿐 근본적인 대책은 되지 못한다. 전문가들은 온실가스 배출 감축 노력을 꾸준히 진행하면서 태양열 차단 방법을 적절히 병행해야 한다고 조언하고 있다. ㉤

SKY& SPACE
하늘과 우주에서

태양 반사 장치

효과 전 지구 기온을 낮추는 데 제한이 없다.

비용 초기에 설치 비용이 많이 들어간다. 또 추가로 운영비와 유지보수비 등이 들어간다.

시간 우주에 반사 장치를 설치하는 데 수십 년이 걸릴 것으로 예상된다. 하지만 효과는 수 년 내에 나타난다.

안전 강우량처럼 지역적인 기후 패턴이 변할 확률이 높다. 일사량 감소로 환경에 직접적인 생화학적 영향이 있다는 연구는 보고된 바 없다.

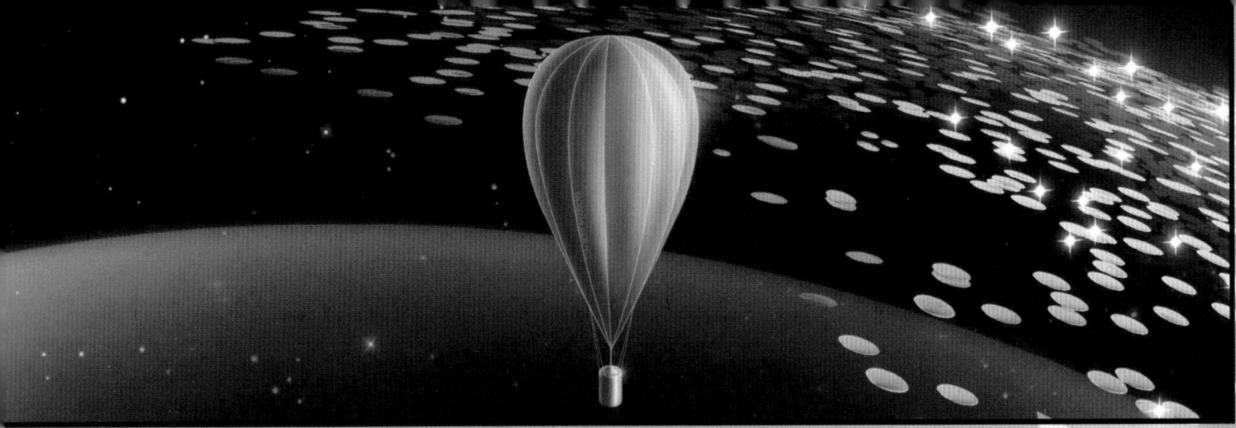

⑪ 성층권에 황산 입자 뿌리기

크기가 작고 반사를 잘 시키는 입자를 성층권에 뿌려 지구로 들어오는 햇빛을 막아보자는 방안이다. 이 아이디어는 1991년 필리핀의 피나투보 화산이 폭발한 사건을 계기로 등장했다. 화산 폭발로 뿜어져 나온 황산염 입자가 햇빛을 반사해 약 1년 동안 지구가 냉각됐기 때문이다. 이후 과학자들이 이 현상에 착안해 지구 온난화를 상쇄하는 방안으로 인공 화산을 제안하고 있다.

뿌리는 입자의 크기는 마이크로미터의 수십 분의 1 수준. 이보다 더 크면 오히려 나가는 열을 가둬 지구를 덥게 만들 수 있다. 그런 의미에서 황산 입자는 매우 효과적인 재료다. 알갱이가 작은데다 색이 하얘서 반사도가 뛰어나기 때문이다. 황화수소나 아황산가스의 형태로 뿌리면 빠르고 균일하게 성층권 하부에 퍼진 뒤 산화돼 황산 입자만 남는다.

그렇다면 왜 성층권일까. 성층권은 물질의 대류 운동이 거의 일어나지 않아 상태가 무척 안정하다. 만일 성층권 아래에 있는 대류권에 뿌리면 애써 뿌린 황산 입자가 비로 변해 사라진다. 지구공학자들은 산성비 문제도 큰 위협이 안 된다고 주장한다. 성층권에 뿌리는 황산의 양은 화산에서 나오는 양이나 산업 활동으로 배출하는 양에 비해 훨씬 적기 때문이다. 또 원래 성층권 하부에는 자연적으로 생긴 황산염 입자층이 깔려 있다. 예를 들어 대류권에서 올라온 황화카르보닐 같은 기체는 안정한 성층권에서 오랫동안 남아 있다. 이를 지구공학으로 사용하려면 연간 100~500만t의 황을 뿌려야 할 것으로 예상하는데 이 정도는 매년 비행기가 내뿜는 양의 10 분의 1 수준이다.

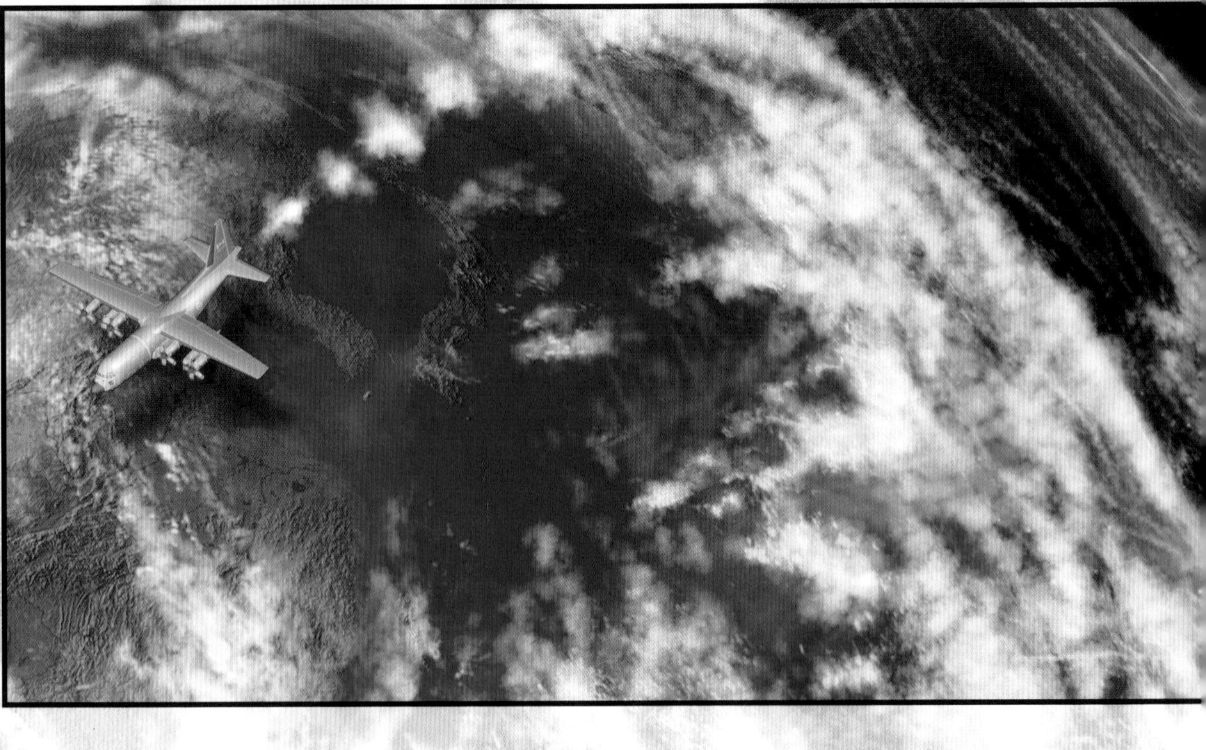

⑫ 태양 반사 장치

아예 우주에서 지구로 들어오는 햇빛을 차단하면 어떨까. 황당하지만 우주 공간에 반사 장치를 설치하자는 아이디어는 20여 년 전부터 있었다. 1989년 미국 로렌스 리버모어 국립연구소의 제임스 얼리는 달에 수억 만의 암석으로 만든 반사 장치를 만들어 햇빛을 되돌려 보내자고 했다. 같은 연구소의 에드워드 텔러는 1997년에 마이크로미터 두께의 알루미늄을 촘촘하게 엮어 띄우자는 제안을 했다. 하지만 차단막을 어떤 디자인으로 어디에, 몇 개를 놔야 하는가.

미국 국립과학아카데미 회원들은 1992년 면적이 100m^2인 거울을 5만 5000개 띄우면 된다고 제안한다. 만일 적도 위 고도 2000~4500km 위에 토성처럼 먼지로 된 고리를 설치해 태양 에너지 2%를 줄이기 위해서는 먼지 입자 20억t이 필요하다. 이 물질은 지구에서 우주로 쏠 수도 있지만, 달이나 혜성에서 가져올 수도 있다. 태양 반사 장치를 띄울 때는 시스템의 질량과 수명의 관계를 고려해야 한다. 반사 장치를 작고 가볍게 만들면 제작과 발사에 들어가는 비용은 줄겠지만, 빛의 압력을 받아 궤도를 벗어나는 등 수명이 짧아진다. 그래서 현재는 지구에서 약 150만km 떨어진 L1 포인트(라그랑주점), 즉 지구와 태양 중력이 모두 같은 곳이 대상이 되고 있다.

⑬ 구름 반사도 높이기

구름은 햇빛을 매우 잘 차단하는 물체다. 구름을 만들어 태양 에너지를 우주 공간으로 되돌려 보내자는 방안은 1977년 기상학자인 트와미의 발견에서 시작했다. 구름 응결핵으로 작용하는 입자의 수를 늘리면 구름의 알베도가 높아지고 생존 시간도 길어진다는 내용이었다. 구름 입자는 작을수록 더 햇빛을 잘 반사시킨다. 표면적이 크고 하늘에 떠 있는 시간이 길기 때문이다. 구름을 만들기 위해서는 적절한 크기의 입자를 정확한 양으로 뿌릴 수 있는 기술이 필요하다.

현재 쓰는 구름 입자 생성기는 실험실 수준이지만 지구공학에 사용하려면 규모가 더 커져야 한다. 미국 기상연구대학연합의 존 라뎀 박사는 2008년 영국 왕립학회에서 발간하는 ≪철학회보≫에서 "구름의 양이 현재보다 2배 많아지면 이산화탄소 농도가 2배가 되더라도 감당할 수 있을 것"이라고 발표했다. 특히 중요한 구름이 해안에 떠 있는 낮은 고도의 층운이다. 이 구름은 입자의 밀도가 높고 반사율이 높아 효과적으로 햇빛을 차단한다.

하지만 권운처럼 높은 고도에 떠 있는 얇은 구름은 지구로 들어오는 햇빛을 막는 동시에 지구에서 나오는 적외선을 잡아둬 대기를 데운다. 적도 지역은 생성되는 구름의 약 75%가 권운일 정도로 상층 구름이 잘 생긴다. 따라서 적도의 온난화를 방지하고 구름의 냉각 효과만 남기려면 대기 상층에 응결핵을 더 뿌려 권운을 비로 만들어야 한다.

지구공학의 아이디어

3. 지구를 살리는 구원투수 될까

지구공학은 임시방편인가

"2년쯤 전부터 기후 관련 국제학회에서 지구공학에 대한 얘기가 심심치 않게 나오고 있습니다. 과학자들은 찬성과 반대로 나뉘어 열띤 토론도 벌이고……. 최근 가장 떠오른 이슈임엔 틀림없어요."

지구공학에 대한 관심이 뜨겁다. 연세대학교 대기과학과 염성수 교수는 2009년 미국 기상학회가 주관한 국제 학회에서 높아진 지구공학의 위상에 대해 강조했다. 실제로 최근 열린 학회에서 발간된 초록집을 훑어보면 지구공학(geoengineering)을 제목으로 한 연구들이 종종 눈에 띈다. 그동안 기상이나 수치 모델, 기후, 대기 복사, 대기 화학에 관한 연구를 주로 발표했던 학회들이다. 이대로라면 조만간 지구공학 분과를 만들어도 이상할 것 같지 않다.

지구과학도 아닌, '지구공학'은 일반인은 물론 관련 연구자들에게도 낯설다. 지구를 공학적으로 개조할 수 있는 대상으로 보는 것일까. 반은 맞고 반은 틀리다. 지구공학이 등장한 이유는 급속도로 더워지고 있는 지구를 단순히 온실가스 배출을 줄이는 노력만으로는 따라잡을 수 없다는 판단 때문이다. 지구공학의 목적은 우리의 과학 기술로 지구의 온난화 속도를 줄이고 더 나아가 기온을 다시 내려가게 만드는 데 있다. 따라서 단순히 인간이 편하게 살 수 있게 환경을 바꾼다거나 지구가 아닌 행성을 인간이 살 수 있게 만드는 테라포밍과는 차이가 있다. 경제 활동을 위해 자연을 개발하는 것도 지구공학에는 포함되지 않는다.

지구공학 분야 최고 권위자인 미국 카네기멜론대학교 데이비드 케이스 교수는 지구공학을 "의도적이고 큰 규모로 환경을 조작하는 것"이라고 정의 내린다. 여기서 포인트는 '의도'와 '큰 규모'다. 예를 들어 정원을 가꾸는 일은 의도적으로 자연을 변형하는 작업이지만 기후를 바꿀 만큼 큰 규모가 아니기 때문에 지구공학이라 칭하지 않는다. 댐 건설도 지구공학에 포함하지 않는다. 댐의 규모가 커지면 국지적으로 기후 패턴이 변할 수 있지만 댐을 건설한 의도가 기후를 조절하려는 게 아니기 때문이다.

지구공학은 크게 이산화탄소를 제거하는 방법과 지구로 들어오는 태양열을 막아 지구의 온도를 낮추려는 방법으로 나눈다. 이산화탄소 제거법에는 조림 사업, 에어캡쳐, 규산염 또는 탄산염의 풍화 작용, 해양에 철 뿌리기, 해양 펌프 등이 있다. 태양열 반사법에는 인공구름과 성층권 황산 입자 살포, 태양열 반사 장치 등이 있다. 이산화탄소 제거법은 지구의 기온을 높이는 근본 원인을 제거한다는 데 의의가 있으나 효과가 느리고 일부는 생태학적인 변화를 가져온다는 위험이 있다. 반면 태양열 반사법은 효과는 빠르나 일단 실행하게 되면 중간에 멈출 수가 없고 오존층이 파괴되거나 강수량이 주는 등 부작용이 예상된다. 지구공학자들은 각각의 장단점을 파악하며 가장 최선의 방법을 찾고 있다.

3. 지구를 살리는 구원투수 될까

헤리케인을 길들이려는 빌 게이츠

낯선 이름이지만 '지구의 온도를 낮추기 위해 우주에 차양막을 설치하거나, 구름을 만드는 연구'라고 설명하면 '아~'하고 알아채는 사람들이 제법 있다. 일부에서 지구공학을 뜨거워지는 지구를 구할 '괴짜 아이디어'라고 소개한 덕분이다. 물론 환경을 염려하는 사람들은 지구공학을 삐딱한 시선으로 바라본다. 세상에나 거대한 지구를 우리 맘대로 뜯어 고친다는 게 말이 되는 소린가. 하지만 과학 기술이 인간의 당면한 문제를 해결할 수 있다고 믿어 온 '낙관주의자' 들에게 지구공학은 하나의 가능성이다. 현실 가능성을 떠나 지구 온난화를 해결할 수 있다는 희망을 주기 때문이다.

마이크로소프트의 전 회장인 빌 게이츠는 인위적으로 허리케인의 강도를 낮추는 일종의 지구공학 연구에 투자하고 있다. 그가 투자한다는 이유로 지구공학은 사람들의 관심을 받았다.

그런데 지구공학이 단지 괴짜 아이디어일 뿐일까. 그렇다면 세계적인 컴퓨터 제왕 빌 게이츠가 지구공학 연구에 자비 450만 달러, 우리 돈 50억 원을 지원했다는 사실은 어떻게 해석해야 할까. 빌 게이츠 마이크로소프트 전 회장은 2008년 1월 3일 허리케인을 통제하고 예방하는 기술과 관련해 미국 특허청에 낸 신청서에 발명가 중 한 명으로 이름을 올렸다. 게이츠는 경영 일선에서 물러난 뒤 매년 미 남동부를 강타하는 허리케인을 길들이는 일에 도전해 왔다. 그는 마이크로소프트의 최고 기술 책임자가 세운 발명 개발 업체에 투자했으며 이 회사는 해수면 온도를 낮춰 허리케인의 에너지 공급원을 차단하는 기술을 연구해 왔다. 게다가 게이츠 전 회장은 수년째 세계 곳곳에서 열리는 지구공학 컨퍼런스들을 후원하고 있다. 사람들은 컴퓨터의 제왕이 일선에서 물러난 뒤 새롭게 눈을 반짝이는 분야라는 점에서 지구공학을 새롭게 보기 시작했다.

이런 변화는 학계에서도 일고 있다. 이제껏 지구공학에 대해 무덤덤한 반응을 보인 정부 간 기후변화위원회(IPCC)도 지구공학을 신중하게 검토하겠다는 입장을 내비치고 있다. 라젠드라 파차우리 IPCC 의장은 2010년 10월 방한했을 때 "2014년 발표될 5차 평가보고서에서 지구공학과 재생 에너지, 해수면의 변화, 극한 기후 등을 중점적으로 다루기로 했다"고 밝혔다. IPCC의 보고서는 국제 협약이나 국가 정책에도 영향을 미칠 만큼 신뢰도가 높은 자료다. 그런 IPCC에서 집중 분석하겠다고 한다면 지구공학의 위상이 얼마나 높아졌는지 알 수 있다.

영국 학술원에서는 이미 2009년에 지금까지 나온 지구공학 기술의 효과, 비용, 시간, 안전성을 분석하고 서로 비교하는 보고서를 내놨다. 보고서의 책임을 맡은 존 쉐퍼드 교수는 "SF와 과학을 분리하고, 진지한 고려가 필요할 때 충분한 정보를 제공하기 위해 보고서를 만들었다"고 밝혔다. 모두 지구공학의 가능성과 효과를 염두하고 진행한 일들이다.

▲ 환경주의자들은 기후 변화를 해결하려면 정치가 아닌, 우리의 행동이 변해야 한다고 주장한다. 이들은 지구공학이 근본 원인은 해결하지 않는 비상책일 뿐이라고 비난한다.
▼ 바닷물이 산성화되면 조개나 갑각류 같은 석회화종이 껍질과 골격을 형성하지 못해 해양 생태계가 파괴될 위험이 있다.

3. 지구를 살리는 구원투수 될까

무시할 수 없는 부작용, 과학적인 대처 필요

바다 산성화가 심해진다면 영화 '니모를 찾아서'의 주인공 니모(크라운피시)를 더 이상 볼 수 없을지도 모른다.

하지만 현재까지는 지구공학에 대한 우려의 목소리가 더 큰 편이다. 반대하는 가장 큰 이유는 지구공학이 일으킬 수 있는 각종 부작용 때문이다. 예를 들어 인위적으로 햇빛 양을 줄이면 지구의 물 순환 체계가 교란돼 강우량이 줄고 식물의 생장이 느려진다. 또 해양에 철을 뿌려 식물 플랑크톤의 생장을 돕는 '해양 비옥화' 방법은 부영양화를 일으킬 수 있으며 독성을 만들어 내기도 한다.

이런 이유로 독일과 인도, 이탈리아, 스페인, 칠레, 프랑스와 영국의 과학자 50명이 참여한 로하펙스 실험은 환경 단체들의 비난을 받았다. 유엔의 생물다양성조약에 참가한 191개 단체가 2009년 모든 해양 비옥화 실험을 금지하기로 합의했는데, 로하펙스가 이런 국제 규제를 무시하고 실험을 강행했기 때문이다. 로하펙스로서는 대규모 비료 실험이 정당화될 수 있는지 여부를 파악하기 위해서라도 실험은 해야 한다고 주장했다. 하지만 환경 단체들은 투명하고 효과적인 통제와 규제가 시행되지 않는 한 실험은 금지돼야 한다는 입장을 고수하고 있다.

태양열을 차단하는 방법은 지구를 덥게 만드는 근본 원인은 제쳐둔 채 온도를 내리는 방법에만 치중한다며 더 큰 비난을 받는다. 문제는 해양의 산성화다. 대기 중의 이산화탄소가 바닷속에 많이 녹아들어 갈수록 바닷물의 산성도(pH)는 낮아진다. 현재의 탄소 방출 추세가 계속된다면 대기 중의 이산화탄소 농도는 21세기 중반에 500ppm을 넘어서, 21세기 말에 730~1020ppm에 이를 것이다. 그러면 바닷물의 산성도(pH)는 현재보다 0.3~0.4 하락한다. 이는 지난 65만 년 동안의 지구 역사를 통틀어 그 어느 시기보다 빠른 변화 속도다.

과학자들은 지금처럼 바다가 산성화된다면 영화 '니모를 찾아서'에 나오는 크라운피시(clownfish)는 더 이상 볼 수 없을지 모른다고 주장한다. 바닷물이 산성화되면 크라운피시가 포식자나 적당한 은신처를 알려주는 화학 물질을 감지할 수 없게 되기 때문이다. 즉 해양의 산성화는 일부 해양 생물의 발육, 대사, 행태에 영향을 미친다. 이런 결과는 2010년 미국 ≪과학원회보(PNAS)≫ 7월 6일 호에 실렸다.

그 외에 바닷물의 pH가 하락하면 탄산이온이 감소해 조개나 갑각류 같은 석회화종이 껍질과 골격을 형성하는 데 부정적인 영향을 미친다고 한다. 이런 이유 때문에 미국 럿거스대학교 환경과학부 앨런 로복 교수는 2008년 ≪미국 핵과학자 회보≫에 쓴 '지구공학이 위험한 20가지 이유'라는 글에서 지구공학을 "병보다 위험한 치료법"이라고 지칭했다.

온실 기체에 의한 기후 온난화에 회의적인 과학자들도 지구공학을 '쓸데없는 짓'으로 여긴다. 2011년 1월 4일 서울 이화여자대학교에서 열린 국제 컨퍼런스에 참석한 미국 매사추세츠공과대학교 리처드 린첸 교수도 그런 사람들 중 하나다.

러시아의 한 건축회사가 지구에 재난이 닥쳤을 때 안전하게 피신할 수 있는 '현대판 노아의 방주'를 디자인했다. 하지만 전 지구적인 문제에서 혼자 살아남을 수 있을까. 지구공학은 지구의 기온을 낮추는 데 더 이상 손 쓸 수 없는 상황에 대비하는 최후의 방법으로 연구되고 있다.

그는 지구공학에 대해 "우리가 온실 기체 때문에 위험에 처했다는 '증거'가 없는데 왜 쓸데없이 국민의 세금을 낭비해가면서 대비책을 세워야 하냐"고 반문한다. 그는 이산화탄소의 농도가 늘고 해수면의 높이가 올라가는 것은 현상일 뿐 그것이 온실 기체에 의한 뚜렷한 증거는 아니라고 설명한다(빙하기 이후 해수면은 매년 수 밀리미터씩 높아져왔다). 또 지구 온난화가 매우 과장됐으며 이를 옹호하는 사람들조차 고비의 순간이라는 '티핑 포인트(tipping point)'를 짚어내지 못한다고 말했다.

린첸 교수는 "지구공학은 매우 '정치적인 이슈'일 뿐"이라고 잘라 말했다. 그는 "서양 정부들은 기후 문제에 관해서라면 히스테릭하다고 보일 정도로 과민 반응하는 면이 있다"며 "무언가를 만들고 대비책을 세우면 국민들의 세금을 효과적으로 뜯어낼 수 있기 때문에 고려하는 게 아니겠냐"고 강도 높게 비판했다.

반면 지구공학을 지지하는 학자들은 이산화탄소 배출이 야기한 지구 온난화는 이미 막을 수 없는 지경이기 때문에 전쟁을 치르듯 지구를 구하는 데 나서야 한다고 주장한다. 영국 맨체스터대학교 기계공학과 브라이언 라운더 교수는 "이산화탄소 감축 또는 지구공학 없이는 우리가 알고 있는 문명이 손자 세대에서 끝나게 될 것"이라고 지적했다. 지극히 현실적으로 지구공학을 바라봐야 한다는 얘기다.

그렇다면 지구공학은 어떻게 사용해야할까. 우선 지구의 모든 대표들이 모여 충분한 합의를 이뤄야 한다. 미국의 대표적인 외교 정책 연구소로 알려진 외교협회(CFR)는 지구공학이 합의 없이 일방적으로 진행될 수 있는 상황을 우려한다. CFR은 2008년 5월 5일 미국 워싱턴에서 열린 워크숍을 정리한 노트에 "지구공학은 온실 기체 배출을 줄이는 방법에 비해 효과가 빠르고 비용이 적게 든다는 장점이 있지만 일방적으로 어느 한 기구가 수행하고 이로 인해 지구 전체의 기후 시스템이 위험에 빠지게 된다면 다른 나라들에 상당히 많은 비용을 부과하게 될 것"이라고 말했다. 지구공학이 주목 받은 이유는 현재의 방법으로는 도저히 기후를 전처럼 되돌릴 수 없는 상황이 됐을 때, 만일의 사태에 대비할 수 있는 방안이기 때문이다. 따라서 그 정점의 선정부터 수행, 유지, 결말에 이르기까지 모든 과정은 공동의 이름으로 진행돼야 한다.

만일 지구공학을 사용한다면 각각의 방법마다 효과와 비용은 물론 안전과 부작용에 대해 이해해야 한다. 과학자들에게는 현실을 직시하는 무서운 눈초리가 어느 때보다 필요하다. 우리는 지구공학을 통해 선택할 대안이 많아졌다. 물론 선택의 여지가 없는 것보다는 낫다. 하지만 마냥 안심할 수 없는 것은 우리의 과학 기술이 지구공학을 실행하고 난 뒤 나타날 부작용을 완벽히 예측할 수 없고 대비할 수 없기 때문이다. 충분한 토의와 조심스러운 접근이 필요하다.

2. 새만금 방조제

1. 시화호 조력 발전소

[VI] 국토 개발과 환경 영향

국토 개발은 토지 이용 및 자원의 활용도를 높이기 위해 국토를 계획적으로 개발하는 것을 가리킨다.
이는 국가의 경제발전과 대외 경쟁력 제고 그리고 개인의 생존권을 중시하는 경제적인 필요성에 기인한다.
국토의 생산성을 높이고 시민들의 생활 수준을 향상시키기 위해서라도 의미가 있는 일이다.
그런데 국토 개발과 관련된 사안들은 환경 문제와 밀접하게 관련돼 항상 사회적 쟁점이 되었다.
우리나라는 새만금 간척 사업, 4대강 살리기, 서울 난지도의 월드컵 경기장화, 원자력 발전 문제,
고속철도 경부선의 노선 문제 등이 그러했다.
에너지 자원을 확보하기 위한 국내의 국토 개발도 환경 문제에서 자유롭지 않다.
본 장에서는 시화호, 새만금 간척 사업 사례를 통해 국토 개발과 환경 영향에 관해 살펴보고,
마지막으로 에너지와 환경에 대해 반추해 본다.

에너지와 환경

3. 에너지와 환경을 생각하다

● 시화호 건설 현장을 가다

1990년대 국내 환경 논쟁의 중심핵

시화호는 1990년대 환경 문제의 대표 지역이었다. 땅을 넓히기 위해 갯벌과 바다를 매립하고, 이를 위해 1987년 바다를 막는 총 연장 12.7km 길이의 둑 네 개를 쌓기 시작했다. 7년만인 1994년 1월 마지막 물막이 작업을 끝으로 둑(시화 방조제)이 완공됐다. 둑과 매립지 모두 당시 국내 최대 규모였다. '수질환경보전법' 제2조 12호에 따르면 댐이나 제방에 가로막힌 물은 '호수'다. 이 바다 역시 호수가 됐다. 사람들은 이곳에 인근 지방 자치 단체인 시흥과 화성의 이름을 따서 '시화호'라는 이름을 붙였다.

시화호는 주변 공장과 농지에 물을 공급하기 위해 만들어졌다. 시화호 주변은 바다를 메워 육지를 만든 간척지다. 농지와 공업 용지로 쓸 예정이었다. 용수로 쓰기 위해서는 물에서 소금기를 빼야 했다. 하지만 완공 3년만에 방조제 문을 열어 바닷물을 들여야 했다. 주변 공단에서 흘러온 오폐수로 호수 수질이 크게 나빠졌기 때문이다. 맑은 바닷물을 끌어들여 오염물을 희석시켰다. 이는 시화호에 고여 있는 오염된 물을 조금씩 서해로 내보냈다는 뜻이기도 하다. 3년만인 2000년 12월, 결국 정부는 시화호를 민물 호수(담수호)로 만들기를 포기하고 소금물 호수(해수호)로 운영하겠다고 공식적으로 선언했다. 사실상 둑에 가로막힌 '바닷물 호수'가 된 셈이다.

바닷물을 들인 이후 수질이 많이 좋아졌다. 하지만 바닷물 호수는 농사에도, 공장에도 쓸모가 없었다. 갯벌을 막아 만든 43.8km^2 넓이의 거대한 인공 호수가 아무런 쓸모가 없다는 사실은 한동안 사람들에게 큰 부담이었다. 빨리 활용 방안을 생각해내야 했다. 바다와 갯벌을 없앤 대가는 무거웠다. 시화호는 1990년대 우리의 개발 열망과, 그 이면의 좌절을 보여 주는 상징적인 예로 남았다.

2011년 4월 13일 시화호 상공에서 찍은 시화호 조력 발전소 건설 현장. 발전기 설치가 끝나 공사 현장에 물이 못 들어오게 막았던 '가물막이'를 해체하고 있다.

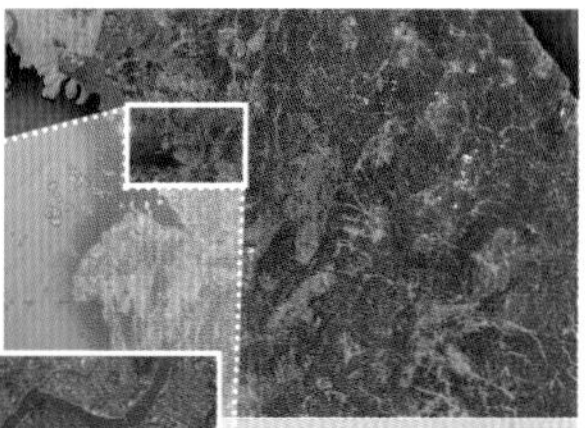

시화호 조력 발전소

● 시화호 건설 현장을 가다

수질도 개선하고 전기도 생산하는 묘안을 찾다

가물막이 해체 공사 모습. 사진에 보이는 금속판(강널말뚝)을 이어 붙이고 철제 말뚝과 모래를 넣어 만든 지름 20m짜리 원형 셀이다.

조력 발전소는 이런 상황을 타개하기 위해 생각해 낸 묘안 중 하나였다. 시화호는 오목한 만에 설치한 방조제의 수문을 통해 바닷물이 드나들고 있다. 이런 지형은 조력 발전을 하기에 좋다. 더구나 우리나라의 서해안은 밀물과 썰물 때의 물 높이차(조차)가 꽤 큰 지역이다. 미국 에너지부가 2009년 펴낸 〈해양에너지 기술 개요〉 보고서에 따르면, 조력 발전에 적합한 바닷물의 높이 차이는 최소 5m다. 한국해양수산개발원이 2010년 11월 펴낸 보고서에는 우리나라 서해안의 평균 물 높이 차이는 천수만이 4.5m, 가로림만이 4.7m, 인천만이 7.2m로 나와 있다. 시화호는 약 5.8m다. 경제적으로 전기를 만들 수 있는 조건은 갖춰진 셈이다. 바닷물을 드나들게 만든 것은 시화호가 오염되지 않도록 하기 위해 택한 불가피한 결정이었지만, 결

조력 발전소의 심장 '수차 발전기'

조력 발전소에서 전기를 생산하는 핵심 설비는 수차 발전기다. 사진의 번호는 오른쪽 일러스트에 있는 위치를 나타낸다.

❶ 발전기 지지대

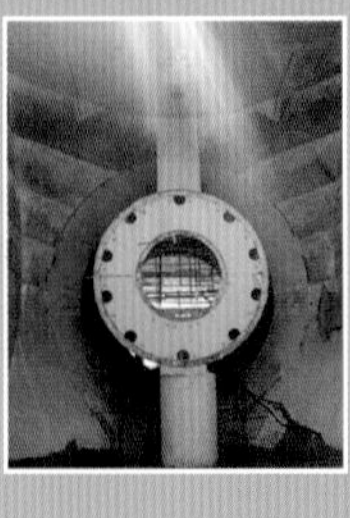

❷ 수차축

❸ 수차 날개

❹ 발전기 덮개판

❺ 수차 날개 외관

과적으로 적절한 활용 방법을 찾은 셈이다.

조력 발전소를 지을 때 가장 큰 어려움은 방조제를 짓는 일이다. 방조제 자체는 짓기 어렵지 않다. 멀쩡한 바다를 막고 갯벌을 파괴한다는 반대 여론에 맞서서 주민들을 설득시켜야 한다는 점이 더 힘들다. 현재 새로 건설을 추진하고 있는 서해안의 다른 조력 발전소 예정지 모두 이런 어려움에 부딪히고 있다. 하지만 시화호는 이미 방조제가 만들어져 있는 상태였다. 발전 설비만 설치하면 됐다. 2002년 처음 계획을 세운 뒤 2004년 말 공사를 시작했다. 만 7년만의 완공이다.

현재 공사 현장은 분주히 움직이고 있다. 멀리 호수 쪽에서는 바다를 메운 흙 위에서 굴삭기가 물에 고개를 박고 흙을 퍼올리고 있다. 바다 쪽에서는 커다란 깡통처럼 생긴 금속 기둥을 해체하는 작업이 한창이다.

"가물막이를 해체하는 작업입니다. 절반 정도 진행됐습니다."

한국수자원공사(K-water, 케이워터) 시화조력 관리단 손중원 차장이 설명했다. 손중원 차장은 수차 발전기 설치 작업을 직접 감독했다. 수차 발전기(터빈)는 조력 발전소의 핵심이다. 밀물 때 바닷물이 밀려들어와 날개를 회전시키면 전기가 만들어진다. 이는 육지의 댐에 설치된 수력 발전기와 똑같은 원리다. 시화호 조력 발전소에는 지름이 8.2m, 길이가 17m인 물방울 모양의 수차 발전기가 10대 설치돼 있다.

수차 발전기 설치 과정은 발전소 부지의 물을 모두 뺀 상태에서 이뤄졌다. 이를 위해 호수 쪽에는 이미 만들어 둔 방조제에 '강널 말뚝'이라는 보강용 금속판을 박아 물이 새지 않게 만든 뒤 안쪽을 팠다. 바다 쪽에는 울타리를 치듯 둥글게 철제 기둥을 세워서 간이 댐을 만들었다.

바로 '가물막이'다. 바다에 보이는 깡통 모양이 구조물이 바로 가물막이를 만들기 위한 구조물인 '원형 셀'이다. 넓이 50cm짜리 금속 판을 둥글게 이어 붙여 지름이 20m이고 속이 빈 금속 기둥을 만들었다. 가장 깊은 바다는 34m에 달했기 때문에 기둥 역시 이 정도 길이가 필요했다. 기둥을 만든 뒤에는 안에 금속 말뚝을 박았다. 바다 밑에 단단하게 고정하기 위해서다. 그런 뒤 모래를 부어 튼튼하게 했다. 이렇게 만든 원형 셀을 29개 이어 붙이고 사이사이 빈 곳을 보강해 700m짜리 반원형 댐을 만들었다. 안쪽에 고인 물을 빼자 마치 모세의 기적처럼 바다 한가운데가 갈라지며 땅이 드러났다. 여기에 수차 발전기를 설치했다.

밀물과 썰물이 반복되는 상황에서 거대한 바닷물의 위험을 헤치고 공사를 하는 것은 굉장히 어려운 일이다. 하지만 시화호 조력 발전소는 비교적 운이 좋은 편에 속한다. 발전소를 지은 곳이 '작은 가리섬'이라는 섬이 있던 곳이라 지반이 암반으로 돼 있었기 때문이다. 지반이 약하면 바다 속 땅을 단단하게 보강하는 공사까지 필요한데, 그 과정을 생략할 수 있었다. 마침 시화 방조제가 비교적 가운데라 위치도 적당했다.

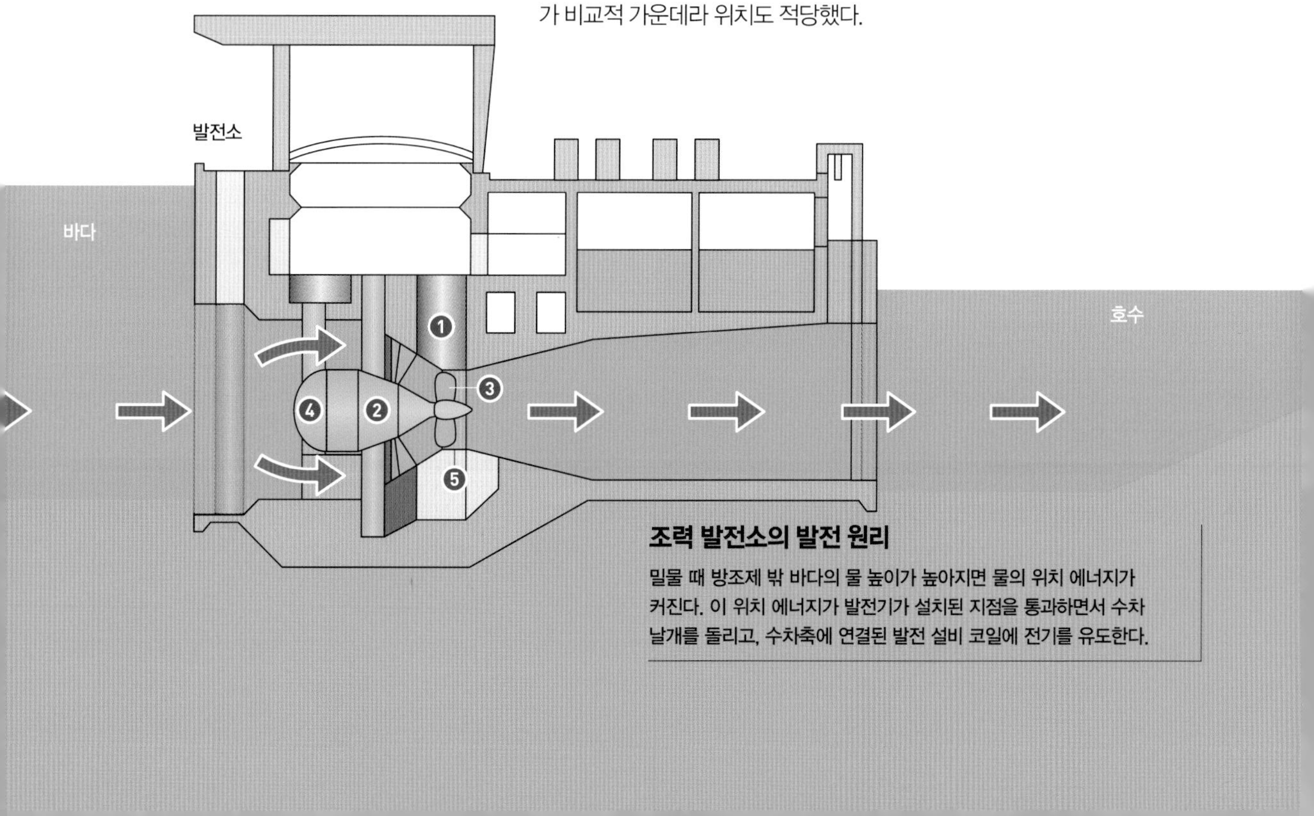

조력 발전소의 발전 원리

밀물 때 방조제 밖 바다의 물 높이가 높아지면 물의 위치 에너지가 커진다. 이 위치 에너지가 발전기가 설치된 지점을 통과하면서 수차 날개를 돌리고, 수차축에 연결된 발전 설비 코일에 전기를 유도한다.

시화호 조력 발전소

시화호 건설 현장을 가다

10대의 수차가 20만 명 쓸 전력 생산하다

❶ 수문 건설 모습. 발전 설비가 없어 썰물 때 물이 빠지게 하는 역할을 한다.
❷ 33m 갠트리 크레인에서 본 시화호 조력 발전소. 가까이 보이는 파란 지붕이 수차 발전기가 있는 부분이고, 멀리 보이는 높은 구조물이 수문 부분이다.

발전용 수차 발전기는 설치가 끝나 물에 잠겨 있다. 수차와 수문 모두 물에 잠겨서 그 깊이를 가늠할 방법도 없다. 이런 생각을 눈치챈 듯 손중원 소장은 수차 구조물이 설치된 끝부분으로 이동했다. 성냥갑을 세워놓은 것처럼 가로가 길고 깊은 직사각형 모양의 구덩이가 보였다. 그 안에 역시 가로로 긴 거대한 철제 빔 모양의 구조물이 차곡차곡 쌓여 있었다. 꼭 갈빗대 같다. 여전히 깊이를 가늠하기 어렵다.

"'스톱로그'라고 합니다. 수차를 막는 임시 문이지요. 저 철제 구조물 하나의 높이가 3m인데, 6개를 쌓아서 수차 발전기 하나의 입구를 막습니다. 이렇게 스톱로그 12개로 양쪽 입구를 막으면 안에 물이 새지 않는 구조가 되고, 미리 만들어둔 배수구로 물을 빼면 수차발전기가 드러납니다. 그때 들어가서 발전기를 점검하거나 수리하지요. 이 구덩이는 스톱로그 저장고로, 모두 6개의 스톱로그가 저장돼 있습니다."

그러니까 깊이가 30m쯤 된다는 뜻이다. 아파트로 치면 10층이 넘는다. 이번에는 크레인 위로 올라갔다. 수차 발전기 10대를 설치했고, 앞으로 스톱로그를 설치할 때도 쓸 크레인이다. 해발 33m 높이이다. 여기에 오르면 발전소와 방조제가 한눈에 들어온다.

"가까이 보이는 쪽이 수차, 멀리 보이는 쪽이 수문입니다. 수문은 모두 8개가 있고, 썰물 때 물이 빠지는 곳입니다."

시화호 조력 발전소는 밀물 때에만 발전을 한다. 하루 두 차례 밀물이 되면 발전소를 기준으로 바다 쪽 수위가 높아진다. 평균 5.82m의 물 높이 차가 발생하는데, 이때 위치 에너지 차이가 호수 쪽으로 물을 흐르게 한다. 이 흐름이 수차 발전기를 돌려 운동 에너지를 발생시키고, 최종적으로 전기가 생산된다. 밀물이 끝나고 썰물이 되면 물이 다시 빠져나간다. 발전기 날개가 바다쪽으로 향해 설치돼 있기 때문에 들어올 때의 30%밖에 물이 빠져나가지 않고, 이때엔 전기가 만들어지지 않는다. 나머지 70%의 물을 빼내는 것이 바로 8개의 수문이다. 수문은 말 그대로 물이 빠져나가기만 하기 때문에 뻥 뚫린 터널 형태다. 발전 기능도 없다. 하지만 수차 발전기만으로도 이미 상당한 양의 전기를 만들고 생각하니 진동이 느껴지는 듯한 착각이 들 정도다. 문득 '한 번 설치하고 나면 교체하기가 쉽지 않을 텐데 바닷물에 발전기가 녹이 슬지는 않을까'하는 궁금함이 일었다. 바닷물이 금속을 빨리 부식시킨다는 것은 상식이다.

"부식을 방지하기 위한 대책이 3가지 마련돼 있습니다. 먼저 스테인리스 등 녹이 슬지 않는 재료를 씁니다. 유량 조절 장치나 수차 날개와 같이 중요한 부분은 이 방법을 씁니다. 다음으로 녹이 슬지 않도록 부식 방지제를 바릅니다. 마지막으로 금속 표면에 아주 약한 전류를 흐르게 합니다. 이 세 가지 방법을 쓰면 오랜 시간 부식 없이 발전기를 유지할 수 있지요."

특히 마지막 방법은 관심이 가는 대상이다. 부식이란 결국 금속의 산화다. 산화는 물질이 전자를 잃는 과정이다. 따라서 전류를 흘리면 전자가 공급돼 산화를 막을 수 있다. 이미 프랑스의 랑스 조력 발전소 때부터 써 온 기술이다. 40년 넘게 검증된 방법이다. 시화호 조력 발전소는 우리나라보다 외국에서 더 많은 관심을 보이고 있다. 손중원 소장이 손수 안내한 외국 방송사만도 CNN, BBC, 알 자지라 등이 있었다. 하나같이 깊은 관심을 보이며 현장을 찾고, 기대가 섞인 표정으로 설명을 듣고 갔다.

"조력 발전소가 궁극적인 대안은 아닐 것입니다. 생태계 등 바다 환경에 큰 영향을 미치는 것도 사실이지요. 하지만 화석 연료를 대체할 현실적인 대안임은 분명합니다."

시화호 조력 발전소가 본격적인 상업 전기를 생산하면 세계의 관심은 더 커질 것이다. 하지만 세계가 관심을 보이는 것이 비단 세계 최대라는 규모 때문만은 아니다. 44년 만에 처음 건설되는 대규모 상업 조력 발전소가 바다 환경에 어떤 영향을 미칠지 여부도 큰 관심사다. 시화호 조력 발전소가 성공적으로 운영된다면, 세계 에너지 역사에도 남을 사건이 될 것이다. 물론 반대일 수도 있다. 무분별한 조력 발전소 건립 붐을 일으켜 바다 생태계에 돌이킬 수 없는 상처를 줄지도 모른다. DS

서해안에 추가 조력 발전소 추진, 타당할까

현재 서해안에는 시화호 조력 발전소 외에 추가로 3개의 조력 발전소 건설이 추진되고 있다. 충남 서산 일대의 가로림만과 인천만, 그리고 인천 강화 앞바다다. 하지만 시화호와 달리 이곳은 현재 방조제가 없는 천연 갯벌 상태다. 즉, 조력 발전소를 건설하기 전에 먼저 방조제를 건설해야 한다. 이는 현재의 갯벌을 파괴해야 한다는 뜻이다. 따라서 조력 발전소 추진에 비판적인 목소리도 높다. 우선 조력 발전소 건설이 세계적인 추세라는 말이 과장이라는 주장이 있다. 현재 유일한 대규모 조력발전소인 프랑스의 랑스 조력 발전소는 1967년에 건설됐다. 하지만 이후 40년 넘는 기간 실험용 조력 발전소 외에는 건설된 예가 없다. 시화호 조력 발전소가 유일한 셈이다. 서해안이 세계적인 적지라는 주장도 과장이다. 평균 물높이 차이가 서해안보다 훨씬 높은 지역이 세계에 수두룩하다. 서산 일대가 겨우 5m에 근접하는 데 비해 러시아의 펜진스크 지역은 11.4m, 캐나다의 코베크 지역은 12.4m다. 랑스 조력발전소도 13.5m다. 용량은 더 차이가 크다. 우리나라 계획지 가운데 가장 큰 인천만이 넓이 158km^2로 950MW 용량의 발전소를 지을 수 있는 데 비해, 러시아 펜진스크 지역은 무려 2만 530km^2 넓이에 8만 7400MW 용량의 발전소를 지을 수 있다(표 참조).

반대하는 사람들은 정부가 2012년부터 추진하기로 한 '의무 할당량 제도'가 무분별한 조력 발전소 건립을 부채질한다고 주장한다. 이 제도는 화력 등 기존 발전 사업자들에게 일정 비율의 전기를 재생 에너지로 생산하도록 강제로 규정하는 제도다. 재생 에너지 비율을 높이기 위한 제도지만, 풍력이나 태양광 등 환경 선진국들이 관심을 갖는 다른 재생 에너지들에는 불리한 정책이다. 이들은 소규모 가정용 발전이라 발전 용량이 적어서 의무 할당량을 채우기 힘들다.

세계 조력 발전소 적지 현황

지역	물 높이차 (m)	면적 (km^2)	용량 (MW)
한국 가로림만	4.7	100	400
한국 인천만	7.2	158	950
캐나다 코베크	12.4	240	5338
인도 캄바트만	7.0	1970	7000
영국 세번	7.0	520	8640
러시아 펜진스크	11.4	20530	87400

현재 우리나라는 2002년부터 태양광 등 소규모 개인주택 발전에 '발전 차액 지원 제도'를 시행하고 있다. 이 제도는 개인이 재생 에너지를 생산할 때 든 비용 일부를 나라에서 지원해 주는 제도다. 조력 등 대규모 발전소보다는 소규모 발전에 유리하지만 2011년 말 사라진다.

새만금 방조제

1. 논란이 됐던 새만금 방조제

경제성 높은 하구 갯벌

새만금은 하구 갯벌로 서남해의 다른 갯벌에 비해 종 다양성과 1차 생산성이 3~7배 정도 높다. 새만금 해역의 가치를 돈으로 환산하면 1조 1000억 원에 이른다.

새만금 간척 사업

새만금 방조제의 길이는 총 33.9km로 2010년에 완공되어 세계 최장 방조제로 기네스북에 등재되어 있다.

2005년 1월 17일 서울행정법원은 새만금 간척 사업에 대해 조정 권고안을 제시했다. 하지만 정부는 여기에 이의를 제기했고, 2월 4일 재판부는 다시 한번 새만금 간척 사업을 취소하거나 변경하라는 판결을 내렸다. 그러나 정부가 또다시 항소해 새만금 간척 사업은 앞을 내다볼 수 없는 지리한 공방전이 치뤄졌다. 환경 단체나 환경에 관심 있는 사람들 대부분이 여러 환경문제를 접근하면서 구체적인 자료를 제시하지 않고 감정에 호소하는 경우가 많았다. 이 때문에 일부 국민들은 이런 접근에 우려를 표하고 정부의 강력한 추진을 지지했던 것도 사실이다.

그렇지만 새만금 문제는 그 어느 환경 문제보다 과학적인 자료가 가장 많이 제시됐다. 이것이 새만금 간척 사업을 찬성하든 반대하든 모든 사람들이 처음부터 새만금 간척 사업을 다시 시작한다고 하면 절대로 찬성하지 않을 것이라고 이구동성으로 얘기하는 이유가 되기도 했다. 일부 정부 기관과 언론은 1조 7천억 원을 투입해 90% 이상의 공정을 마친 상태에서 논란이 된 새만금 간척 사업을 어떻게 중단할 수 있느냐고 주장했다.

일반적으로 논과 같은 농경지를 확보하기 위한 간척 사업은 모두 만을 이뤄 갯벌이 대부분 펄로 구성된 곳에 행해진다. 대불, 시화, 화옹, 서산 간척지 등이 그런 곳들이다. 이 간척지들이 있는 만은 커다란 강이 존재하지 않으므로 하구라 부르지 않는다. 그러나 새만금은 다르다. 새만금은 만경강과 동진강 두 개의 강이 흘러와 모이는 하구다. 따라서 새만금 갯벌은 하구 갯벌이다.

갯벌의 가치를 말할 때 우리는 주로 해양 생물의 산란지와 보육지의 기능, 종 다양성, 정화 기능, 지구 온난화에 대비한 해안선 보호 기능과 심미적 기능을 얘기한다. 새만금은 단순한 갯벌이 아니라 하구 갯벌이고 새만금 전 해역이 하구환경에 해당되기 때문에 새만금 해역은 서남해에 분포하는 다른 갯벌과 해역에 비해 종 다양성과 1차 생산성이 약 3~7배 정도 높다.

1997년 과학저널 ≪네이처≫는 하구의 가치가 일반 경작지의 250배에 이르며, 갯벌의 염습지나 열대의 소택지와 같은 연안습지에 비해서 2.3배나 높은 가치를 가지고 있다는 논문을 실었다. 이런 순수한 자연환경의 가치로 평가해 볼 때 새만금 해역이 주변 자연생태계에 베풀어주는 가치는 연간 약 1조 1000억 원에 이른다. 농림수산식품부는 새만금 사업이 표류해 발생하는 손실이 연간 860억 원에 이른다고 발표했지만(≪동아일보≫ 2005년 2월 4일자), ≪네이처≫의 결과와 비교해 보면 오히려 공사가 중지돼 있는 상태가 공사를 강행할 때보다 약 13배 이상 경제적 가치가 있다는 결론이 나왔다. 하지만 현재는 완공이 된 상태다.

하구 갯벌을 막는 새만금 방조제는 남쪽에서도 북쪽에서도 바다 쪽으로 멀리 뻗어나가는 형세를 하고 있어 만을 막는 전형적인 간척사업이 아니고 외해 쪽 섬을 이어 대규모 하구둑을 막아 부차적으로 고립된 땅을 얻는 간척 사업이다. 지금 세계 어디에서도 자연환경에서 가장 가치가 높은 하구를 막기 위해 하구둑을 건설하는 나라는 없다.

새만금 방조제 남쪽에 지어진 새만금 전시관. '친환경개발 새만금'이라는 큰 글씨는 정부의 새만금 간척 사업 추진 의지를 보여주는 듯하다.

새만금 방조제

하굿둑으로 가로막힌 갯벌의 기능

하구둑은 한반도 연안 어장이 거의 황폐화되다시피 한 것과도 무관하지 않다. 대부분의 사람들은 어민들의 불법 어업 때문에 연안 어장이 황폐해졌다고 생각한다. 치어까지 몽땅 잡아버리는 불법 어업은 분명 연안 어업을 파멸시킨 요인 중의 하나임에 틀림없다. 그러나 서해와 남해의 모든 강과 큰 하천에 건설한 하구둑은 연안 어업을 파멸시킨 또 하나의 중요한 이유다.

하구의 가장 중요한 기능은 바로 하구를 통한 영양염의 배출이다. 영양염은 육지에서는 오염물이지만 바다로 흘러 들어가면 연안 어장을 살찌우는 먹이가 된다. 또 육지에서 공급되는 토사가 하구를 통해 연안에 공급되면 갯벌, 해빈, 사구, 사퇴가 형성돼 연안 환경이 유지된다.

따라서 하구둑은 바다 생태계에 직접적인 영향을 미친다. 특히 새만금의 경우에는 자연환경 중에서 가장 가치가 높은 하구 환경을 완전히 차단하는 것으로 새만금 간척 사업이 진행·완료되어 서해안에 남아 있는 유일한 자연하구가 사라졌다.

새만금 해역은 가로, 세로 길이가 각각 약 30km에 이른다. 이것은 동서남북 어디로 가든 빠른 어선을 타고 건넌다고 해도 2시간이 넘게 걸리는 아주 넓은 바다다. 헬리콥터를 타고 봐도 새만금 전체 해역은 한눈에 들어오지 않을 정도로 넓다.

일반적으로 서해 갯벌의 경사도는 1/1000 미만이다. 갯벌을 따라 1km 가량 걸어 들어가면 수심이 1m 정도 깊어진다는 뜻이다. 새만금 갯벌의 경우 육지로부터 거리가 약 30km이므로 대략적인 계산으로도 바다 쪽 방조제 근처는 20~30m 깊이에 이른다는 것을 알 수 있다. 다시 말해 경사가

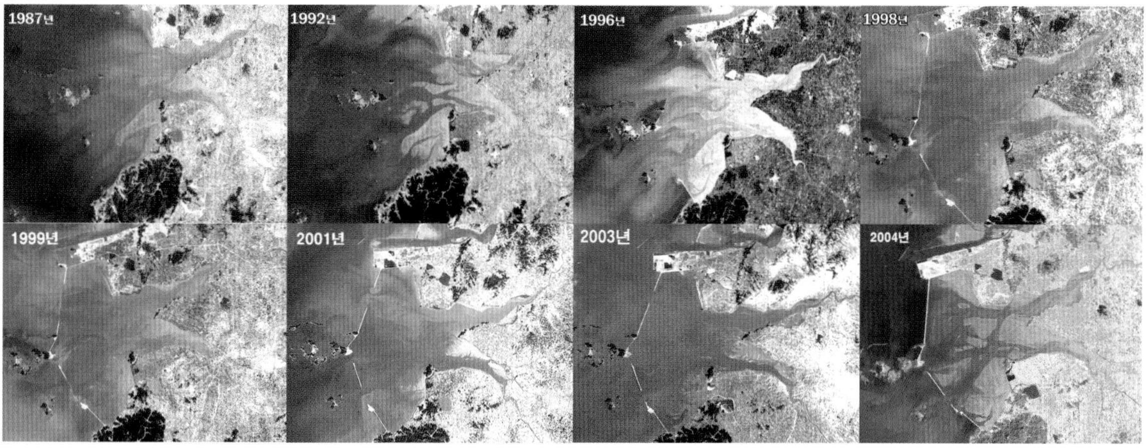

인공위성으로 촬영한 새만금. 1991년 새만금 간척 사업이 시작된 후 2004년까지 새만금 해역에는 새만금 방조제가 차츰 윤곽을 드러내고 있다. 2004년 사진에는 열려있는 두 구간을 제외하고는 방조제가 모두 연결된 모습이 뚜렷이 나타난다.

매우 완만해 우리 눈에는 평평한 갯벌로 보이지만 어떤 곳은 10m 이상 깊은 곳에 위치하는 갯벌도 있다는 것이다.

실제로 간조 시에 항상 모두 노출되는 새만금의 갯벌 중에서 만조시에는 수심이 7m가 넘는 곳도 있다. 새만금 해역의 평균대조차가 약 6.8m(±3.4m 평균해수면 기준)이므로 만조시에 갯벌의 절반 정도가 수심이 4m보다 깊다.

이런 갯벌의 수심은 새만금 간척 사업에 매우 큰 문제가 된다(해안가는 일반적으로 평균해수면보다 약 2m 높다). 새만금 방조제 건설 후 갯벌에서 내부 개답 공사를 마친 뒤 농지의 평균고도는 −1.5m로 농지가 평균 해수면보다 1.5m 아래에 위치하게 된다. 어떤 농지는 평균 해수면보다 3m 낮은 곳에 있다. 이는 앞으로 만들어질 새만금 농지가 만조 시에는 평균 해수면보다 4.9~6.4m 낮은 곳에 있다는 것을 의미한다.

이 때문에 여름철 홍수 피해를 우려하지 않을 수 없다. 새만금의 방조제 수문은 간조 시에만 대략 3~4시간(1일 6~8시간) 동안 물을 방출할 수 있으므로 만약 예상보다 많은 양의 비가 왔을 경우 만조 시에는 전혀 손을 쓸 수 없고 물이 빠질 때까지 며칠 동안 기다려야 한다. 무엇보다 최근 몇 년간 계속되는 기상 이변으로 이 지역에 게릴라성 집중 호우가 빈번했기 때문에 더욱 걱정스러울 수밖에 없다.

서해 갯벌은 겨울철에는 직접적인 파도의 공격에 노출돼 파도가 세다가 여름철에는 파도의 영향이 약해지고 조류의 영향이 우세해지는 계절 변화가 심한 갯벌이다. 또 퇴적물 공급량이 적기 때문에 서해 갯벌은 해수면 상승에 매우 민감하고 취약하다.

최근 지구 온난화로 인한 전 지구의 해수면 상승은 그 속도가 급격히 빨라져 연간 3mm 정도로 알려져 있다. 앞으로 100년 후에는 서해에서 해수면이 약 30cm 상승하게 된다. 서해 갯벌의 경사도가 1000 분의 1 미만이므로 갯벌 또는 해안선이 평균 약 300m 이상 후퇴 또는 감소하는 것으로 계산된다.

그러나 서해의 해수면 상승 추이를 살펴보면 과거 어느 시점에서는 연간 45~80mm까지 급격히 상승한 적도 있었다. 따라서 극단적인 경우에는 100년 후 해수면이 수 m 상승해 현재 해안선으로부터 약 4~8km 이내의 해안이 침수되고 엄청난 해안 침식의 가능성도 있다.

퇴적물 공급량이 많은 다른 나라의 갯벌에서는 지구 온난화에 의해 해수면이 상승하면 갯벌이 함께 성장해 자연 방조제 역할을 하면서 이를 상쇄한다. 일례로 얼마 전 지진 해일(쓰나미)이 동남아시아를 덮쳤을 때 유독 방글라데시가 피해를 입지 않은 것은 얕고 넓은 대륙붕과 같은 갯벌이 해안에 넓게 펼쳐져 있어 파도가 이 구간을 지나는 동안 그 위력이 약해졌기 때문이었다.

새만금 간척 사업으로 새만금 갯벌이 얕고 넓게 펼쳐져 있는 방글라데시와 같은 연안에서 경사도가 높은 방조제로 둘러싸여 있는 인도네시아와 같은 연안으로 바뀐다는 점에서 걱정하지 않을 수 없다. 갯벌이라는 자연 방조제를 버리고 높게 쌓은 인위적인 방조제로 인해 해안 침수와 침식 피해가 커질 것이 분명하기 때문이다. 반면 선진국들은 모든 간척 사업을 중단하고 갯벌의 자연 기능을 회복시키는 계획을 추진하고 있다.

새만금 방조제

1. 논란이 됐던 새만금 방조제

미래 지향적으로 개발 계획이 진행돼야

새만금 방조제의 배수갑문. 이 수문을 통해 만경수역에 해수가 유통된다.

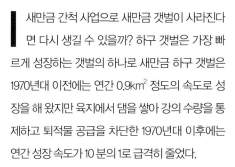

❶ 새만금 갯벌의 대표적 어족인 농게 백합. 새만금 간척 사업과 함께 사라질 운명에 처해있다.
❷ 독일이 갯벌 안쪽에 조성한 어항과 수로. 이 항구는 어떤 파도와 해일에도 안전한 어항이며 동시에 경관도 뛰어나다.

새만금 간척 사업으로 새만금 갯벌이 사라진다면 다시 생길 수 있을까? 하구 갯벌은 가장 빠르게 성장하는 갯벌의 하나로 새만금 하구 갯벌은 1970년대 이전에는 연간 0.9km^2 정도의 속도로 성장을 해 왔지만 육지에서 댐을 쌓아 강의 수량을 통제하고 퇴적물 공급을 차단한 1970년대 이후에는 연간 성장 속도가 10분의 1로 급격히 줄었다.

이런 속도로 볼 때 방조제로 만경강과 동진강에서 공급되는 토사를 차단하지 않는 현재의 상태를 유지한다고 하더라도 새만금에서 사라질 208km^2의 갯벌이 다시 생기기 위해서는 약 2300년이 걸린다. 서해의 갯벌은 최소 5000~6000년 동안 연평균 0.5~1mm 정도로 퇴적된 결과물인 것이다. 갯벌에 나가 손을 넣어 20cm 밑의 갯벌을 만져보라. 그것은 적어도 200년 전에 퇴적된 갯벌이다. 새만금 갯벌은 감히 돈으로 따지기 어려운 세월의 가치를 갖고 있다.

새만금 지구는 방조제 공사가 완공되어 기네스북에 이름을 올렸고, 새만금 종합 개발 계획까지 확정된 상태다. 새만금 지구는 '아리울'이라 명명하며 동북아 경제 중심지 조성이라는 기치를 내걸고 명품 복합 도시를 건설한다는 개발 구상을 내놨다. 1991년에 발표한 초기 구상안인 '100% 농수산 중심 개발'에서 상당히 변경된 개발 구상안이다. 그러면서도 농지 면적이 가장 큰 비중(30.3%, 정부 발표)을 차지한다며 친환경 개발이라는 타이틀을 버리지 않고 있다.

개답 공사를 마친 후 농사를 짓는다고 하더라도 해수 담수화와 토양의 염분제거 기간이 필요하기 때문에 몇 년을 더 기다려야 한다. 결국 새만금 간척 사업으로 얻은 논에서 제대로 농사를 지으려면 2020년이나 돼야 가능하다는 얘기다. 또 새만금에 형성될 논은 다른 간척지의 논과 달리 바다 밑 논이기 때문에 이 땅의 용도를 변경해 산업 단지로 활용하기 위해서는 최소 7~8m가량을 객토해야 한다. 이를 위해서는 서울의 남산만 한 산을 200개는 부숴 넣어야 하고 여기에도 28조 원 이상의 예산이 필요하다.

새만금 방조제가 완공된 상태에서 과연 희망만 가득한 미래를 장담할 수 있을까? 자연은 완전히 죽이지만 않는다면 무서운 복원력을 갖고 있다. 시화 방조제의 교훈을 적극적으로 수용해 볼 필요가 있다. 사화 방조제에서 다 죽어가던 시화호가 해수를 유통시키자 다시 살아나고 있다. 최근 재생 에너지로 꼽히는 조력 발전소를 건설하여 본격적인 가동을 앞두고 있다.

새만금 간척사업 역시 시화호 사태와 같은 시행착오를 다시 한 번 겪어야 할 지도 모른다. 개발은 항상 환경 문제를 유발할 수밖에 없기 때문이다. 지금은 새만금 간척 사업이 법정 싸움으로 인해 중단되었을 때와는 다른 상황이다. 방조제 공사가 끝나고 계속해서 지역 개발이 진행되고 있는 만큼 더 가치 있고, 환경 영향에 피해를 줄일 수 있는 방안을 유지해야 할 때다.

2. 세계 최장 새만금 방조제에 가다

바다를 가르는 4차선 도로

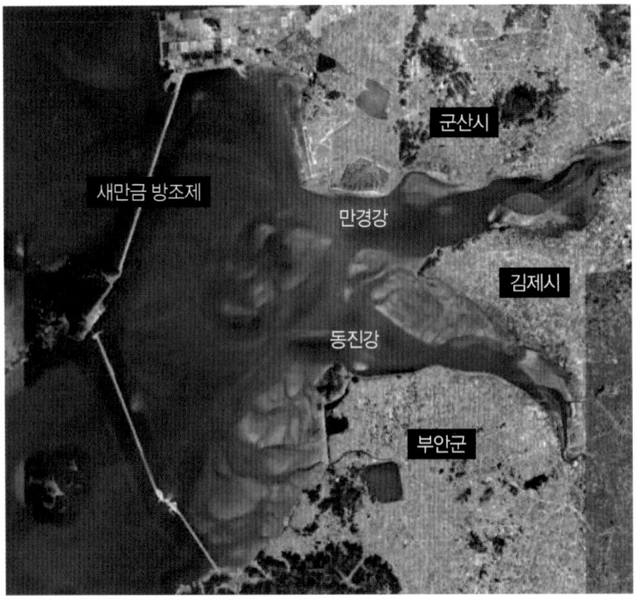

만경강과 동진강 하구에 건설된 새만금 방조제.
인공위성 사진을 보면 거대한 규모를 짐작할 수 있다.

'33.9km의 세계 최장 방조제', '환경 파괴의 기념비적인 사례'. 아이러니하게도 두 수사는 모두 새만금 방조제를 두고 하는 말이다. 새만금 방조제를 짓기 시작한 것은 1991년. 서해안의 동진강과 만경강의 하구를 막아 농경지로 쓸 땅을 간척할 목적이었다. 10년이면 강산도 변한다는 말이 있는데, 20년 동안 지어진 방조제는 서해안의 지도를 완전히 바꿔놓았다. 서울의 3분의 2 면적인 401km^2의 바다가 국토가 됐고, 새만금의 하구 갯벌은 사라졌다.

환경 단체에서는 갯벌 생태계를 보존하기 위해 공사를 중단하라는 소송을 냈다. 그것은 4년 7개월 동안의 지리한 법적 공방으로 이어졌다. 대법원은 '개발'쪽인 정부의 손을 들어줬다. 공사가 완료된 지금 이 시점에도 환경에 대한 논란은 계속되고 있다. 정부는 방조제 내부에 오염 처리 시설을 설치하고 습지를 조성하겠다는 계획을 세우며 합의점을 찾아나가고 있다.

그런데 사실 새만금 방조제는 환경 문제 외에도 할 얘기가 많은 곳이다. 길이가 세계에서 가장 긴 방조제라는 사실도 그렇고, 바닷모래와 돌망태를 이용한 우리나라만의 독창적인 토목 기술로 지어졌다는 사실도 모르는 사람이 많다.

세계에서 가장 긴 새만금 방조제.
방조제 오른쪽이 서해다.

2. 세계 최장 새만금 방조제에 가다

정밀한 모형실험으로 돌 크기 결정

새만금 방조제는 김제역에서 30분 거리에 위치해 있다. 하지만 흔히 생각하는 간척지, 즉 안쪽을 흙으로 메운 땅의 모습은 아직 갖추지 않았다. 내부 간척 사업이 시작되지 않았기 때문이다. 대신 도로 양쪽으로 서해가 시원하게 펼쳐진다. 방조제를 관광지로 개발할 계획인지 도로 중간 중간에 잘 꾸며진 휴게소와 전망대가 눈에 쉽게 띌 정도다.

방조제의 규모는 상상했던 것 이상이다. '거대하다', '길다'는 얘기는 많이 들었지만, 직접 가서 보면 사람이 만들었다는 게 믿기지 않을 정도이다. 방조제 위에 설치된 4차선 도로는 일반 도로만큼 폭이 넓다. 그런데 이 도로는 빙산의 일각에 불과하다. 폭이 가장 넓은 곳은 535m이고, 높이는 36m로 여기에 들어간 돌과 모래의 양은 길이가 418km인 경부고속도로 4차선을 13m 높이로 쌓을 수 있는 양이다.

방조제 안쪽은 서울의 3분의 2 면적이라는데, 그 끝이 보이지 않을 정도다. 원래 이곳에는 농업 용지를 만들 계획이었지만, 중간에 계획이 많이 변경됐다. 2011년 1월 28일 발표된 '새만금 내부 개발 기본 구상 및 종합 실천 계획'에 따르면 전체의 70% 정도는 관광 용지나 생태 환경 용지, 과학 연구 용지, 신재생 에너지 용지, 농업 용지 등의 복합적인 토지로 만들고 나머지 부분은 호수로 꾸민다. 이때 사람들이 가장 걱정스러워 하는 부분이 방조제 내부의 수질인데, 새만금 사업단은 새만금으로 강물이 흘러드는 동진강과 만경강의 상류에 오염처리 시설을 설치하고, 방조제 내부에는 자연정화 기능이 있는 생태 환경 용지를 건설해 이런 문제를 해결해나갈 계획이라고 밝혔다. 내부 개발 공사는 2011년부터 시작해 2020년에 완료된다고 하니 그때쯤이면 이 도로를 달리면서 도시와 호수, 그리고 바다를 동시에 구경할 수 있을 것이다.

방조제는 지어진 순서대로 1공구부터 4공구까지 네 부분으로 나뉘는데, 새만금 간척 사업의 한 관계자에 따르면 비행기가 착륙해도 끄떡없을 만큼 튼튼하게 지었다고 한다. 게다가 1000년에 한 번 불어올까 말까 하는 센 바람과 높은 파도에도 견딜 수 있도록 설계하고 바닷모래를 써서 오랫동안 안전할 것이라고 자신했다.

방조제를 모래로 지었다는 말이 상식적으로 이해가 안 될 것이다. 모래성은 작은 파도에도 힘없이 무너져 버리지 않는가. 하지만 방조제의 뼈대는 사석이라는 큰 바위로 만들고 그 위에 바닷모래로 살을 입혀 잘 다져 놓으면 돌처럼 튼튼하다고 한다. 일반적으로 방조제를 지을 때는 모래 대신 흙이나 진흙을 이용한다. 특히 진흙은 물을 막는 능력이 뛰어나기 때문에 모래보다 적은 양으로 방조제를 지을 수 있다. 하지만 진흙은 오랫동안 물에 잠겨 있으면 점점 강도가 약해진다는 단점이 있다.

군산 앞바다의 섬을 깎은 돌과, 2공구와 4공구 방조제 앞쪽 바다에서 파낸 바닷모래로 방조제를 지었다. 타지에서 진흙을 가져와 짓는 것보다 훨씬 친환경적이고, 파낸 부분은 수년 내로 다시 메

새만금 방조제 단면도

기초 지반 매트 위에 무게가 2~3t인 큰 바위로 바닥 보호공을 쌓고, 그 위에 사석으로 뼈대를 만든다. 사석의 바깥쪽은 근고공으로 보강한다. 안쪽은 필터석과 매트를 덧대어 바닷모래가 유실되지 않도록 설계한다. 근고공과 사석, 필터석 위에 피복석을 덮은 뒤 바닷모래로 차수층을 만든다.

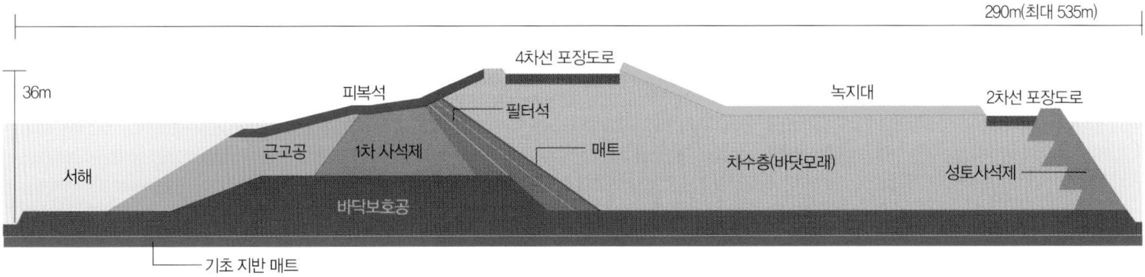

2006년 4월 21일 끝막이 공사 당시의 모습. 조류가 빠르지 않은 소조기임에도 불구하고 물살이 세다. 오른쪽에는 돌을 담아놓은 망태가 3단으로 쌓여 있다.

워진다고 한다. 방조제 전체를 바닷모래로 지은 것은 전 세계적으로 새만금 방조제가 유일하다.

그래도 바닷물이 계속 흐르는데, 어떻게 모래가 떠내려가지 않고 쌓여 있을까. 새만금 간척 사업의 한 관계자는 "평상시에 이곳 서해는 바닷물의 속도가 초당 1m 정도지만, 공사가 진행돼 물이 드나들 수 있는 폭이 좁아진 상태에서 조류가 빠른 시기가 되면 1초에 7m 정도까지 빨라진다"며 "바닷물에 쓸려 내려가지 않게 하기 위해서 공사를 단계적으로 진행했다"고 말했다.

방조제 축조 공사는 여러 단계로 진행된다. 먼저 방조제를 건설할 자리에 지반 매트를 깔고 무게가 2~3t인 큰 바위를 쌓아 방조제의 기초를 마련한다. 이것을 '바닥 보호공'이라 한다. 그 위에는 또 다른 큰 바위(사석)를 쌓아 '방조제의 뼈대'인 '1차 사석제'를 만든다. 뼈대를 만든 뒤에는 파도에 정면으로 맞서는 방조제 바깥쪽 단면을 '근고공'으로 보강하고, 안쪽 단면에는 '필터석'을 설치한다. 이때 필터석은 방조제 안쪽으로 갈수록 돌 크기가 작아지도록 쌓아야 한다. 필터석의 끝부분에는 폴리에틸렌 재질의 매트를 놓는다.

필터석과 매트는 바닷물이 바위틈으로 들어오더라도 모래가 쓸려 내려가지 않도록 막는 역할을 한다. 근고공과 사석, 필터석을 모두 쌓으면 그 위는 '피복석'으로 덮는다. 피복석의 크기는 파도의 높이나 바닷물의 유속을 고려해 결정한다. 그 다음으로 모래를 쌓아 방조제에 차수층을 만든다. 차수층은 이름처럼 바닷물을 막는 역할을 한다. 차수층의 끝부분은 다시 사석을 쌓아 마무리한다. 바닥 보호공은 공사 초반 물살이 세지기 전에 전체적으로 시공하지만 나머지 공사들은 200~300m씩 순차적으로 진행하며 조금씩 방조제 길이를 늘려 나간다.

이런 일련의 과정은 철저한 모형실험을 해서 계획한다. 한국농어촌공사의 농어촌연구원에는 가로, 세로가 100m인 큰 수조가 있는데, 여기에 실제로 방조제 모형을 세우고 밀물과 썰물을 재현한다. 그 결과로 파도의 높이를 계산한 뒤에 방조제의 높이와 사용할 재료의 크기가 결정된다.

방조제는 실제로 각 구간마다 높이와 피복석이 다르다. 1공구는 파도가 방조제의 수직 방향으로 세게 치기 때문에 높이를 10.2m로 설계한 반면, 3공구는 방조제 앞쪽에 섬이 있어 파도를 막아주기 때문에 높이를 8.5m로 설정했다. 중국 쪽에서 파도가 가장 크게 밀려오는 4공구는 방조제 높이가 11m다. 이런 높이 차이를 자동차를 타고 오는 동안에는 전혀 느끼지 못했다. 3공구는 4공구에 비해 피복석도 작다. 3공구의 피복석은 1t 내외지만, 4공구 피복석은 3t 정도다.

2. 세계 최장 새만금 방조제에 가다

배와 물고기가 오가는 길까지 만들어

신시배수갑문을 방조제 안쪽에서 바라본 모습. 배수갑문은 폭이 30m, 높이가 15m인 쪽문 10개로 이뤄져 있다. 쪽문을 위로 들면 방조제 내부에 고인 물이 빠져나간다.

실험 결과를 바탕으로 꼼꼼히 계획을 세우지만 실제 상황에서는 변수가 많다. 특히 바닥 보호공은 공사 초반에 시공했기 때문에 공사를 하는 동안 취약한 부분이 많이 쓸려 나가기도 한다. 수시로 수심과 지형을 측정하면서 유실된 부분을 돌망태로 채워 넣는데, 돌망태는 작은 돌 여러 개를 쇠로 만든 망태에 넣어 2~3t의 큰 바위처럼 만든 것을 말한다.

돌망태 공법은 우리나라가 독자적으로 개발한 기술이다. 돌망태는 큰 바위를 구하기 어려울 때 대신 사용할 수 있고, 큰 바위와 달리 모양을 여러 가지로 변형시킬 수 있기 때문에 공간에 알맞게 채워 넣을 수 있다. 또 큰 바위는 모서리가 볼록하게 튀어나와 물의 저항을 많이 받는 반면, 돌망태는 바닥에 납작하게 달라붙어 물의 저항을 덜 받기 때문에 잘 떠내려가지 않는다. 유속이 같고 무게가 동일하면 돌망태가 바위보다 3배 정도 잘 버틴다. 끝막이 공사 때도 이 돌망태들이 결정적인 역할을 한다. 공사 막바지에 큰 바위들이 많이 부족해도 돌망태들을 여러 개 묶어 주면 아주 유용하다.

배와 물고기가 드나들도록 방조제 2곳에 설치한 통선문식 어도. 일주일에 한 번씩 연다.

끝막이 공사는 방조제의 가장 마지막 구간을 쌓는 공사다. 공사가 진행될수록 물이 드나드는 입구가 좁아지면서 물살이 세지기 때문에 끝막이 공사는 전체 공사 중에서도 가장 어려운 공사로 손꼽힌다. 실제로 2006년 끝막이 공사가 진행될 당시 유속은 초당 7.08m로 방조제를 시공하는 다른 나라의 2배에 해당하는 악조건이다. 새만금 방조제에는 24만 개가 넘는 돌망태를 들이부었다고 한다.

"가장 힘들었던 순간이 끝막이 공사 때였던 것 같아요. 한 번 실수하면 되돌릴 수가 없으니까 엄청 준비를 했죠."

새만금 간척 사업단은 2010년 3월 17일부터 4월 21일 중 유속이 가장 느린 세 기간(소조)을 정해 끝막이 공사를 계획했다. 바닷물이 너무 세서 끝막이 부분을 두 구간으로 나눠서 진행하는데, 두 구간을 동시에 정확히 막는 게 관건이었다. 두 구간

하늘에서 바라본 새만금 방조제. 신시배수갑문에서 힘차게 물이 빠져나오고 있다. 배수갑문 왼쪽 끝에는 통선문식 어도가 있다.

을 일정한 속도로 채우지 못하면 어느 한 구간에 바닷물이 쏠려 그쪽 바위들은 물론 기초 지반까지도 모두 떠내려가 버릴 수 있기 때문이다.

현장을 꼼꼼히 분석하고, 위험 요소에 미리 대책을 세워놔야만 했다. 새만금 간척 사업 사업단은 컴퓨터 시뮬레이션으로 유속에 따라 재료가 쓸려 내려가는 정도를 파악한 뒤, 1초에 얼마만큼의 돌을 쏟아부어야 하는지, 이때 바위와 돌망태는 어느 정도의 비율로 써야 하는지 세밀하게 공정 계획을 세웠다. 실제 공사 때는 계산한 양보다 재료를 30% 정도 더 준비했다. 시공팀은 172만 9000m^2의 바위와 돌망태를 사용해 끝막이 공사를 성공적으로 마쳤다. 이는 15t 덤프트럭 22만 대 분량이다. 35t 이상의 대형 덤프트럭 16대와 15t 트럭 150대가 이날 가동됐다. 새만금 방조제는 국제적으로도 유례가 없는 대규모의 공사였다.

인도나 네덜란드처럼 간척 사업을 계획하고 있는 국가들은 직접 새만금 방조제를 방문하기도 했다. 새만금 간척 사업단측은 "국내 방조제 건설 기술은 세계 수준"이라며 "해외 기술자들이 현장에 상주하면서 기술을 빼내 가려는 에피소드도 있었다"고 말했다. 그리고 "앞으로는 이런 대규모 간척 사업을 해외로 수출할 계획"이라고 덧붙였다.

새만금 간척 사업 사무소에서 조금 떨어진 곳에는 방조제 내부에 고인 물을 바깥으로 빼내는 수문이 있다. '배수갑문'이라고 한다. 이 장치는 혹시 발생할지 모르는 홍수에 대비해 만든 수문이다.

"여기가 신시배수갑문입니다. 폭이 300m, 높이는 15m나 되죠. 부안군 쪽에는 가력배수갑문이 있어서 새만금 방조제에는 배수갑문이 총 두 개입니다. 수문 두 개를 합치면 1초당 방류할 수 있는 물의 양이 1만 5862t이에요. 소양강 댐의 3배죠."

이는 엄청난 규모다. 배수갑문 한쪽에는 문이 또 있는데 배가 드나드는 '통선문식 어도'다. 통선문식어도에는 방조제의 안쪽과 바깥쪽에 수위 차가 생길 것을 대비해 작은 문이 여러 개로 설치돼 있다. 문이 차례로 열리면서 배가 서서히 방조제 밖으로 빠져나가는 구조이다. 통선문식 어도는 신시배수갑문과 가력배수갑문에 각각 한 개씩 있는데, 일주일에 한 번씩 연다고 한다.

"통선문식 어도는 물고기들이 오고가는 문이기도 해요. 어종을 보호해야 되니까요. 배수갑문 아래로는 긴 관도 지나가고 있습니다. 만약 방조제 안쪽 바닥에 더러운 물이 고이면 이 관으로 빼낼 수 있죠. 사실 방조제 곳곳에 환경을 생각해서 만든 부분이 많습니다. 워낙 오랫동안 환경 단체와 법원을 드나들다 보니……."

간척 사업단 관계자가 이렇게 말하는 것을 들어보면, 환경 단체든 정부든 어느 한쪽도 마음이 편한 쪽은 없겠다는 생각이 든다.

"이왕 튼튼하게 지었으니, 경제를 발전시키는 역할은 제대로 하면서 환경 피해는 발생하지 않도록 해야죠. 아직 갈 길이 멉니다."

에너지와 환경을 생각하다

판도라 상자에 남아있는 마지막 희망

에너지 개발 그리고 환경

프로메테우스와 에피메테우스는 인간이 창조되기 전에 지상에 거주하고 있던 신들이었으며 형제였다. 프로메테우스는 인간에게 불을 가져다 준 것으로 유명하다.

신의 우두머리인 제우스는 불을 훔친 외람된 짓을 한 이 형제와 그 선물을 받은 인간들을 벌하기로 작정했다. 제우스는 판도라라는 여자를 만들어 에피메테우스에게 주었는데 그는 판도라를 아내로 맞았다.

에피메테우스의 집에는 한 개의 상자가 있었다. 그 속에는 인간들에게 해로운 물건들이 들어있었다. 판도라는 궁금증을 이기지 못하고 상자 뚜껑을 열어 버렸다. 그러자 인간을 괴롭히는 무수한 재액이 빠져 나와 사방팔방으로 날아가 버렸다. 판도라는 놀라 뚜껑을 덮었으나 상자 속에 들어 있던 것은 이미 다 날아가고 오직 하나 만이 맨 밑에 남아 있었는데 그것은 '희망'이었다.

인간은 오랫동안 나무나 동물의 분뇨 등 자연에서 에너지(불)를 얻었다. 인간은 불로 정교한 도구를 만들 수 있었고 일상적인 일 뿐만 아니라 토지를 경작하는 어렵고 힘든 일도 효율적으로 수행할 수 있게 됐다. 불은 인간의 삶의 질을 높였을 뿐만 아니라 활동 영역도 확장시켰다. 추운 곳에서도 살 수 있게 된 것이다. 이렇듯 인간은 자연의 일부로서 주변 환경과 조화를 이루며 살아갈 수 있었다.

산업 사회로 접어들면서 인간의 활동 범위는 땅뿐만 아니라 하늘과 바다로 확장됐다. 넓은 활동 영역을 뒷받침하기 위해서는 많은 양의 에너지가 필요하게 됐으며 석탄과 석유와 같은 고발열량 화석 연료를 사용하게 됐다. 에너지원으로 주로 사용되고 있는 화석 연료는 유한하고 환경에 심각한 영향을 끼치고 있다.

환경 오염은 인간이 자연의 순리에 따라 행동한 지난 날에는 발생하지 않았다. 인간을 포함한 생명체의 활동으로 인한 오염 물질은 자연의 활동으로 순화됐기 때문이다.

그러나 문명 사회와 관련된 후천적인 욕구를 충족시키기 위한 이기들(자동차, 기계, 화학제품, 약품 등)은 자연이 가진 자정능력 이상의 오염 물질을 배출했고 따라서 자연과 인간의 균형이 깨어지고 환경은 파괴되기 시작했다.

환경 오염의 무서운 폐해에도 불구하고 우리는 문명 생활을 유지하기 위해 에너지를 사용하지 않을 수 없다. 이제 에너지가 없는 생활은 상상하기 조차 힘들다. 에너지가 없으면 우리의 삶도 없기 때문이다. 이제 우리에게는 막중하고 긴급한 책무가 주어졌다. 화석 연료가 고갈되기 전에 자연 환경과 조화를 이루는 에너지원을 개발해야 하는 것이다. 판도라가 놀라서 상자를 재빨리 닫은 덕택에 남은 '희망'이 바로 오늘날의 '과학 기술'이 아닐까?

이 책에서는 여러 측면에서 살펴보았지만, 에너지 연구는 크게 두 방향으로 진행된다고 볼 수 있다. 하나는 현재 사용하고 있는 화석 연료를 친환경적으로 만드는 것이고, 다른 하나는 새로운 깨끗한 에너지를 개발하는 것이다. 물론 이 과정에서 발생할 수 있는 환경 영향도 간과할 수 없다.

우리는 파괴된 환경을 복원하고, 환경에 영향을 주지 않는 깨끗한 에너지를 개발해야 한다. 우리가 프로메테우스의 선물(에너지)을 간직하려면 판도라의 상자의 재액(환경 오염)을 대가로 치뤄야 할 운명이지만, 다행히 상자 속에 남아 있는 '희망'(과학 기술)이 있어서 우리는 밝은 미래를 가질 수 있을 것으로 본다.

융합 과학을 위한 과학동아 스페셜

이세연(명덕고등학교 교사, 고등학교 과학교과서 집필진)

1 2009 개정 고등학교 과학 교육과정과 융합형 과학 교과서

'2009 개정 과학과 교육과정'의 고등학교 과학은 과학적 소양을 바탕으로 하는 수준 높은 창의성과 인성을 골고루 갖춘 인재 육성을 목표로 한다. 특히 우주와 생명 그리고 현대 문명과 사회를 이해하는데 필요한 과학 개념을 통합적으로 이해하며 자연을 과학적으로 탐구하는 능력을 기르고, 과학 지식과 기술이 형성되고 발전하는 과정을 이해해야 한다. 또 자연 현상과 과학 학습에 대한 흥미와 호기심을 기르고 일상생활의 문제를 과학적으로 해결하려는 태도를 함양하며, 과학·기술·사회의 상호 작용을 이해하고, 과학 지식과 탐구 방법을 활용한 합리적 의사 결정을 기르는 것을 목표로 하고 있다. 이런 목표를 바탕으로 만들어진 것이 7종의 융합형 과학 교과서다.

융합형 과학 교과서는 6개 출판사에서 7종의 교과서가 출판돼 학교에서 사용하고 있다. 그런데 예전의 과학 교과서들과 크게 다른 특징이 하나 있는데, 바로 출판사마다 내용이나 구성이 조금씩 차이가 있다는 것이다. 이전 교육과정까지는 교과서 검정 시스템에 맞추기 위해 출판사에 관계없이 동일한 내용과 구성으로 교과서가 출판돼야 했지만 교과서 검정 시스템이 '검정'에서 '인정'으로 바뀌면서 출판사마다 조금씩 특징 있는 모습을 갖췄다. 그 결과 어떤 교과서는 기존 7차 교육과정의 스타일을 많이 담고자 노력하여 실험 및 탐구가 상당 부분 포함돼 있고, 또 다른 교과서는 과학 이야기책을 읽어 나가듯이 스토리 중심으로 구성돼 있기도 하다.

하지만 교과서마다 다른 점이 있지만 융합형 과학 교과서들이 공통적으로 갖는 특징도 있다. 바로 내용의 이해를 돕기 위한 풍부하고 섬세한 그래픽과 자료다. 우리나라 교과서 역사에 이런 교과서가 없었다. 학생들은 마치 ≪과학동아≫와 같은 과학 잡지를 보는 듯한 착각에 빠지기도 한다. 다른 것이 있다면, 평가를 위해 공부해야 한다는 생각으로 인해 편안하게 읽어나가지 못한다는 것이다. 하지만 그것은 융합형 과학 교과서가 아닌 다른 교과목의 어떤 교과서라도 목적에 따라서 비슷한 상황에 놓일 수 있다. 결국 교과서를 대하는 학생들의 마음가짐이 달라져야 목표에 맞는 교과서 내용의 전달이 가능한 것이다.

모든 융합형 과학 교과서는 2009 개정 과학 교육과정이 요구하는 내용과 학생들의 평균적인 성취 수준을 고려하여 집필, 제작되었다. 다른 교과목의 교과서도 마찬가지지만 이것은 학생들의 성취 수준에 따라 내용의 이해 정도에 차이가 생길 수 있다는 것을 의미한다. 특히, 기존에 접하지 않아 생소하고 일부는 어려운 내용들이 포함된 융합형 과학 교과서의 경우 그 정도가 훨씬 크다. 아무리 자세한 설명과 풍부한 그래픽, 구체적인 자료를 함께 담았다 하더라도 한정된 지면이 주는 제약을 극복할 수 있는 방법은 없다. 결국 표현은 집약적일 수밖에 없고 제한된 제작 비용의 영향으로 그래픽이나 자료의 양과 질도 한계가 있을 수밖에 없다.

이로 인한 어려움은 교사와 학생 모두가 똑같이 느끼고 있다. 새로운 내용, 부족하고 정리되지 않은 자료는 교사에게 새로운 교과 내용에 대한 준비에 어려움을 느끼게 한다. 교사들은 교과서의 내용과 밀접한 관계가 있으며 교사의 궁금함과 학생들의 질문에 답할 수 있는 내용들로 채워진 충실한 보조 자료를 찾고 있지만, 적합한 것을 찾기란 쉽지 않다. 학생들도 마찬가지다. (물론 융합형 과학 교과서를 학습하는 방법의 변화가 필요하지만,) 내용의 이해는 물론 여러 평가를 준비하기 위해 교과서와 수업의 부족한 부분을 보완할 수 있는 보조 자료가 필요하다. 하지만 현실은 그렇지 못하다. 교과서 출판사 및 교육청 등에서 여러 가지 학습 보조 자료를 내놓고 있지만 융합형 과학 교과서가 담고 있는 내용을 감안한다면 교사와 학생의 필요를 만족시키기가 어려운 것이 현실이다. 그렇기 때문에 ≪과학동아≫와 같이 충분한 데이터베이스를 바탕으로 교과서를 뒷받침할 수 있는 자료를 검색, 분석하여 교수 학습 보조 자료를 내는 것이 융합형 과학 교과서에는 꼭 필요한 부분이라고 할 수 있다.

2 융합형 '과학'의 마지막 단원 '에너지와 환경'

융합형 '과학' 교육과정에 위치한 여섯 번째 단원은 '에너지와 환경'이다. 빅뱅으로부터 시작된 융합형 과학의 기나긴 이야기가 드디어 종착점에 다다른 것이다. '에너지와 환경'은 다시 '에너지와 문명', '탄소 순환과 기후 변화', '에너지 문제와 미래'라는 3개의 중단원으로 구성되어 있다. '에너지와 문명'에서는 에너지는 다양한 형태로 변환되며 총량은 항상 보존된다는 열역학의 기본 법칙을 이해하고, 이러한 변환 과정에서 다양한 에너지 자원이 존재하며 특히 화석 연료가 인류 문명의 중요한 에너지원이 되어 왔음을 말하고 있다. 이어지는 '탄소 순환과 기후 변화' 단원에서는 인류가 에너지를 사용하여 문명의 발달을 이루는 과정에서 대기 중으로 방출되는 열과 연소 부산물인 이산화탄소가 온실 효과를 일으키면서 지구 환경 변화의 중요한 원인이 됨을 알고, 이것이 지구의 대기와 해류의 대순환 과정에서의 에너지 흐름과 깊은 연관이 있음을 강조하고 있다. 그리고 마지막 '에너지 문제와 미래'에서는 식물의 광합성이 태양 에너지를 지구에 고정시켜 모든 동식물의 에너지원이 되게 하며, 또한 이산화탄소를 환원시켜 온실 효과를 감소하게 한다는 것을 이해하고 환경 문제를 거시적인 순환 과정으로 생각하게 하며, 환경 변화에 영향을 주지 않기 위한 다양한 새로운 에너지 자원의 모색에 대하여 이야기하고 있다.

교육과정의 목표를 좀 더 구체적으로 살펴보면, '에너지와 문명'에서는 먼저 에너지가 다양한 형태로 존재하고, 자연이나 일상생활에서 에너지가 다른 형태로 전환되는 과정에서 에너지가 보존되는 것을 이해하는 것이 필요하다. 이어서 지구의 가장 중요한 에너지원이 태양 에너지와 화석 연료임을 알고, 에너지를 빛, 열, 소리, 전기 등으로 전환시키는 기술을 바탕으로 인류 문명이 발전했음을 이해해야 하는데 이것은 6단원의 전체의 배경이 되는 것이다. 마지막으로 에너지 전환 과정의 효율을 이해하고, 영구 기관이 불가능함을 통해 간단한 물리 법칙은 물론 열효율 개선을 위한 인간의 끊임없는 도전과 갈망을 생각해 볼 수도 있다.

'탄소 순환과 기후 변화'에서는 지구의 에너지 순환 과정으로서 대기와 해양의 순환을 이해하고, 엘니뇨나 라니냐와 같은 해양 순환의 변화가 기후에 심각하게 영향을 미친다는 것을 알아야 한다. 이어서 화석 연료의 사용을 산화와 환원 과정으로 이해하고, 화석 연료의 과다 사용에 따른 지구 온난화와 기후 변화를 이해하는 것을 목표로 하고 있으며 다른 하나는 식물의 광합성이 이산화탄소의 환원 과정임을 탄소의 순환과 관련하여 이해하고, 광합성에서 빛에너지의 역할을 빛의 특성과 관련하여 이해하는 것이다.

'에너지 문제와 미래'에서는 고대 지질시대에 화석 연료가 만들어진 과정을 알고, 1부에서 학습한 내용을 바탕으로 지구에 우라늄과 같은 방사성 에너지 자원이 존재하게 된 과정을 아는 것이 중요한 목표이다. 이러한 에너지 자원들을 채굴하여 사용하는 과정을 간단히 이해하고, 자원을 남용함으로써 발생하는 고갈의 문제를 함께 생각해 보아야 한다. 이에 대한 대안으로 태양, 풍력, 조력, 파력, 지열, 바이오 등의 재생 에너지, 핵융합이나 수소와 같은 새로운 에너지 자원에 대해 알고, 에너지 자원의 활용을 지속 가능한 발전의 관점에서 이해할 수 있어야 한다. 또한 태양 전지, 연료 전지, 하이브리드 기술의 기본적인 원리 이해를 통해 이러한 기술의 필요성을 환경적 관점에서 받아들이고 열효율의 개선이 궁극적으로는 환경 오염 축소, 지구 온난화 방지 등에 기여하는 것을 이해하는 것이 마지막 단원의 주요 목표들이다.

3 융합형 과학 교과서 '에너지와 환경'과 『과학동아 스페셜, 에너지와 환경』

개발과 성장을 향해서만 달려온 우리에게 언제부터인가 '환경'이라는 단어가 자주 모습을 비추더니 어느 순간 우리의 중심에 '에너지'가 크게 자리를 잡고 있다. 이제는 '에너지와 환경'이라는, 단어인지 영역인지 그 실체는 정확히는 모르겠지만 그것이 중요한 것임은 분명히 느낄 수 있는 주제가 우리 생활을 둘러싸고 있는 것만은 분명하다. 그렇다면 우리는 에너지와 환경에 대해 얼마나 알고 있을까? 에너지와 환경이 지구상에서 일어나는 모든 자연적인, 모든 인위적인 사건들과 얼마나 깊은 관계가 있다는 것을 파악하는 것은 쉽지 않은 일이다. 하지만 그것을 파악하는 것은 쉽지 않은 일임에도 꼭 필요하다. 융합형 과학 교과서 '에너지와 환경' 단원이 전자에 조금 더 집중하여 다루고 있다면『과학동아 스페셜, 에너지와 환경』은 거기에 더하여 교과서에서 다루기 쉽지 않은 후자에 대해서도 충분한 내용을 담고 있다. 특히 지금까지의 과학동아 스페셜 1권~4권까지와 마찬가지로 구체적이고 차별화된 그래픽 자료는 교과서로 이해하는데 어려움이 있는 학생이나 본문의 내용을 처음 접하는 독자라 할지라도 쉽게 다가설 수 있을 것이라 생각된다. 총 6개의 단원으로 구성된『과학동아 스페셜, 에너지와 환경』의 구체적인 내용은 교육과정(교과서는 출판사마다 조금의 차이가 있다.)과 비교한 아래 표를 참고하여 살펴보도록 하자.

『과학동아 스페셜, 에너지와 환경』은 6개의 단원으로 구성되어 있다. 첫 번째 단원은 '기후 변화와 지구'로 '1. 지구 온난화와 기후 변화, 2. 지구 속 연료가 바닥난다, 3. 이산화탄소와의 전쟁'이라는 3개의 장으로 구성되어 있다. 첫 번째 단원의 내용들은 장 제목을 보면 어렵지 않게 파악할 수 있는데, 먼저 기후 변화로 인해 일어나는 생물계의 변화부터 전 지구적인 변화에 몇 가지 사례를 통해 그 심각성을 일깨우게 하고, 그것의 원인이 화석 연료의 과다 사용에 기인한다는 내용을 담고 있다. 또한 피할 수 없는 화석 연료의 사용을 둘러싼 갖가지 이야기들도 흥미롭다.

과학동아 스페셜『에너지와 환경』	교육과정
I. 기후 변화와 지구 1. 지구 온난화와 기후 변화 2. 지구 속 연료가 바닥난다 3. 이산화탄소와의 전쟁	탄소 순환과 기후 변화
II. 원자력, 에너지 손자병법 될까? 1. 원자력 에너지 2. 위협받는 원전 신화 3. 보이지 않는 공포, 방사능	에너지 문제와 미래
III. 에너지 대안, 재생 에너지 1. 인류의 미래 에너지는 무엇일까 2. 바람과 태양이 세상을 바꾼다 3. 석탄의 새로운 변신 4. 생물 자원에서 얻는 바이오 에너지 5. 스마트한 에너지 생활	
IV. 또 다른 대안, 신에너지 1. 수소 시대가 온다. 2. 또 하나의 태양, 핵융합	
V. 청정 기술과 지구공학 1. 이산화탄소 잡는 청정 기술 2. 녹색 화학 3. 지구공학의 아이디어	
VI. 국토 개발과 환경 영향 1. 시화호 조력 발전소 2. 새만금 방조제 3. 에너지와 환경을 생각하다	

두 번째 단원은 '원자력, 에너지 손자병법 될까?'이며 '1. 원자력 에너지, 2. 위협받는 원전 신화, 3. 보이지 않는 공포, 방사능'이라는 3개의 장으로 구성되어 있다. 우리나라 전력 생산의 절반 이상을 차지하고 있지만 그 규모에 비해 많은 것이 알려져 있지 않은 원자력 에너지. 2부는 동전의 양면과 같이 원자력 에너지를 사용하기 위해 부담해야만 하는 득과 실에 대해 진지하게 생각해 볼 수 있는 단원이 될 수 있다. 우리가 당장의 필요에 의해 원자력 에너지를 사용한다 하더라도 2011년 3월에 있었던 일본 후쿠시마 원전 사고에서 볼 수 있듯이 우리는 '만에 하나'를 생각하지 않을 수가 없다. 이런 인식과 공감대가 형성된 상태로 원자력 에너지가 사용될 때와 그렇지 않을 때의 차이점은 아무리 강조해도 부족하지 않은데, 2부의 주제는 교과서에서 전혀 다루지 못했던 위와 같은 내용들을 매우 자세

에너지와 환경

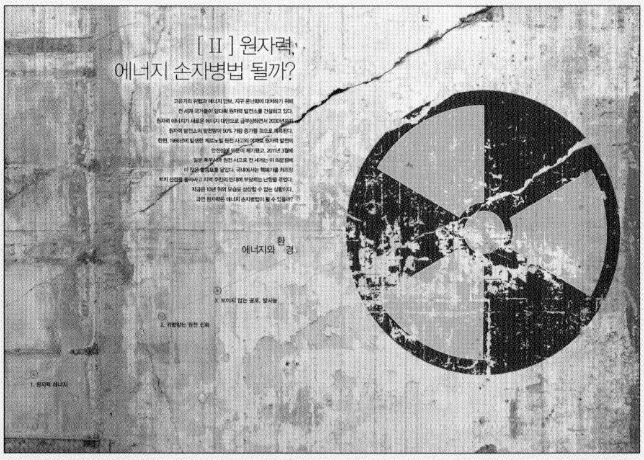
[II] 원자력,
에너지 손자병법 될까?
에너지와 환경

[III] 에너지 대안,
재생 에너지
에너지와 환경

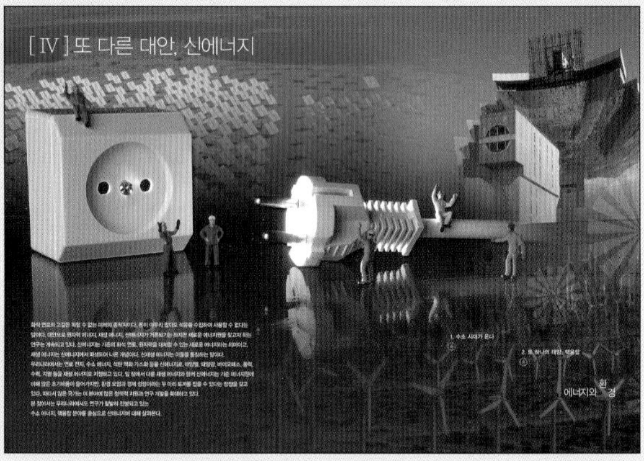
[IV] 또 다른 대안, 신에너지
에너지와 환경

[V] 청정 기술과 지구공학
에너지와 환경

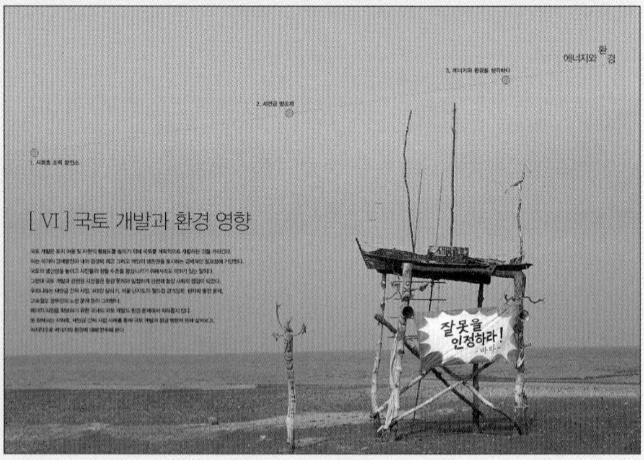
에너지와 환경
[VI] 국토 개발과 환경 영향
잘못을 인정하라!

히 다루고 있어 의미있는 교과서 보조 자료로 쓰일 수 있을 것이라 생각한다.

세 번째 단원은 '에너지 대안, 재생 에너지'다. '1. 인류의 미래 에너지는 무엇일까?, 2. 바람과 태양이 세상을 바꾼다, 3. 석탄의 새로운 변신, 4. 생물 자원에서 얻는 바이오 에너지, 5. 스마트한 에너지 생활'의 5개의 장으로 구성되어 있다. 신재생 에너지 중에서 재생 에너지에 초점을 맞추어 구성된 단원으로 교과서의 한정된 지면으로 접할 수 있는 내용과는 구체적인 내용은 물론 엄청난 사진과 그래픽 자료에서 비교가 불가능하다. 앞에서 다룬 2부의 후속 조치격인 3부는 다양하게 연구·활용되고 있는 재생 에너지의 필요성에서부터 현재의 위치, 장단점까지를 백과사전처럼 풍부하게 담고 있다.

네 번째 단원은 '또 다른 대안, 신에너지'는 '1. 수소 시대가 온다, 2. 또 하나의 태양, 핵융합'이라는 두 개의 장으로 구성되어 있다. 대체 에너지나 신재생 에너지를 많이 들어 봤을 테지만, 신재생 에너지가 재생 에너지와 신에너지로 나뉘어진다는 것을 학생들은 많이 알고 있지 못하는 듯하다. 지속 가능한 관점에서 본 재생 에너지와 더불어 미래 인류의 에너지 문제를 해결할 실질적인 기대를 하고 있는 수소 에너지와 핵융합 에너지의 장단점과 현 주소를 살펴볼 수 있다.

다섯 번째 단원은 '청정 기술과 지구공학'이다. '1. 이산화탄소 잡는 청정 기술, 2. 녹색 화학, 3. 지구공학의 아이디어'라는 3개 장으로 구성되어 있다. 5부는 마치 하나의 그림책을 보는 듯하다. 아직 펼쳐지지 않은 미래의 청정 에너지 기술과 지구공학에 대한 가상도를 통해 우리에게 펼쳐질 깨끗한 미래의 모습을 떠올려보고 그것에 다가서기 위해 발걸음을 힘차게 내딛고 싶은 의욕이 생길 것이다.

마지막인 여섯 번째 단원은 '국토개발과 환경 영향'이다. '1. 시화호 조력 발전소, 2. 새만금 방조제, 3. 에너지와 환경을 생각하다'라는 3개의 장으로 구성되어 있다. 세계 최대 규모로 건설된 시화호 조력 발전소를 속속들이 들여다보고 우리의 신재생 에너지 경쟁력을 생각해 볼 수 있으며, 세계 최장 방조제인 새만금 방조제를 통해 본 책 전체의 주제인 '에너지와 환경'의 관계를 정리해 보고 우리의 밝은 미래를 위해 지향해야 할 방향을 찾을 수 있을 것이다.

위와 같이 개략적으로 살펴본 융합형 과학 교과서의 '에너지와 환경'과 『과학동아 스페셜, 에너지와 환경』은 제목처럼 대부분의 내용이 일치함은 물론 교과서의 특성상 다루지 못한 부분에 대해서도 깊고 자세하게 다루고 있기 때문에 '에너지와 환경'의 교과서 밖 상황을 자세히 알고 싶은 학생과 알찬 수업 자료를 찾고 있는 교사에게 귀중한 자료가 될 것이라 확신한다.
또한 풍부한 자료를 바탕으로 효과적으로 구성된 『과학동아 스페셜』 1~5권은 필요성은 충분히 공감되면서도 몇 가지 부족함을 갖고 있는 융합형 '과학'의 훌륭한 파트너가 될 것이라 생각한다. 학생들이 더 많은 자료를 찾기 위해 참고서를 찾듯이 융합형 과학의 또다른 참고서로 『과학동아 스페셜』이 널리 활용되어 융합형 과학이 본연의 취지를 살리고 학생들에게 긍정적인 영향을 줄 수 있는 교과가 되는데 일조하기를 기대해 본다.

외부 필진 (가나다 순)

강윤영
에너지경제연구원 기후변화대책연구팀장
1부 기후 변화와 지구

김미선
한국에너지기술연구원 바이오매스연구센터 책임연구원
4부 또 다른 대안, 신에너지

박건형
과학컬럼니스트
3부 에너지 대안, 재생 에너지

배현종
전남대학교 산림자원조경학부 교수
3부 에너지 대안, 재생 에너지

백진숙
한국에너지기술연구원 바이오매스연구센터 선임연구원
4부 또 다른 대안, 신에너지

서균렬
서울대학교 원자핵공학과 교수
2부 원자력, 에너지 손자병법 될까?

안달홍
한국전력공사 전력연구원 수화력발전연구소 신발전그룹장
3부 에너지 대안, 재생 에너지

원장묵
에너지관리공단 대체에너지 개발보급센터 팀장
3부 에너지 대안, 재생 에너지

이원재
미국 텍사스 A&M대학교 화학공학과 박사 과정
4부 또 다른 대안, 신에너지

이흔
KAIST 생명화학공학과 교수
5부 청정 기술과 지구공학

임경희
중앙대학교 화학공학과 교수
6부 국토 개발과 환경 영향

전명석
한국에너지기술연구원 에너지변환저장연구센터 책임연구원
4부 또 다른 대안, 신에너지

전승수
전남대학교 지구환경과학부 교수
6부 국토 개발과 환경 영향

주홍진
한국에너지기술연구원 태양열연구센터
3부 에너지 대안, 재생 에너지

황갑진
한국에너지기술연구원 수소에너지연구센터 선임연구원
4부 또 다른 대안, 신에너지

황용석
서울대학교 원자핵공학과 교수
4부 또 다른 대안, 신에너지

황인환
포항공과대학교 생명과학과 교수
3부 에너지 대안, 재생 에너지

사진 및 일러스트 출처

1부 기후 변화와 지구

8~9쪽_ 사진 GAMMA
10~11쪽_ 일러스트 김상민
12~15쪽_ 사진 동아일보
16~17쪽_ 사진 GAMMA
18~21쪽_ 사진 한국해양연구원 부설 극지연구소, 동아일보, GAMMA
22~23쪽_ 사진 GAMMA
24~25쪽_ 사진 한국해양연구원 부설 극지연구소, NOAA, NASA
26~29쪽_ 사진 동아일보, GAMMA
30~33쪽_ 일러스트 김상민 • 사진 GAMMA, 워커스, 동아일보

2부 원자력 과연 에너지 손자병법 될까?

37~38쪽_ 사진 동아일보
40쪽_ 사진 동아일보
41쪽_ 사진 한국원자력연구소
42쪽_ 사진 동아일보
45쪽_ 사진 동아일보
46~47쪽_ 사진 동아일보
48~49쪽_ 일러스트 박현정
50~51쪽_ 사진 AP, 연합포토, 구글맵스, 디지털글로브, 미국 해군, REX, 위키피디아
52~53쪽_ 사진 UNEP/GRID-Arendal, istockphoto
54~55쪽_ 사진 동아일보
56~57쪽_ 일러스트 미국 에너지부, Jan Rieke
58~63쪽_ 사진 동아일보
85, 89쪽 일러스트 – 정효숙
90~97쪽 일러스트 – 김효미
100쪽 사진 – istockphoto, 자료 – 김인아

3부 에너지 대안, 재생 에너지

66~70쪽_ 일러스트 김상민
72~75쪽_ 사진 GAMMA, 동아일보
77, 79쪽_ 일러스트 박창민
82쪽_ 일러스트 미국 에너지국
83쪽_ 사진 REX • 일러스트 EAP
84~85쪽_ 일러스트 김상민
86쪽_ 사진 REX
87쪽_ 사진 REX • 일러스트 박현정
88~89쪽_ 사진 시아노텍
90~91쪽_ 사진 위키피디아, 전승민, 한국해양연구원
92~93쪽_ 사진 한국생명공학연구원, istockphoto
94~95쪽_ 일러스트 박장규 • 사진 동아일보, 미츠비시 자동차
96~97쪽_ 사진 위키피디아
98~99쪽_ 사진 REX
100~101쪽_ 일러스트 강선욱

4부 또 다른 대안, 신에너지

104~108쪽_ 사진 GAMMA
109쪽_ 일러스트 박현정
110~115쪽_ 사진 GAMMA
117쪽_ 일러스트 박현정
118~119쪽_ 사진 ARS, GAMMA
121쪽_ 사진 NASA
123쪽_ 사진 EFDA
124~125쪽_ 사진 GAMMA
126~129쪽_ 사진 국가핵융합연구소, 동아일보, ITER

5부 청정 기술과 지구공학

132쪽_ 사진 GAMMA
134~135쪽_ 사진 GAMMA
136~137쪽_ 사진 REX
138~139쪽_ 일러스트 강선욱 • 사진 동아일보
141쪽_ 일러스트 istockphoto
143~144쪽_ 사진 istockphoto
144쪽_ 사진 한국화학연구원, 이서연
145쪽_ 일러스트 유한진
146쪽_ 사진 한국화학연구원
147쪽_ 일러스트 유한진
148~149쪽_ 사진 박현웅, 한국화학연구원
150~163쪽_ 일러스트 박장규 외
164~169쪽_ 사진 REX, Coral Reef Studiies, 위키미디어

6부 국토 개발과 환경 영향

172~177쪽_ 사진 K-water, 구글맵, 윤신영, 동아일보
178~183쪽_ 사진 허철희, 동아일보
184쪽_ 사진 구글어스
185쪽_ 사진 새만금사업단
187쪽_ 일러스트 김인규 • 사진 새만금사업단
188쪽_ 사진 이영혜
189쪽_ 사진 새만금사업단
190~191쪽_ 사진 GAMMA
193쪽_ 일러스트 김상민

과학동아 스페셜
에너지와 환경

초판 1쇄 발행 2011년 8월 12일
초판 3쇄 발행 2016년 5월 23일

지은이 과학동아 편집부
펴낸이 이경민

편 집 이명준 송지혜
디자인 유한진, 최은경

펴낸곳 (주)동아엠앤비
등록일 2014년 3월 28일(제25100-2014-000025호)
주소 (03737) 서울시 서대문구 충정로 35-17 인촌빌딩 1층
전화 (편집) 02-392-6901 (마케팅) 02-392-6900
팩스 02-392-6902
이메일 damnb0401@nate.com
블로그 blog.naver.com/damnb0401
페이스북 www.facebook.com/damnb0401

ISBN 978-89-6286-066-5 (04400)
978-89-6286-053-5 (세트)

※ 책 가격은 뒤표지에 있습니다.
※ 잘못된 책은 바꿔 드립니다.

과학동아북스는 (주)동아엠앤비의 출판 브랜드입니다.
다양한 콘텐츠를 바탕으로 유익한 과학책을 만들고자 노력하고 있습니다.